后浪出版公司

The
NARCISSISM
EPIDEMIC

自恋时代

现代人，你为何这么爱自己？
Living in the Age of Entitlement

MESSAGES   now

[美] 简·M. 腾格   W. 基斯·坎贝尔 著   付金涛 译
Jean M. Twenge, Ph.D. & W. Keith Campbell, Ph.D.

江西人民出版社
Jiangxi People's Publishing House
全国百佳出版社

谨以此书献给我们挚爱的女儿：

凯特和伊丽莎白（J. M. T.）
麦金莉和夏洛特（W. K. C.）

目　录

序

首版《自恋时代》出版之后，其带来的反响大大超出了我们的预期。很显然，我们触及了人们的文化神经，把许多人心中类似的想法变成了文字。我们想通过这本书，引发一场有关美国文化中的自恋和特权感的全民大讨论。很多人在讨论中，与我们分享了他们的观点和意见，使得我们在实现这一目标的道路上取得了很大进展。在这里，我们想向那些花时间思考过、同我们讨论过，或者彼此之间讨论过这些问题的朋友致以最诚挚的感谢。

几年前，当我们开始着手创作《自恋时代》一书时，我们的很多想法都充满了争议性。在当时的美国，人们正过着养尊处优的生活，自我感觉良好。这使得他们很难察觉到这种表象下潜伏的问题。因此，很多人会问："自恋、过度自信有什么问题吗？"然而，在过云几年中，这种争议开始逐步弱化。随着信贷泡沫的破裂以及美国经济陷入衰退，民众们已经清晰地感受到了过度自信所带来的副作用。借助于新的科学数据（已添加到第二章），我们如今更加肯定，自恋现象正在呈上升趋势发展。此外，2009年的一份全国性民意调查也发现，有三分之二的大学生承认，与前代人相比，他们这一代更加自恋。能够坦率地承认自身不光彩的一面，这十分可贵。不过，正如我们之前多次表达过的观点一样，年轻人不是自己把自己养大的。发生在他们身上的这些变化，其实开始于更加直接地塑造了这种文化的老一辈们。此外，使得美国经济陷入破产境地的，也不是如今20岁左右的年轻人，老一代人在经济衰退之路上扮演着更重要的角色。

此外，一直以来，我们都非常好奇"自恋症"是如何成为"诊断"政客的流行语的。这其中就包括（就在最近）深陷婚外情丑闻的前南卡罗来纳州州长马克·桑福德（Mark Sanford）、前美国副总统候选人萨拉·佩林（Sarah Palin）以及美国总统贝拉克·奥巴马（Barack Obama，消息来源于一封广为流传的电子邮件）。我们承认，一个人如果想要治理一个州，甚至统治美国，某种程度上的自恋是必需的。当然，一个集个人魅力、虚荣、不诚实和不贞（请注意，佩林和奥巴马两人都不符合这一描述）于一身的人肯定离变成自恋狂不远了。不过，我们仍然认为，对政客们进行"自恋症"诊断并非开展政治辩论的最佳途径。反之，如果把注意力都放在政客们自身的问题和行为上，那么你可能会找到更多否定他们的理由。

不过，我们的重点是观察近几年的社会变化是如何影响自恋现象的。正如本书第二部分中所描绘的那样，我们设想将社会中的自恋置于一张四条腿的板凳上。其中，第一条"腿"代表发展性，比如宽容的、专注于培养自尊心的教育方式。第二条"腿"是媒体文化所宣扬的肤浅的明星效应。第三条"腿"表示互联网——它在为人类带来诸多好处的同时，也为个体自恋提供了桥梁。最后，宽松信贷使得自恋者的梦想成为了现实，这是第四条"腿"。从文化角度来说，自恋式的自我膨胀和信贷膨胀就像一对孪生兄弟。他们都属于泡沫，只不过是信贷泡沫先破裂罢了。

每一条"腿"都支撑着人们生活在非现实的自恋式幻想中。家长们很少会约束孩子。老师们不停地告诉孩子,他们是"大明星",是"胜利者"。名人文化和媒体时时刻刻都在引诱人们去追逐名望(所谓名望,常常指的是吸引了多少人的注意,而并非实实在在的成就)。互联网使得人们有机会向全世界展示膨胀的、自我中心的价值观,同时鼓励人们每天花上几个小时的时间打量自己的照片。宽松信贷扮演起了"救星"的角色,令很多人的愿望成为了现实,但这种"美梦"也只能维持到账单到期之前。此外,倘若宽松信贷真的如2007年经济衰退时那样——成为"救星"的话,美国经济想要再从其中恢复过来就很困难了。

自《自恋时代》出版以来,支撑自恋板凳的四条"腿"中,有三条都依然顽强地伫立着,唯独一条"腿"——宽松信贷——被锯掉了几厘米。身为社会科学家,我们很少会通过自然实验的方法来验证我们的观点,但信贷泡沫的破裂恰恰就是这样做的。正如我们在发现宽松信贷是自恋流行病蔓延的原因之一时所预测的那样,物质主义在信贷逐渐收紧时,也开始慢慢消退了。比如,2007至2008年,豪宅销量急剧下降,整形手术率也有所下滑(但是同历史同期相比,依然处于较高水平),甚至连悍马这一品牌,也有可能出售给中国公司,因为选择购买超大型汽车的美国人越来越少了。21世纪初期的这种文化转变使得美国社会从之前的过度追求物质主义,开始向一种更加节制,有时甚至是节俭的思维方式转化。

有人甚至推测,经济衰退与随之而来的文化转变将会给美国社会带来一场永久性变革,同时伴随着更少的债务和物质主义。但在我们看来,现在就下此定论还为时过早,因为支撑自恋板凳的其他三条"腿"都还完好无损地伫立着。养育子女的方式，或者学校的教育模式尚未发生根本性的转变。比如，我们在更新给婴儿起独特名字（一种判断个人主义和想要与众不同程度的行为指标）的研究数据时发现，出生于2008年的婴儿拥有独特名字的比例在美国历史上高居首位。直到现在，我们的孩子仍然一出生就被当作一片独特的小雪花一样对待。电视真人秀节目依然开展得如火如荼，而且像《真实主妇》(*The Real Housewives*)一样宣扬物质主义的真人秀越发受人欢迎了。互联网行业依旧保持繁荣。社交网站Facebook现在的用户已经突破了2.5亿，这其中增速最快的当属50岁以上人群。

此外，美国政府也制定了鼓励过度消费和借贷的方案。2009年夏天广为人知的"旧车换现金"项目，就是一个最好的例子。在这一项目中，政府通过借款的方式（当然，我们的孩子以后必须偿还），来吸引那些租车开的负责任市民贷款购买新车。之后，政府非但没有把"旧车"赠送给有需求的市民（他们会把这当作天赐之物），反而下令拆毁汽车引擎，然后再将这些旧车当作废品碾碎。没错，这么做也许有利于环保，但与此同时，这一项目也为美国政府和消费者带来了更多债务，而且浪费了很多虽然老旧，但是依旧可以驾驶的汽车。

人们经常会问，增强自信、告诉孩子他们很特别、"关于我自己"课程，或者以其他形式（也许是无意之举）传递自恋的课程是否有遭到过抵制。面对这样的问题，我们的回答通常是"没有"。事实上，就在我们为本书写序的当天，简收到了一封女儿就读的幼儿园发来的邮件，告诉了她幼儿园下一周的课程计划。"亲爱的学生家长，"邮件中这样写道，"下周我们的课程主题是

'关于我自己'和'我是特别的'。这些主题将会涉及孩子们成长过程中的一些重要技能和概念，比如，认识（邮件原文如此）和学习我们的名字、情感和个人卫生（例如刷牙），当然最重要的是知道我们每个人都是独一无二的、特别的。围绕'关于我自己'和'我是特别的'这两个主题，我们会举办很多活动，从而让孩子可以发现、欣赏他们的才艺和技能。"关于这一计划，我们最喜欢的部分是教孩子刷牙，尽管它最终得出的结论是，做一个特别的人要比注意个人卫生更加重要。

以上这个例子，以及其他许多仍在持续发展的趋势都表明，对于这种极度追求个人主义的文化，人们并没有真正地表现出反对态度。与之相反，许多家长和老师似乎还完全没有意识到，"觉得自己很特别"实际上就等于自恋。诸如"我很特别"之类的信息非但不会带来好处，反而会造成很多不利影响。尤其是对于 3 岁的孩子们来说，他们每天应该记住的是彼此之间要懂得分享、不要打架——那些觉得自己很特别的孩子是不太可能做到这两点的。

想要从根本上让我们的社会朝着积极方向转变，光靠变革信贷市场是远远不够的。父母可以没收一个追求物质享受的少女的信用卡，但是一旦她拿回信用卡，便会立刻开始肆意挥霍。在这一点上，多数美国人都很相似——只要经济稍微复苏，便会开始过度消费。因此，从根本上讲，我们需要的是一场关于"我们是谁，要到哪里去"的全民大讨论。而且，我们需要从成年人的角度来看待这场讨论。

因此，我们也为本书的读者们设置了一项挑战：仔细想想我们的文化该朝哪个方向发展，我们自己想成为怎样的人。我们可以选择自恋这条路——也就是我们现在所处的路。在这条路上，我们会看到贪婪、自我中心主义、人情冷漠、爱慕虚荣、社会孤立、虚假经济繁荣、政府救助以及推诿指责。或者，我们可以选择一条不同的道路，一条以自身、家庭和社会责任为重的道路。这条路注重那些为我们自己带来快乐，但同时又不会伤害到他人的事物，比如亲密的关系、强大的社会、辛勤工作和充满热情的爱好。这些事物崇尚个性自由，但又不失责任感。这条路注定走得更加艰辛，因为它建立在现实，而非幻想的基础之上——这是一条路，而不是某个目的地，因为生活本无完美——但从长远来讲，这才是正确的道路。我们希望在旅途中能看到你的身影。

——简·M.腾格博士，W.基斯·坎贝尔博士于2009年9月写于加利福尼亚州
圣地亚哥市和佐治亚州雅典市

引言：美国文化中日益滋长的自恋现象

自恋随处可见，并不难找。

在电视真人秀节目中，一个女孩为了筹划自己的16岁生日聚会，想要封锁一条主干路，以便在她盛装走上红毯的时候，一支军乐队可以在前面开路。如果妈妈们为了追随"妈妈大变身"潮流而选择做整形手术的话，一本名为《我的漂亮妈妈》（*My Beautiful Mommy*）的书会向孩子们解释什么是整形手术。如今，你可以雇一个冒牌狗仔队，在自己晚上外出时跟踪、抓拍——你甚至可以将一本以这些照片为封面的假名人杂志带回家。一首流行歌曲丝毫没有讽刺意味地唱道："我相信世界应该围着我转！"人们会贷款购买昂贵的房子，即使这远远超出了自身的偿还能力——或者至少在次贷危机爆发前偿还得起。婴儿们戴着绣有"超级模特"或者"万人迷"字样的围嘴，吮吸着"珠光宝气"的奶嘴，聆听着父母从《逛普拉达的小猪》（*This Little Piggy Went to Prada*）一书中选出的充满现代气息的儿歌。人们极力想要打造一款"个人品牌"（也称作"自我品牌"），把自己包装得像是一件待售的商品。金融理财服务广告宣扬，退休可以帮助你重返童年，追寻自己的梦想。高中生们挥拳打向自己的同学，然后将打人视频放到YouTube视频网站上，以此吸引人们的注意。虽然这些现象看起来只是一些随机挑选出的流行趋势，但是实际上，它们都深深根植于大众心理中的一项根本转变：美国文化里肆意增长的自恋心态。如今，不仅自恋者比以前更多，而且日益强调物质财富、外表长相、明星崇拜以及引人注目的价值观，这也在不断引诱着那些不自恋的人。人们的价值观标准已经发生转变，谦逊的人也渐渐被卷入追逐浮华的旋涡中，开始想方设法地装饰自己的社交网站主页、选择去做整形手术等。一首非常流行的舞曲一遍又一遍地重复着"金钱、成功、名望、光鲜"这些字眼，同时宣告其他价值观"要么不再为人信服，要么已被彻底摧毁"。

　　如今的美国正忍受着"自恋流行病"的折磨。对于"流行病（epidemic）"一词，《韦氏大词典》（*Merriam-Webster's Dictionary*）将其定义为一种折磨——"有可能会影响到……超出寻常数量的大批人口"。自恋显然非常符合这一描述。我们收集到的来自3.7万名大学生的数据显示，自20世纪80年代至今，自恋型人格特质的增长速度同肥胖症不相上下，其中女性的增长尤其明显。自恋的增长速度越来越快，其中21世纪初期的增速较之前几十年更快。截至2006年，有四分之一的大学生承认，自恋特质标准测量中的绝大部分项目都在他们身上有所体现。更严重的是，自恋型人格障碍（Narcissistic Personality Disorder，简称NPD）——临床医学对于自恋特质的诊断——也比人们过去认为的更加常见。在20岁左右的美国人中，将近十分之一的人会出现自恋型人格障碍的症状；而在所有美国人中，这一比例则是十六分之一。然而，这些惊人的数字也只不过是冰山一角，潜伏在更深层的是，自恋型文化正在将越来越多的人拖入自恋的"深渊"。自恋流行病如今已经蔓延至整个美国文化，既影响着自恋者，也影响着那些自我中心程度较低的人。

就像疾病一样，自恋也是由某些特定因素引起的，会通过特殊的渠道进行传播，显现出不同的症状，也可以通过预防性措施和各种疗法得以治疗。自恋是一种心理文化上的问题，而不是生理上的疾病，但是两者的模式却极为类似。本书的编排就是以这种模式为基础，逐一说明自恋流行病的诊断、根源、症状和预防措施。

如同肥胖流行病一样，自恋流行病影响人的方式也不尽相同。越来越多的人开始患上肥胖症，就像越来越多的人变得自恋一样，但仍然有人坚持锻炼，保持着健康的饮食习惯，也仍然有人保持谦逊，并且懂得关心他人。不过，即使是那些自我中心程度较低的人，也会发现那些充斥在电视、网络，以及亲友、同事交谈中的自恋行为。引发2008年金融危机的次贷危机，其中部分原因就是过于自负的购房者们自认为可以买得起超出负担能力的昂贵房子，同时贪婪的贷款机构愿意拿别人的钱来冒险。不管怎样，自恋流行病已经深深地影响了每一个美国人。

过去几年间，"自恋"已经演变成一个流行语，用来描绘人们的行为：从经常招嫖的前纽约州州长艾略特·斯皮策（Eliot Spitzer），到以博出位而出名的帕丽斯·希尔顿（Paris Hilton）都包含在内。其他人则开始了自我诊断：前美国总统候选人约翰·爱德华兹（John Edwards）为婚外情事件辩解时这样说道："在几次竞选活动过程中，我开始相信自己很特别，变得愈发自我中心和自恋。"正如《纽约时报》（*The New York Times*）所说的那样，自恋"已经成为专栏作家、博客主和电视心理学家惯用的说法。我们喜欢为他人的冒犯行为贴上标签，以区分自己与他们的不同。'自恋狂'

是我们现在最喜欢用的词"。

尽管目前"自恋"已经成为广为流行的标签，但是除了学术期刊文章以外，有关自恋我们却很难找到经过科学证实的其他信息。大多数有关自恋的网站都建立在猜想、个人经验以及生涩难懂的心理学分析理论基础之上。克里斯托弗·拉什（Christopher Lasch）[01] 于 1979 年出版的畅销书《自恋文化》（*The Culture of Narcissism*）尽管十分引人入胜，但在其成书之时，有关自恋者人格类型和行为的严肃研究尚未开始。之后，一些著名的心理治疗师通过对自恋型人格障碍的个体案例研究，创作了《自恋》（*Why Is It Always About You?*）、《让自己远离生活中的自恋者》（*Freeing Yourself from the Narcissist in Your Life*）等有关自恋研究的著作。这种方法虽然很重要，但在很大程度上忽略了科学数据在研究中的重要性。

在本书中，我们采用了一种不同的方法，描述在广泛的科学研究之中，自恋者的真实状况以及他们行为背后的原因。我们认为，对待自恋这样复杂的问题，首先应该从实证研究着手。

"自恋"是一个容易引起人们注意的字眼，因此我们不会轻易使用它。在书中，我们讨论了一些有关自恋型人格障碍的研究，但焦点主要还是关于一般人的自恋人格特质，即那些远没到必须进行临床诊断，但是会给个体本身和他人带来危害的行为和态度。实际上，这种所谓的"一般型"自恋由于较为常见，带来的危害可能会更大。当然，我们在书中讨论的大部分内容对于那些患有自恋型人格障碍的人也同样适用。

---

01 美国当代著名历史学家与社会心理学家。

自恋绝非仅仅是一种自信的态度，或者对于自我价值的健康感受。就像我们在第二章和第三章中所探讨的那样，自恋者所表现出来的是自负，而不只是自信，并且——与绝大多数自尊心较强的人不同——自恋者对于情感上的亲密关系一点儿也不在乎。在书中，我们也会讨论关于自恋的一些讹传，比如"自恋者缺乏安全感"（他们通常是不会的），"在当今社会，自恋是取得成功的必备要素"（长期来看，自恋在大多数情况下往往会成为成功之路上的绊脚石）。

了解自恋流行病非常重要，因为从长远角度考虑，自恋会给整个社会带来灾难性后果。美国文化对于自我欣赏的关注，已经导致整个社会开始逃离现实，去追求浮夸的幻想。比如，我们有很多虚假的富人（所拥有的只是抵押贷款和累累债务）、伪造的美人（靠整形手术和化妆品来维持靓丽的外表）、作假的运动员（靠使用兴奋剂来增强体能）、冒牌名人（靠真人秀和YouTube而蹿红）、有水分的天才学生（成绩注水）、虚假的国民经济（欠有高达11万亿美元的政府债务）、孩子们自欺欺人的特殊感（来源于注重培养自尊心的子女养育方式和教育方式），以及虚假的朋友（借助于社交网络的爆炸式发展）。以上这些幻想或许都会让人感觉良好，但不幸的是，最终现实总会战胜幻想。次贷危机的爆发与随之而来的金融危机，便是膨胀的欲望终究会坍塌的最好例证。

据汤姆·沃尔夫（Tom Wolfe）[01]于1976年发表的文章《唯我的十年和第三次伟大觉醒》（*The Me Dacade and the Third Great Awakening*）与拉什的《自恋文化》所记载，美国文化对自我欣赏

---

01 美国记者、作家、新新闻主义发起人。

的重视始于20世纪70年代——个人主义文化开始成为关注焦点的时候。自那之后的30年时间里，自恋现象开始以这些作者从未想象过的速度蔓延开来。于是，60年代"追求更好生活"的奋斗目标，到了80年代就演变成了"事事都要争第一"。父母对子女的教育变得更加纵容，偶像崇拜之风开始滋长，电视真人秀节目则成了自恋者展示自我的平台。互联网在带来实用技术的同时，也使得一夜成名成为可能，造就了"快看我！"这种心态。肉毒杆菌可以抚平面部皱纹，维持永远年轻的面庞，进而衍生出了一个巨大的产业。宽松信贷使得人们的经济状况看起来比实际上富足得多。简的第一本书《我一代》（*Generation Me*），探讨了以自我为中心的文化转变影响着60年代之后出生的人们，尤其是80、90年代生人——因为这种转变保持着增长的趋势。在本书中，我们将把注意力扩展到美国所有年龄段的人身上，也扩及整个文化之中。年轻人首当其冲承受着文化转变所带来的冲击，因为他们只了解这一个世界。但是，那些许诺退休后便能过上奢华生活（拥有自己的葡萄园！）的退休广告却表明，自恋这一流行病已经蔓延到了中老年人身上。虽然我们在书中用数据证明了自恋者的数目正在增长，但我们的注意力主要还是放在研究文化性自恋上，即那些反映自恋文化价值观的行为和态度的变化，无论个体本身是自恋者，还是仅仅被社会趋势所裹挟。

在观察文化转变，尤其是消极转变时，有把年龄上的衰老误认为是真正的文化转变的风险。老年人很难接受改变，因此容易妄下结论，认为整个世界就要这么完蛋了。为了避免这样的偏见，我们一直在努力寻找更多的确切数据，尽可能将多方因素纳入考虑范畴。很显然，许多文化转变都是可以量化的：短短10年间，整形手术总量就翻了五倍；名人八卦杂志发行量大幅增长；人们花的钱比自己挣的还要多，欠下了大量债务；住宅面积变得越来越大；给小孩起特殊名字的风气日渐盛行；民意调查数据显示，名利的重要性与日俱增；婚姻出轨的人数也越来越多。除数据研究以外，我们也通过www.narcissismepidemic.com网站开展在线调查，收集故事和意见（在某些情况下，我们修改了参与者的名字和个人信息）。在这本有关文化的书中，我们也探讨了一些重大的新闻事件、流行文化趋势，以及互联网现象。同时，我们也与自己的学生对谈，以了解年轻一代的看法。说实话，当我们发现许多研究生——多数都在25岁左右——认为很多事情在他们这一代变得更加糟糕时，我们多少感到有些震惊。与研究生们相比，本科生虽然更能接受当下这种文化，但也常常表示，他们面临着巨大的压力——为了在这个追求物质享受的世界中推销自己，不落后于他人。

　　1999年，我们在克利夫兰的凯斯西储大学地下办公室中，萌生出创作这本书的想法。当时我们都是博士后（一种介于研究生和准教授之间的研究职位），在著名社会心理学家罗伊·鲍迈斯特（Roy Baumeister）的实验室工作。在克利夫兰，我们并没有多少事可做，尤其是冬天，于是我们经常在办公室里聊天。有些时候，我们纯粹是为了打发时间，比如简就回想起了一次有关减肥的对话。当时，我们的博士后同事朱莉·伊斯林（Julie Exline）告诉我们，有一款减肥药丸据说含有绦虫。还没等她说完，基斯就大声叫道："都市传说！"然后开始在当时刚刚兴起的互联网上搜索这两个单词（结果发现他是对的）。不过，绝大多数时候，我们是在交流彼此的想法。基斯会阐述他对自恋人群行为研究的最新成果，简会谈到一些美国文化的发展趋势，以及这些趋势是如何在人格特质中得以体现的。我们当时几乎立刻就想到可以观察一下自恋现象的发展趋势，但在1999年，自恋的标准量度才出现仅仅10年，这么短的时间显然还不足以让我们开展一场可信的自恋变化研究。

就这样，这项研究直到2006年夏天才开始提上日程，当时简怀有7个月的身孕，每天除了盯着电脑，几乎没什么事可做。那时我们都已结婚，在不同的地方工作（基斯在佐治亚州立大学工作，距离他长大的加利福尼亚州南部很远；简在圣地亚哥州立大学工作，距离她长大的明尼苏达州和德克萨斯州也很远）。这一项目的共同作者包括著名的自恋与攻击行为研究者布拉德·布什曼（Brad Bushman），以及我们之前的两名学生（现已成为教师）约书亚·福斯特（Joshua Foster）和萨拉·康拉特（Sara Konrath）。几代大学生身上的自恋现象增长之势是显而易见的，以至于当我们在2007年2月发布研究成果时，美联社与其他多家新闻媒体纷纷对其进行了报道。休完4个月产假回来上班的第一天，简就遇见了一件有趣的事。当时，一个电视台摄制组正在拍摄一张有关"走路"的标准照，他们要求简拿上自己的公文包，以"看起来更职业一点"。"朋友们，"简回答道，"那可不是什么公文包，而是我的吸奶器。"

那天晚上简回到家时，才意识到这件趣事所带来的全面影响：全国广播公司（NBC）的《晚间新闻》（*Nightly News*）、福克斯新闻频道和美国国家公共广播电台都对其进行了报道，脱口秀主持人杰·雷诺（Jay Leno）和柯南·奥布莱恩（Conan O'Brien）也都在拿这件事揶揄一番。美联社的报道被全美100多家报纸转载，引发了大量的社论、报纸专栏和邮件的讨论。虽然多数反馈都是正面的，但是我们同样也遭受到了强烈的质疑和严厉的批评，这其中有些是对自恋的定义和衡量方式有误解而造成的。

我们也恰恰是在那时才发现自己已经触及了人们的痛处。同时，我们意识到自恋流行病所带来的影响不仅仅只是大学生性格的变化，美国文化也在发生根本性转变。我们想把这一过程记录下来，并弄清楚怎样才能阻止这种转变。每次打开电视，我们似乎都能看到一种新的自恋症状抬起它丑陋的头——肉毒杆菌广告、次贷危机、冒牌狗仔队。在美国文化中，我们能找到太多有关自恋的实例，以至于不得不停止收集例子。否则，这本书的篇幅可能会是现在的两倍那么长。

文化性自恋的出现是一个复杂的故事，而且常常伴有很多微妙的争论。因此，我们强烈建议你还是不要妄下结论，同时也要避免以偏概全。我们说自恋通常不会带来成功，并不意味着它从来没有帮助人获得过成功。我们把物质主义同自恋联系在一起，也并不是说想要一座大房子就会使你变成自恋狂（整形手术也是一样）。我们说父母不应该一再跟孩子强调他们很特别，意思并不是让父母告诉孩子"你不是什么特别的人物"。我们指出自恋和攻击性有关，但这并不代表所有的犯罪都是由自恋引发的。某些宗教鼓励人们自我欣赏，也并不意味着那些宗教不好。此外，尽管当前的文化在整体上变得更加自恋，但是仍然会有例外，比如那些自愿帮助他人或者愿意服兵役的人。我们有时会在书中对一些事进行简要概括，但同时也会尽最大努力说明那些复杂之处。对于某些案例，我们会将一些必要的细节放在注释和附录中，大家可以在www.narcissismepidemic.com网站上查看。

由于我们两个都是美国人，而且书中的大多数资料来源于美国，因此我们的讨论重点也都大多放在发生在美国的自恋现象上。然而，就像很多全球性的流行趋势都起源于美国一样，自恋流行病也已经出现在了欧洲、亚洲和澳大利亚。从芬兰的校园枪击视频，到中国的"小皇帝综合征"，都是例证。我们会在第十六章详细讲述自恋流行病在全球范围内的蔓延情况。

本书用了很长的篇幅来阐述自恋流行病的治疗方案，即我们为缓解（如果不能完全治愈）自恋流行病所开出的药方。其中有些是针对个体的，比如心怀感恩之情、改变教育子女的方式，或是避免与自恋的人交朋友。其他更多的是结构性建议，比如教给孩子们一些交朋友的技巧，以及奖励储蓄而不是花钱。本书大多数章节末尾都会给出一些治疗自恋流行病的方案，而且我们会在最后一章进一步扩充这些想法。

我们希望这本书能成为一个发端，激起人们对于美国当下文化状况的讨论。同时我们也有个人的考量：我们一共有三个小女儿，我们很在意这样的文化在她们的成长过程中会带来怎样的影响。在她们小时候，要避开"小公主"连体服和"珠光宝气"的奶嘴相对比较容易，但接下来这种文化就会慢慢从门缝里渗透进来——尤其是现在的孩子们从4岁左右就被暴露在青少年价值观之下。例如，小女孩们（包括基斯的大女儿）会观看《汉娜·蒙塔娜》（*Hannah Montana*）这类青少年电视剧，8岁的孩子过生日时就开始办化装舞会等。自恋流行病给女孩带来的影响尤其严重。谁又敢说，等我们的女儿高中毕业时，最常见的毕业礼物不会是隆胸手术呢？（我们可不是在开玩笑，仅在2006—2007年的一年时间内，青少年隆胸手术率就猛增了55%，而且有些父母确确实实会把隆胸手术作为送给孩子的毕业礼物。）

我们希望这本书能够敲响警钟。与已经被广为人知的肥胖流行病相比，美国民众似乎已经习惯了由自恋引起的不懂礼貌、好出风头，以及明星崇拜。他们认为婴儿戴着写有"超模"字样的围嘴会很"可爱"。评论家罗杰·金博尔（Roger Kimball）曾在《新准则》（*New Criterion*）杂志上这样写道："由于自己本身已经发生了改变，所以我们再也察觉不到我们的变化了。"我们的转变实在太大，以至于一些人认为自恋是有好处的（就像我们在第三章中讨论的那样，尽管自恋短期内也许会带来益处，但长远来看，它对他人、社会，甚至包括自恋者自己都会造成危害）。即使意识到自恋趋势所带来的消极影响——比如 YouTube 上的打架视频，或者青少年上传到网上的不雅私人照片——人们也极少会把这些现象串联在一起，发现它们与自恋的增长有关。

了解自恋流行病是阻止它的第一步。在这里，把自恋流行病同肥胖症放在一起比较，会起到很好的作用。我们目前已经开展了一些与肥胖症斗争的实际措施，比如撤掉学校里的饮料售卖机、推广锻炼课程、实行营养学教育计划等。但对待自恋却不是这样的。在多数案例中，人们针对自恋行为的治疗建议是"对自己感觉良好"。他们的想法是这样的：要是 14 岁的梅根自尊心够强的话，就不会在社交网站上发她自己的不雅照片了。因此，父母会加倍努力，不断地告诉梅根她很特别、很漂亮，而且非常棒。这就好比是在对一个肥胖者说，甜甜圈吃得越多，就会感觉越好一样。但是，梅根之所以想让所有人看看她有多么漂亮、多么特别，其实并不是因为她觉得自己长得很丑，而是因为她觉得自己很性感。也许更重要的一点是，因为她生活在一个自恋的社会中，她不得不通过在网上炫耀性感照片来吸引人们点赞、关注，以及"加好友"。

实际上，自恋所带来的负面影响恰恰就是人们希望通过提高自尊心来避免的东西，包括攻击行为、物质主义、缺乏对他人的关爱，以及肤浅的价值观。美国民众一直在努力建设一个崇尚自尊、自我表达和"爱自己"的社会，但一不小心造就了更多的自恋者，和一种将我们身上的自恋行为都显现出来的文化。本书就记述了美国文化从看似良好的自我欣赏，到具有侵蚀性、可能感染所有人的自恋的转变过程。

section 1

The Diagnosis

第一章
自我欣赏的诸多奇观

这一切都始于种种良好的意愿。

美国文化鼓励自我欣赏，相信这样可以改善我们的人生。自我欣赏会让人感觉良好，并感到快乐。如果你相信自己，即使第一次没有成功，你也很可能会继续努力。自我尊重不再是少数人才能拥有的特权——无论是什么种族、性别或者性取向，你都可以自我感觉良好。

不可否认，我们国家对于自我欣赏的强调，已经成功地提高了国人对自己的评价。大多数群体的自尊心都空前高涨。如今，80%的大学生在一般自尊评测中的分数要高于20世纪60年代大学生的平均水平。另外，中学生常常是提升自尊心的焦点，他们的自尊心也在大幅提高。例如，在20世纪最初10年后期，有93%的青少年的自尊分数比1980年11～13岁青少年的平均自尊分数要高。虽然高三学生的整体自尊心水平并未提高，但在他们之中，有四分之三的人表示对自己感到满意，这一比例要高于1975年的"三分之二"。此外，现今有三分之一的学生表示对自己"完全满意"，而1975年的这一比例则是四分之一。在其他与自我欣赏相关的人格特质（包括个人主义、过度自信和性格外向）测试方面，年轻世代的得分也明显较高。同时，这些变化也给中老年人带来了影响。那些出生于20世纪30年代、受过高等教育的女性，由于经历过20世纪70、80年代的放纵岁月，也开始变得越来越自我。尤其在近些年，美国人十分热衷于爱自己。（在下一章中，我们将会解释自尊和自恋之间的重要区别；我们在这儿所探讨的是美国文化所推崇的自我欣赏，这是一种普遍的自爱感，并没有对健康的自我价值感和不健康的、有可能导致自恋的自爱感做出区分。）

美国文化大力提倡自我欣赏的价值观。正如NBC的一条公益广告所说："你可能还没意识到，但是爱自己是每个人与生俱来的。如果你喜欢自己，那么别人也会喜欢你。"有一个年轻人表达这种观点的方式，是将身体的整个右半边都文上了涂鸦风格的"相信自己"字样，并在最下面文上了"不依赖任何人"。每一种文化都是由自身的核心价值观塑造而成的，而在现在的美国，鲜少有其他价值观可以与自我欣赏的重要性相匹敌。虽然我们大多数人不会选择将表示自我欣赏的文字文在身上，但是已经将它深深地烙印在了我们的文化信念里。

不久之前，自我欣赏的信息主要是针对那些真正需要的人群。比如，1987年出版的《学会爱自己》（*Learn to Love Yourself*）一书，就是写给那些因为遭受过父母情感虐待而酗酒成性的成年孩子。但是现在，人们认为不论在什么时候，自我欣赏对所有人而言都极为重要。戴安娜·马斯特罗马里诺（Diane Mastromarino）在2003年出版的、书名十分贴切的《女孩爱自己指南：一本关于如何让你爱上对自己最重要的人……你的书》（*The Girl's Guide to Loving Yourself: A Book About Falling in Love with the One Person Who Matters Most...You*）一书中写道："爱自己意味着知道自己有多棒，并且决不让任何人、任何地方或者任何事物阻碍你爱自己。"美国规模最大的教会的牧师约尔·欧斯汀（Joel Osteen）这样写道："上帝想让我们树立一副健康、向上的自我形象。祂想让我们对自己感觉良好。"正如一位作家所言，自尊被视为我们的"国家灵药"。

可惜的是，自我欣赏背后的良好意图有时似乎越过了界，演变成自恋。德克萨斯州艾伦市的赤狄·奥格布塔（Chidi Ogbuta）结婚时，将婚礼蛋糕做成了自己的模样。在她的结婚照里，奥格布塔正在和她的丈夫切开这个像她的双胞胎姐妹一样的蛋糕。对此，美国有线电视新闻网（CNN）上有一位评论者问道："这对夫妻会把蛋糕的哪部分留到结婚一周年时再吃？新娘的头吗？"有一张广为流传的海报宣称："最重要的是你如何看待自己。"这几个字下面有一幅画，画面中一只橙色的小猫正在照镜子，镜子中出现的却是一头大狮子。这告诉我们，把自己看得比实际上更好——更高大、更强壮、更能干——是很重要的。也许并不只是比实际上好"一点儿"。"耶稣最幸运的地方在于，他有一个相信他是上帝之子的母亲，"励志类书籍作家韦恩·戴尔（Wayne Dyer）曾在自己的座谈会上这样说道，"想象一下，倘若全天下所有的母亲都这样想，我们的世界会变得多么美好啊！"换句话说，我们应该从小就相信我们是第二个基督在世，是上帝赐予人类最美好的礼物。

如今，围绕着自我欣赏已经衍生出了一个巨大的产业。在全球最大的搜索引擎Google上快速搜索一下"如何爱自己"，会出现19.1万条搜索结果，提供的秘诀包括"每次别人夸你时，记录下来""停止所有的批评"以及"对着镜子中的自己说：'你看起来棒极了！'"。有些网站甚至还建议你爱抚自己的身体。其他网站则是通过兜售"爱自己确认卡""爱自己，治愈人生"笔记本，或者"提升自尊"的潜意识录音等物品，来赚取你口袋中的钱。你可以买到印有"我❤我"或者"爱你自己"字样的T恤衫。体育明星们常常把他们的成就归功于"相信自己"，而不是其他比较有可能的原因，比如上帝赐予的天赋和多年不懈的努力。

家长们经常被告知，即使是新生儿也能感受到自我欣赏所带来的好处。玛莎·西尔斯（Martha Sears）和威廉·西尔斯（William Sears）在《母乳哺养完全指南》（*The Breastfeeding Book*）中表示，母乳喂养的好处之一是可以让婴儿排泄的粪便变得不那么臭。这不仅对父母是一件好事，对婴儿来说也是有益的——"宝宝看到给他换尿布的人是一脸开心而非厌恶的表情时，会接收到一条关于自己的正面讯息——也许那就是自尊心的萌芽"。鉴于目前鼓励孩子自我欣赏十分流行，因此这很有可能是孩子们第一次了解到他们的大便并不臭。

许多励志书籍都将爱自己看作万能灵药，认为只要相信自己，一切皆有可能。2007年的超级畅销书《秘密》（*The Secret*）声称，只要不停地想象，你就能得到自己想要的东西（尤其是物质方面的东西）。（显然，我们俩都没真的想要赢得彩票大奖，因为我们从未不停地想象中大奖的情形。）就林赛·罗韩（Lindsay Lohan）[01]和其他青年明星的酗酒、吸毒问题，《观点》（*The Views*）节目主持人乔伊·比哈尔（Joy Behar）在接受《拉力·金现场秀》（*Larry King Live*）采访时表示："他们拥有普通人一生梦寐以求的所有东

01　美国模特、影视演员、歌手。

西——成为了家喻户晓的明星。但同时，他们内心深处仍有一个声音在小声说'你还不够好，不够好！'不过，也有些生活在贫困中的人却认为自己已经足够好了。所以，一切都在于你怎么看待自己。"按照这一说法，像林赛·罗韩和帕丽斯·希尔顿这样的年轻明星只要足够爱自己的话，就不会遇到那么多麻烦了。（罗韩称自己"不仅是年轻一代的楷模，而且也是更年长的世代的榜样"，而希尔顿则在自家客厅沙发上方悬挂着自己的巨幅照片。因此，他们到底是否缺乏自我欣赏的能力，请大家自行判断。）根据某本名人杂志援引的一位心理学家的说法，另外一位以桀骜不驯而著称的年轻明星布兰妮·斯皮尔斯（Britney Spears）也只是需要更多的自我欣赏而已。她建议："布兰妮应该每天对着镜子中的自己说'我爱我'，她需要不断强调这个'我'字。"

时下最流行的一则文化信息是告诉孩子他们很特别。T恤衫、贴纸，甚至是汽车座椅上，到处都是"我很特别"的字样。有一天，基斯在翻看女儿的幼儿园（位于佐治亚州雅典市）每周课程计划时发现，这些3岁的孩子每天要做的第一件事，是唱一首歌词写着"我很特别，我很特别，看着我"的歌曲。在基斯看来，另外一首歌可能会更好——"我保证会听爸爸的话，在他给我穿衣服时，不踢他的脸"。幼儿园的老师告诉基斯，她是从国家学前教育资源中找到这首歌的。最终，她还是决定不再让孩子们唱这首歌了，因为基斯告诉她，如今大多数小孩的自尊心已经很强，再感到"特别"就与自恋有关了。当然，就像一滴雨滴不会把孩子淋成落汤鸡一样，一首"我很特别"的歌曲也不会使孩子们陷入自恋的深渊。不过，也正如一场暴雨可以将孩子淋得浑身湿透一般，这些大量的"特别"信息也能带来负面影响。如今的文化所降下的"自恋之雨"足以把每个人淋湿。

强调孩子们要学会自我欣赏的教育方法，其实是最近才出现的。家长们也许一直以来都认为自己的孩子很特别，但直到不久以前，他们还不希望世界上的其他人也这样对待他们的孩子。近期一项针对3岁孩子的母亲和祖母的研究发现，美国母亲们普遍赞同自己的孩子需要拥有高度的自尊感。在被问及"你认为一个人的自尊心会不会太高了？"时，所有母亲都异口同声地回答："不会。"但是，超过三分之二的祖母们却表示，人肯定会有自尊心过高的时候，这样的人傲慢、自私、自我中心，已经被宠坏了。此外，祖母们还指出，在她们抚养子女的时代，父母们并不会积极地提高孩子的自尊心。

与美国相比，其他国家并没有如此狂热地鼓励自我欣赏（尽管，如第十六章所讲，世界其他地区也已经开始追随美国的脚步）。相反，许多文化强调通过自我批评和改进自身弱点，来取得学业或者事业上的成功。在那项针对自尊心看法的研究中，中国台湾地区的母亲和祖母们都认为自尊并不十分重要。

这种情况不只出现在亚洲。最近，在一次加拿大的垂钓之旅中，基斯曾在不列颠哥伦比亚省北部的一个家庭中暂住。一次晚餐时，那个家庭的小儿子说，他用一把0.22英寸[01]口径的枪打死了一只62英尺[02]开外的兔子。听到这些，他的母亲立刻盯着他说："自夸是不礼貌的。"基斯对此感到很惊讶，因为大多数美国父母在这个时候都会说："是的，千真万确，我的儿子就是未来的神枪

---

01 1英寸等于2.45厘米。
02 1英尺等于0.3048米。

手，像狂野的比尔·希科克（Wild Bill Hickok）[01]一样。"基斯告诉他们，在美国，实际上我们是鼓励孩子自夸的，如果再把步枪射击做成慢动作，配上美妙的背景音乐放到YouTube网站上，你的孩子也许会出名一阵子。然而，那位母亲回答，在他们生活的地方，人们会通过人格和取得的成就来判断一个人。而且，她认为并不需要改变这种价值观念。基斯对此也表示赞同。

但是在美国，我们对于自我欣赏的欲望已经发展过度了，导致我们的文化以一种极端且自我毁灭的方式，模糊了自尊与自恋的区别。大多数人都明白自恋有一定的负面含义，但是意识不到自我欣赏的言辞正在使人们滑向自恋的冰洞——而且常常会坠入其中。把自己的孩子当作耶稣、让他们高唱"我很特别"之歌、穿印有"你不要太酷"字样的T恤衫，这不是在向他们灌输基本的自我价值观，而是在引导他们变得自恋。美国已经过度沉溺于自我欣赏，我们所谓的"万能灵药"会带来严重的副作用，比如傲慢与自我。在急于创造自我价值的过程中，我们的文化或许已经向一些更黑暗、更邪恶的事物开启了大门。

---

01 美国西部历史上的传奇人物，原名詹姆斯·巴特勒·希科克（James Butler Hickok），身份很多，包括神枪手、赌徒、警察等。

第二章

过度自我欣赏的顽疾及自恋的五大讹传

　　自我欣赏听起来很棒，并且是现代美国文化的一条核心原则。但是，过度的自我欣赏却会带来明显的副作用——自恋，以及随之而来的消极行为。

　　"自恋"虽然是一个心理学名词，但即使是从未上过心理学课程的人，在看到这个词时也会知道它的含义。关于自恋，一些其他常见的名称包括傲慢、自负、虚荣、浮夸以及自我中心。自恋的人满脑子想的都是自己，自以为是，爱吹牛，只喜欢倾听自己的声音，或者自认为是个传奇人物。许多自以为是的混蛋都是自恋者，但是不少圆滑、表面光鲜、非常迷人的人（遗憾的是，后来发现这些人实际上是以自我为中心的，是不诚实的）也是自恋者。自恋者往往会高估自己的能力，就像那张流行海报中的小猫看见自己是一头狮子一样。自恋者不只是自信，而且是过度自信。简而言之，自恋的人过于欣赏自己。

　　英文中的"自恋"（Narcissism）一词源于希腊神话中的那耳喀索斯（Narcissus）——一位想要寻找真爱的长相迷人的年轻人。美丽的仙女厄科（Echo）爱上了他，并且不断重复着他所说的话，但是那耳喀索斯最终还是拒绝了厄科，从此厄科便渐渐消失了。那耳喀索斯仍在继续寻找自己的完美伴侣，直到有一天，看到了自己水中的倒影。那耳喀索斯爱上了自己的倒影，一直凝视着它，直到死去。后来，在他死去的河岸边，长出了一朵鲜花，也就是现在的水仙花。那耳喀索斯的神话讲述了自我欣赏的悲剧——那耳喀索斯被自我欣赏所禁锢，无法与自我以外的其他人建立联系，而且他的自恋也伤害到了别人（这里指的就是厄科）。这则神话映射出了真实生活的情况，即自恋可能给他人和社会带来最严重的后果。

今天，受弗洛伊德和其他学者的著作影响，我们开始用希腊神话中的那耳喀索斯来描述自恋的人格特质。自恋的核心特点是以一种非常积极的、膨胀的观点来看待自己。自恋程度较高的人——我们称其为"自恋者"——认为自己在社会地位、外貌、智力水平和创造力方面都比其他人优秀。然而，事实却并非如此。从客观角度衡量，自恋者就像其他人一样，没什么特别之处。然而，自恋者却认为自己本质上要比他人优秀——他们是特别的、优秀的、独一无二的。此外，在情感方面，自恋者与人相处时表现冷漠，缺乏对他人的关心和爱。这是自恋者同单纯自尊心较强的人的主要区别：自尊心较强但并不自恋的人重视人际关系，而自恋者则不重视。结果便是造就了一个极为不平衡的自己——浮夸、膨胀的自我形象，并且缺少同他人的深层联系。

自恋者同时也面临着一项非常有趣的心理挑战：你要如何一直觉得自己是一个既特别又重要的人呢——尤其是在事实并非如此的情况下？一种方法是将其他人当作一场盛大的欺骗游戏中的工具。如果能做好这一点——说服自己，同时也说服别人相信你真像自己说的那么棒——那么你就能在这场自我欣赏游戏中成为赢家。

自恋者可能会吹嘘自己的成就（同时把自己的缺点归罪于他人），注重自己的外表，看中那些能体现社会地位的物品（"有谁看见我的宝马车钥匙了吗？"），喜欢做出一些夸张的手势，不断把话题转回到自己身上，为了取得领先而操纵、欺骗他人，乐于将崇拜自己的人聚集在周围（如"粉丝团"或随从），希望通过认识"有名气的人"来让自己看起来不错，并且善于抓住一切能获取他人关注和名声的机会。由于自恋者不重视充满温情、相互关怀的人际关系，所以他们在做这一切时可以毫不顾忌他人的感受。他们经常操纵、利用他人，把他人视作一种让自己感觉良好的工具。

研究人员将这些试图获取自我欣赏的做法称为"自我调控策略"（self-regulation strategies）。自恋者花费许多心力调控自己的社交关系，以求最大限度的自我欣赏。一旦奏效，自恋者就会获得强烈的自尊心，感觉无比骄傲；如果无效，他们会表现出生气、埋怨，有时甚至是勃然大怒。比如，想想O. J. 辛普森（O. J. Simpson）的两副面孔：一副是在租车广告中在机场奔跑的迷人的橄榄球明星，一副则是涉嫌杀妻的前夫。就像他在自己的《如果我干了》（*If I Did It*）一书中所说的，如果他觉得妻子没有对他显示出足够的尊重，他可能会杀死那两个人。辛普森的这两副面孔便是自恋的两面。研究人员德尔·保卢斯（Del Paulhus）受自恋的暴力一面启发，将自恋称为"黑暗三性格"（Dark Triad）之一（其他两个是马基雅维利主义，即喜欢操纵他人，以及会引发反社会行为的社会病态）。正如德鲁·平斯基（Drew Pinsky）[01]博士所言："有自恋者陪伴

---

01 美国职业内科医师、成瘾性药物专家、广播访谈节目《爱的热线》（*Loveline*）主持人。

左右是一种乐趣。他们美好而有趣，是聚会中的灵魂人物，这真的能让你感觉很好。但是倘若你妨碍到他们，那就只有上帝才能帮你了。"

测量个体的自恋程度

心理学家在评估个体的自恋人格特质时，通常使用的工具是"自恋人格量表"（Narcissistic Personality Inventory，简称NPI）。它由加州大学伯克利分校人格评估与研究中心的罗伯特·瑞斯金（Robert Raskin）和霍华德·特里（Howard Terry）于20世纪80年代建立。这份量表最常见的形式是给出40组自恋与非自恋的陈述，要求测试者选择与自身最为相符的选项。当然，测试者事先并未被告知这是一项测量自恋程度的测试。你可以试着做做下面这个缩减版的测试（你必须提醒自己诚实作答，因为与其他测试者不同，你事先已经知道了测试的目的）：

在下列各组陈述中，选出你最赞同的一项，并在空白处填写A或者B。每组陈述只能选择一个答案。

1. _____ A.一想到要统治世界，我就吓得魂都没了
   _____ B.如果我能统治世界，世界将会变得更加美好
2. _____ A.我更愿意融入群体中
   _____ B.我喜欢成为被关注的焦点
3. _____ A.我随心所欲地生活
   _____ B.人不能总是按照自己的意愿生活

4. _____ A.我不太喜欢炫耀自己的身体

_____ B.我喜欢炫耀自己的身体

5. _____ A.除非得到自己应得的所有东西，否则我永远都
不会满足

_____ B.我很容易感到满足

6. _____ A.我与大多数人没什么两样

_____ B.我认为自己很特别

7. _____ A.我发现操纵别人很容易

_____ B.我不喜欢操纵别人

8. _____ A.我尽量不去炫耀

_____ B.通常一有机会，我就炫耀自己

9. _____ A.我与其他人差不多

_____ B.我是一个非凡的人

10. _____ A.我喜欢左右他人

_____ B.我不介意服从他人的命令

评分：

问题3、5、7、10：如果你的回答是A，得1分。

问题1、2、4、6、8、9：如果你的回答是B，得1分。

0 ～ 3分：在自恋方面，你的得分较低。

4 ～ 5分：在自恋方面，你的得分相当于大学生平均水平。对于
40岁以上的人而言，这一分数稍高于平均值。

6 ～ 7分：在自恋方面，你的得分已经超过了平均水平。

8 ～ 10分：在自恋方面，你的得分远远超过了平均水平。

　　NPI测试法的一大重要优势便是设计出了这些成对的陈述。填写调查问卷的人不必担心测试结果会让自己看起来很糟糕，因为每一问题的两个选项都是得到社会认可的。最常用的方法是计算回答完40组陈述后的总得分，但是也可以将其拆分成七个子量表，用来测量权力欲、自我表现欲、特权感、权利感、自负感、优越感，以及虚荣心。

　　由于量表中的每一分都只表示稍微多那么一点儿自恋，因此除了与平均得分进行比较之外，NPI测试法并没有一个标准的节点来判断什么是高度的或者过度的自恋。在自恋测试中得分较高的人未必就是异类——他们只不过比其他人多了某些自恋特质而已。大多数人偶尔都会表现出几种自恋倾向，但是表现出来的自恋倾向越多，就证明他们越自恋。

　　目前为止，大多数自恋人格研究采用的都是NPI测试法，因此这份量表就成了定义自恋过程的一个重要部分。对于自恋者而言，即使他们否认自己自恋，也会坦率地承认自己符合这些描述。此外，用像NPI这样有效而可靠的方法来测试自恋也会消除人们的争论。你也许并不认为，感觉自己很特别、随心所欲地生活与喜欢受到关注属于自恋特质，但那都没有关系，因为量表得分本身就可以预测出一个人身上会有某种特定的行为或态度。研究人员发现自恋者缺乏同情心，这就意味着在NPI测试中得分较高的人缺乏同情心。不论NPI测试中选取的这些陈述符不符合你个人对于自恋的定义，反复的研究已经证明，这些陈述可以预测出特定的价值观和行为。无论你把其称之为自恋、自信的野心、特殊性，还是其他任何东西，都没有关系——因为量表本身就已经同这些结果联结在了一起。

　　另一个重要问题是搞清自恋人格特质同自恋型人格障碍之间的区别。一直以来，这两者经常被搞混，因此我们想非常明确地指出：高度自恋的人或者自恋者，与被诊断为患有自恋型精神障碍或病态自恋的人并不一样。被诊断为患有自恋型人格障碍的人，必须至少满足九项特定标准（描述长期的行为状态，包括浮夸、缺乏同情心，以及需要得到别人的崇拜等）中的五项。此外，还必须遭受某种形式的损害，比如意志消沉、工作失败，或者亲密关系陷入困境。只有受过训练的专业人士才可以诊断一个人是否患有自恋型人格障碍。与自恋人格相比，自恋型人格障碍不太常见，因为人格类型上的自恋并不像自恋型人格障碍那样极端，也没有临床上的严重问题。

　　临床医学领域对于自恋型人格障碍的定义在心理学界引发了争论。一些研究人员认为，临床上的自恋型人格障碍描述的是两种不同类型的人：一种是性格外向、喜欢出风头的人，比如在NPI测试中得分较高的人；一种是更加内向、忧郁、容易受到伤害、心理空虚（但同时也很浮夸）的人。关于"容易受到伤害"的自恋者，一个很好的例子便是动画片《辛普森一家》（*The Simpsons*）中卖漫画书的家伙，他与典型外向的"酷酷的"自恋者截然不同。一些心理治疗师使用的诊断手册将自恋分为以上两类，这种划分方法也许会纳入下一版的《精神障碍诊断与统计手册》（*Diagnostic and Statistical Manual of Mental Disorders*，简称DSM，官方的精神疾病指导手册）之中。

　　在本书中，我们关注的是更加外向、喜欢出风头的自恋类型，而对于比较容易受到伤害的自恋类型则涉及较少（但我们也会在某些地方讨论到这一点，比如在讨论饮食障碍增长时）。此外，我们更加关注的是自恋人格而不是自恋型人格障碍，因为自恋流行病的传播广度远远超过了自恋型人格障碍（只有十六分之一的美国人在生命中的某一时刻，受到过自恋型人格障碍的困扰）。"正常的"自恋者更加常见，因此也可能更具毁灭性。比如，大多数在NPI测试中得分在90分左右的人并未患有自恋型人格障碍，但是他们给周围的人带来了很多麻烦——可能比那些被诊断为患有自恋型人格障碍的人带来的麻烦还要多，因为他们看起来依然一切正常（至少到目前为止是正常的）。

最后，有一个非常重要的问题——分清人格特质上的自恋和文化环境上的自恋。自恋流行病由两个交织在一起的故事组成。一个故事关于个体的高度自恋。另一个故事关于我们共有的文化价值观正朝着更加自恋、更加注重自我欣赏的方向发展。当然，这两个问题是相互交织的，但是文化层面的转变要比人格改变更为显著。我们会在本章末尾详细讨论文化转变和人格改变二者的区别。

关于自恋的讹传

当我们和人们谈论自恋时，总能听到许多很有趣的问题。其中的很多问题可以归纳为我们常说的"自恋的五大讹传"。（在下一章中，我们会讲到第六大讹传，即"要成功就必须得自恋"；在第十三章中，会讲到第七大讹传，即"你必须首先爱自己，才能爱别人"。）

讹传一：自恋是一种"极高"程度的自尊

自恋常常与"极高"程度的自尊所混淆。自恋者确实自尊心较强，而且实际上，许多用来增强自尊心的技巧也可能会导致更加自恋。但是，自恋和自尊有一个很重要的不同之处。自恋者认为他们更聪明、长得更好看、比别人更重要，但未必觉得自己比别人更讲道德、更懂得关心他人，或者更富有同情心。自恋者从不会吹嘘自己是世界上最友善、最体贴的人，但是喜欢指出自己是胜者，或者很火辣。有一次，简在基督教青年会的更衣室里，无意中听到一群小女孩的对话。其中一个女孩看着镜子，咧嘴大笑，并大声喊道："哇，我看起来真性感！"紧接着，她又把认为她很性感的男孩历数了一遍。仅仅是自尊心较强的人也会自我感觉良好，但是他们同样也认为自己很有爱心，而且讲道德。这便是自恋者缺乏理性判断的原因之一——亲密的人际关系能够对自我起到约束作用。比如，如果你在网球比赛中击败了一位亲密的朋友，你通常不会咄咄逼人地大声喊道："你输了！"并且在他面前手舞足蹈。你通常会说："打得不错。"自恋者缺乏这点对别人的关心，这就是为什么他们的自我欣赏常常会发展到失控的地步。

讹传二：自恋者缺乏安全感，自尊心较低

许多人认为自恋者实际上不仅缺乏安全感，而且"在内心深处是恨自己的"。按照这种理论，自恋者的妄自尊大仅仅是为了掩盖他们内心深处对于自己的怀疑。这一观点可以追溯到心理动力论（psychodynamic theory）中的某些方面。心理动力论推测，

自恋是一种防御——为了抵御"空虚"或者"狂暴"的自我、隐藏的自卑感，或者内心深处的羞愧感。心理学家有时会将其称为"面具模式"（mask model），因为这暗示着自恋仅仅是掩盖自卑的面具。这一论断的诱人之处在于它的便利性，使我们能将自恋者归为有缺陷的人，他们只需要学会更多地爱自己——我们文化中的万能灵药——就够了。我们可以认为，自恋者看起来很高兴、很满足时，实际上内心却很痛苦。这一观点也符合许多心理动力论对于人的行为的阐释，即有意识的行为和无意识的行为是对立的，比如扫黄斗士会偷偷到"7-11"便利店购买《好色客》（Hustler）杂志，并用牛皮纸包起来，或者殴打同性恋的人实际上自己也是同性恋。

这种"掩盖不安全感"的自恋模式在我们的文化中无处不在。在电视剧《急诊室的故事》（ER）中，一位医院员工在面对一个吝啬、尖酸刻薄的外科住院医师时说："是什么使得你需要贬低他人呢？难道侮辱别人更能让你觉得自己是个男人，更能维护你那点儿紧紧抓住不放的可怜的自尊吗？我甚至不敢想象你的生命中究竟发生了什么，让你变成现在这样人见人恨的人！"听到这些，那位一向看起来很自信的医师显得非常慌乱不安，手里拿着的文件顿时散落一地。这是一种电视剧拍摄时俏皮简略的表达方式，潜台词是："被你说中了。你发现了隐匿的事实，实际上我是一个可怜的、没用的人。"在电视剧《七重天》（7th Heaven）中，一直不受人喜欢的罗斯（Rose）突然决定要考虑他人的感受。她向未婚夫的寻亲安妮（Annie）承认："一直以来，我完全以自我为中心，高傲自大。我想我是从父母离异后开始这样的。我曾责怪过自己，但是越责怪自己，我就会感觉越糟糕、越小看自己。为了掩盖这一点，我开始表现得高人一等，以为这样就没人知道实际上我觉得自己一无是处。"安妮不仅相信了罗斯的这番话，并且认为罗斯实际上是一个很棒的人。

许多有关自恋的现有资料都建立在认为自恋者自尊心很低的错误基础之上。比如，一个在线网站便指出，自恋者"实际上自尊心很低，在他人中间会感到不安。也正是这种不安全感促使他们总喜欢在别人面前塑造种种不切实际的完美形象"。名人生活教练帕特里克·瓦尼斯（Patrick Wanis）告诉微软全国广播电视公司（MSNBC）："帕丽斯·希尔顿正经受着自恋的痛苦。尽管她看上去很自信，但实际上缺乏安全感、傲慢、自卑。"某位读者在《纽约时报》的评论栏中写道："在与自恋者打交道时，记住一点很重要，那就是一个人'自我'程度的高低是与自尊心水平成反比的。在内心深处，自恋者非常缺乏安全感，对自己很不满。正是这些问题使他们开始变得自恋。"许多人将缺乏安全感看作自恋和自信之间的重要差别。这也是一种两者兼得的方法：你可以通过自我欣赏使自己感觉良好，但只要内心有安全感，那就不是自恋。

然而，没有任何证据表明，我们在本书中所关注的外向型自恋者会表现出自卑，或者内心深处缺乏安全感——他们喜欢自己，甚至比一般人更喜欢自己。通常来讲，在自恋测试中得分较高的成年人，在自尊心测试方面的得分也比较高。最常见的测试自尊心的陈述包括"我觉得自己是一个有价值的人，至少与其他人有差不多的基础"，以及"我觉得自己身上有很多优良品质"等。那些认为自己"最棒"的人极为赞同这样的陈述。对自恋的人而言，这些用来测量自尊心程度的陈述与他们的伟大之处相比，显得黯然失色多了。他们认为："没错，我是一个有价值的人——比大多数人都更有价值！我身上有很多优良品质，不止一点儿！""易受伤害的自恋者"群体中确实偶尔会出现一些自卑者，这部分人最终可能需要治疗。但是在本书中，我们更加关注的是社交手段高明、对我们的文化影响最大的自恋者。很多人对于自恋的混淆看法，都源于人们心中大多数自恋者容易受到伤害的认识，但实际上并非如此。

但是，倘若这些性格外向的自恋者只是嘴上说说他们拥有很强的自尊心，那又会怎么样呢？也许，在内心深处，他们确确实实会讨厌自己，自恋只不过是缺乏真正自尊的一种防护罩。社会心理学研究的一些新方法，已经使我们能够更加容易地回答这些问题。华盛顿大学的托尼·格林沃德（Tony Greenwald）和哈佛大学的马扎林·巴纳吉（Mahzarin Banaji）联合开发的内隐联想测验（Implicit Association Test，简称IAT）就是用来测试人们将两个概念联系在一起的速度。起初，IAT是用来测试种族歧视的。在那一版本中，电脑屏幕上会出现白色和黑色的面孔，并且在旁边写上类似于"好"和"坏"的文字。在第一轮测试中，测试者需要在白色的面孔出现时，按下键盘上"好"字下面的按键，在黑色的面孔出现时，按下"坏"字下面的按键。之后再反过来操作，白色的面孔按"坏"字，黑色的面孔按"好"字。在这一测试中，计算机测试的是测试者配对的速度：如果测试者更快地将白色的面孔同"好"字配对，就说明其更喜欢白人（你可以登录https://implicit.harvard.edu/implicit/亲自测试一下）。许多在外显调查中没有表现出种族偏见的人，在这项测试中仍然会表现出内隐式的种族偏见。曾在《决断两秒间》（*Blink*）一书中讲述过无意识联想的作家马尔科姆·格拉德威尔（Malcolm Gladwell）自己就是个黑白混血儿，但是他尴尬地发现，自己很难将黑色的面孔与"好"字配对，却很容易将白色的面孔同"好"字配对。这项测试用有趣的方式测试出了我们真正的信仰——我们从自己的文化中汲取的无意识感觉和联想。

最近，研究人员对IAT测试方法进行了调整，用它来测量人的自尊心，要求测试者将"我"和"不是我"的按键与积极或消极的词语配对。结果发现，自尊心较强的人很容易将自己与"好""很棒"之类的积极词语联系在一起，但是在将"我"与"糟糕的""错误的"等词语配对时，反应则会缓慢得多。如今，已经有一些研究人员在利用这一方法，探究自恋者"内心深处"真实的自我感受。

结果发现，自恋者在内心深处认为他们自己很棒。在看到类似"好""很棒""伟大""正确"等词语时，自恋者像非自恋者一样很容易，甚至更容易按下"我"字按键；在看到类似"坏""可怕""糟糕""错误"等词语时，则像非自恋者一样很难，甚至比他们更难按下"我"字按键。与非自恋者相比，自恋者在面对"果断""积极""精力充沛""直率""强势"，以及"热情"等词语（与之相对的词语有"安静""保守""沉默""孤僻""顺从""拘束"等）表述时，表现出了更强的、无意识的自尊心。自恋者在面对"善良""友好""慷慨""合作""深情"等词语（与之相对的词语是"卑鄙""粗鲁""小气""喜欢争吵""爱发牢骚"和"残酷"等）表述时的得分仅为平均值，但是即使在这一方面，他们也没有显示出任何程度的自卑感。因此，自恋者无论是从内心还是从外表上看，都对自身有着相似的看法，即他们是安全的、积极的，他们都是赢家，但是认为关心别人并不是那么重要。

另外一个研究无意识自尊的方法是"姓名字母任务法"（name-letter task），研究人员要求人们根据漂亮和可爱程度，对字母表中的字母进行打分。认为自己名字中的字母（尤其是第一个字母）更加可爱或漂亮，是一个衡量内在自尊心的可靠指标。作为本书的作者，如果我们的无意识自尊心很强，我们就会认为字母"j"或"k"非常漂亮。毫无疑问，自恋者肯定认为他们名字中的字母更强大、自信、漂亮，但是并非更加善良、体贴。还是那句话，自恋者的不是内心深处的自我厌恶或者自卑，而是一种在个人成就领域的自信，以及对自己和他人的亲密关系与情感抱持中立，甚至是消极的态度。

把自恋视为对不安全感的掩盖是一个重要问题，就像很多人认为自恋可以通过更多的自我欣赏来治愈一样。这一方法其实是行不通的。他们会说："如果迈克尔自尊心再强一点儿，就不会这么无礼了。"但事实是，迈克尔之所以表现得无礼，也许恰恰是因为他觉得自己比别人强，觉得自己的需求比别人的需求更重要。更多的自尊，可能只会让问题变得更加严重，尤其是自尊演变成自恋时。因此，那些试图教育"学校恶霸"的课程，在建立他们的自尊心时应当格外小心，因为这样的努力也许会带来一些意外的后果——自恋。对于"学校恶霸"来说，他们已经有了足够多的自尊，而需要学会的仅仅是尊重他人。

讹传三：自恋者确实更棒/更好看/更聪明

也许在自恋者看来，他们之所以与众不同是有道理的，因为他们真的很特别。当然，实际上真的长得很漂亮或者拥有某项特殊才能的人，也的确会更容易自恋。但是，目前还没有多少证据表明自恋者比一般人更优秀。有两项研究发现，自恋者在客观性智力测试中的得分和普通人差不多。另外一项研究则发现，自恋与常识测试中的表现并无直接关系。有关创造力的研究结果则结论各异，有一项研究发现自恋和创造力成正相关，另一项却发现二者并无关系。此外，自恋者并不比普通人长得更好看——在两项研究中，陌生人在评价头像时，并不觉得自恋者比其他人更吸引人，即使自恋者认为他们更有魅力（其中的一项研究更是机智地取名为"自恋者认为他们很性感——但其实并非如此"）。不过，自恋者确实懂得如何从许多照片中，挑选出一张更讨人喜欢的照片（或者拍摄足够多的照片，这样就至少有一张是讨人喜欢的）。比如，观察员们认为自恋者为他们的个人网页选取的照片就更吸引人。总体而言，自恋者相信他们比实际上更聪明、更漂亮。

讹传四：自恋一点儿是健康的

有人问我们："难道我们都应该反过来讨厌自己吗？"当然不是。用讨厌自己来取代喜欢自己的说法是一种错误的选择。正如肥胖症研究人员不会说所有美国人都应该患上厌食症一样，我们也不是在建议大家都讨厌自己。对于那些确实讨厌自己的小部分人来说，他们可以多些自我欣赏。但是，你可以在不过度的基础上爱自己。我们认为，大家最好不要把注意力过多地放在自我感受上，不论是积极的还是消极的感受。相反，应该把焦点放在生活上，关注与他人的关系，关注自己的工作，关注大自然之美。想象一下生活中所经历过的、让你感到最快乐的事——通常情况下，这样的快乐不会来自于想象自己有多棒，而是来自于融入世界、摆脱自我的过程，比如享受与朋友、家人和孩子在一起的时光，全身心地投入工作，或者做需要全神贯注的任务，如艺术、写作、手工艺、田径、帮助他人等。

自恋一点儿是健康的吗？实际上，这个问题应该这样来问："对谁来说是健康的？"比如，自私也许会使你在晚餐后得到一块更大的甜点，但是会伤害到你和同伴之间的长远情谊，而且还可能使你在未来丧失掉一次晚餐邀请。在一艘即将沉没的船上，自恋者可能会是抢先登上第一艘救生艇的人——是的，这说明他们的适应性很强，但是倘若自恋者抢走的是一个孩子的逃生机会，那就不好了。与之类似的是，饿了就吃饭是一件好事，但是如果你从一个婴儿口中抢走食物，那就不太光彩了。

伤害别人是错误的，这就是我们对于自恋是否健康的立场。给他人带来痛苦的自恋行为是不"健康"的。以牺牲自己的表现（例如因为自负而没能完成一项任务）为代价的自恋也是不健康的。靠想象自己是一个传奇而获得兴奋感和自尊心看起来一点儿都不健康。但是，如果这样对你有效，而且对周围的人和你的表现也没有什么不利影响，那我们也就没必要小题大做了。因此，那些有助于提升自我表现且同时不会伤害到他人的自恋（比如在一场大型公开表演前，你可能需要通过自恋来提升自信心）相对而言要健康一点儿，虽然我们也可以通过其他途径，在不过度关注自我的基础上达到同样的效果。

讹传五：自恋只是虚荣的具体体现

虽然虚荣肯定是自恋者众多负面性格特征（我们会在第九章中讲述这点）中的一个，但绝非唯一一个。自恋者也很追求物质享受，自以为是，在受到侮辱时具有攻击性，而且对情感上的亲密关系毫无兴趣。

自恋疫情正在蔓延吗?

考虑到自恋所带来的种种负面影响，我们想知道，如今这种负面的人格特质是否比过去更加常见。儿童与大学生自尊心程度得到提高的同时，一些其他与自恋相关的人格特质的出现频率也增加了。

因此，我们着手探寻，在美国普遍存在的自我欣赏趋势是否已经演变成了自恋。经过长时间对心理学数据库和研究报告的检索，我们与我们的共同作者们从 16275 名大学生在 1979 年到 2006 年间所填写的自恋人格量表中，找到了 85 个样本。这使得我们可以将之前几代人大学时期的表现，同现在的大学生进行对比。

结果发现，向自我欣赏移动的趋势也有其黑暗的一面。与成长于 20 世纪 70、80 以及 90 年代的"婴儿潮"一代[01]和"X一代"[02]相比，

---

01 出生在 1946—1964 年之间的一代人，通常被认为稳重、思想自由、信奉个人主义。

02 出生在 20 世纪 60 年代中期至 20 世纪 80 年代初的一代人。在他们的成长过程中，异类思潮迭起，因此这一代人多被认为思维活跃、注重自我。

成长于21世纪初期的大学生要更自恋。以自私而著称的"婴儿潮"一代在他们的孩子面前几乎是完败。截至2006年，有三分之二的大学生的得分要高于1979年到1985年的NPI样本平均值。在短短20年时间里，这一平均值就增长了30%。如今，有四分之一的大学生在NPI测试中选择的是更具自恋倾向的答案。而且，自恋趋势的增长似乎仍在加速——在2000年到2006年间出现急剧增长。其中，女性自恋者的增长数字非常庞大。虽然男性在自恋测试中的得分仍比女性要高，但是年轻女性正在逐步缩小这一差距。

美国31所大学学生的NPI测试分数：1982—2006年

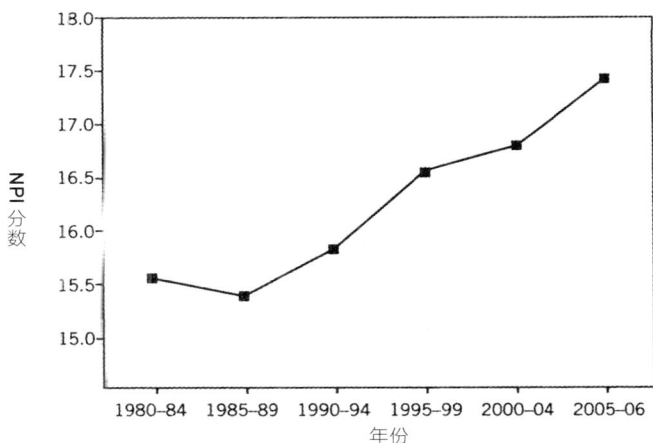

图1

过去几十年间，自恋的蔓延之势已经赶上了肥胖症。换句话说，自恋现象已经像肥胖症一样普遍。把自恋的增长之势放在其他一些更熟悉的测量中会更容易理解：自恋的增长程度就好比学习能力测试（SAT）的分数上涨了75分（满分为1600分），或者男性的平均身高增加了1英寸。

当然，这项研究显示的只是NPI测试平均值的变化——还有很多大学生是不自恋的。但是，你可能会在更加年轻的人身上看到这一趋势，因为与以前相比，如今有更多的学生高度自恋，以至于表现在平均分上的微小、中等程度的改变，会带来高得分的较大变化。

另一项研究得到了媒体的大肆报道，因为它发现人们同之前相比，自恋程度没有发生任何变化，这似乎在质疑我们的研究结果。《纽约时报》对此称道："这项最新研究对当下的主流观点提出了挑战，它认为与前几代人相比，年轻的美国人并非更加自我。"这组数据最值得注意的地方，是它实际上恰恰验证了自恋趋势在近些年来出现了急剧增长。事实上，这组数据所显示的2002年到2007年的年增长率，是我们发现的1979年到2006年年增长率的两倍。因此，即使是对我们怀抱质疑态度的研究人员，其所提供的数据也都证实了我们的结论（见图2。将不同族裔学生的得分加总平均之后，也会发现总体得分呈上涨趋势）。

那么，该项研究的作者为什么要说自恋程度没有发生任何变化呢？在原始分析时，他们也采集了1979—1985年以及1996年的样本数据。这两个样本的NPI得分与2002—2007年的样本得分差不多。但问题就出现在了这里：这两个早期样本都是在加州大学伯克利分校采集的，而后来的所有样本则是来自加州大学戴维斯分校。因此，我们无法判断到底是时间，还是校园的变化造成了平均分上的差异或相似。在数据分析中，我们将这种情况称为"混淆"（confounding）。

加州大学戴维斯分校不同族裔学生 NPI 测试得分, 2002—2007 年

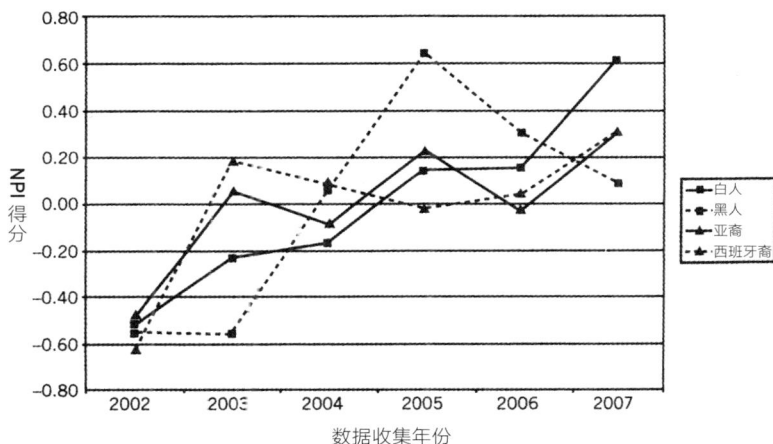

图 2

最后结果表明，加州大学戴维斯分校的学生在NPI测试中的得分要比其他学校的学生低得多（这听起来有点道理，因为如今亚裔学生依然占据着该校学生总数的43%——这一数字在全美只有6%——而且许多学生都来自乡村地区）。由于得分较低的加州大学戴维斯分校学生是他们收集到的最新样本，因此结果看起来就像是自恋现象没有发生任何变化。事实上，该校学生的自恋水平在2002—2007年这短短几年间，也出现了急剧的增长。虽然其他研究者并未分析他们在大学校园里的数据，但他们允许我们对其进行分析，并发布结果。至于2002年之前的变化，这些研究者的分析中只包含了1979至2001年之间的两个样本（我们的研究已经将其包括在内）。相对地，我们采集了58个样本。因为在我们看来，从58个样本中仅仅选择两个来进行研究，显然不是一种正

确的方法。

　　我们一直在不断地更新自己的全国范围研究数据。目前，已经更新到了2008年，其中也包括以上这些研究者的数据。这使得我们研究中的学生样本总数增长到了49818人（他们都在1979到2008之间参与了NPI测试）。考虑到学校因素对以上研究的影响，我们非常谨慎地引入了校园控制方法（这意味着我们将校园因素对研究的影响稳定在了一定区间内，因此可以在不受校园因素干扰的前提下，研究年份对自恋的影响）。与第一项研究相比，这次分析显示出如今的自恋程度发生了更大的变化，同时自恋疫情一直蔓延到了2008年。

　　此外，为了尽可能消除校园因素对研究的影响，我们还采用了另外一种方法，即研究另一所大学学生的自恋分数。我们的同事约书亚·福斯特在2006至2009年之间，采集了南阿拉巴马大学4033名学生的数据。之后，我们将这些数据同1994年采集到的南阿拉巴马大学的数据进行了比较。分析结果显示，自恋特质出现了大幅增长：2008—2009年，南阿拉巴马大学有三分之一的学生在NPI测试中选择了更有自恋倾向的答案，而这一比例在1994年仅为五分之一，也就是说人数增加了89%。

　　总体来说，以上三项研究（一项全国范围的综合分析，两项分别针对加州大学戴维斯分校和南阿拉巴马大学的研究）表明随着时间的推移，大学生群体的自恋特质也出现了增长。即使将那些认为自恋现象没有发生变化的研究人员所提供的数据纳入分析，自恋特质也还是出现了明显的增长。

　　许多年轻人也已经注意到了这些变化。2009年9月，一场针对1000多名大学生的全国性民意调查发现，有三分之二的大学生赞同"与前几代人相比，我们这一代的年轻人更加注重自我宣传，更加自恋、自负，喜欢寻求别人的注意"这一说法。另外，大多数（57%）人表示，诸如Facebook、MySpace和Twitter这样的社交网站也是导致他们这一代人比较自我的主要原因之一（我们稍后会在书中详细探讨社交网络带来的影响）。

美国文化中的自恋倾向已经积蓄了很长一段时间。我们从填写了自恋人格量表的大学生身上搜集到的人格类型数据仅仅能追溯到1979年。但是，自恋现象的增长至少要再往前推10年的时间。比如，我们可以相对确切地说，相比于20世纪50年代到60年代早期出生的性格更加沉稳的大学生，那些出生在20世纪60年代后期至70年代的大学生更加自恋、更加注重自我。这也许就是过去几年来广告商突然改变退休规划服务广告的策略，更加注重梦想、快乐以及回归童年的原因（针对"婴儿潮"一代，丹尼斯·霍珀[01]在阿默普莱斯金融公司的广告中喊出的标语是"梦想不会退休"）。在20世纪50年代到90年代之间，几乎所有与自恋相关的人格特质都出现了增长，其中包括过分自信、控制欲、外向性、强自尊和利己主义。甚至一些年纪较大的人的思维方式也开始慢慢变得现代化：有一组出生于20世纪30年代后期的女性样本，她们身上的自恋和个人主义人格特质在20世纪70年代，也就是40岁左右时出现了显著增加。而且，这一趋势还在持续蔓延，比如"婴儿潮"一代的子女已经在各个方面都超越了自己的父母——包括自恋在内。尽管"婴儿潮"一代本身对自己刻板的父母们很反感，但如今他们的子女也非常乐意将父母一辈关注自我的传统延续下

---

01 丹尼斯·霍珀（Dennis Hopper），好莱坞著名电影演员、导演。

去。然而，本书的目的不是将某一代人挑出来讲。虽然年轻人常常是最容易受文化转变影响的群体，但是其他年龄段的人也有很多自恋者。同时，我们需要特别强调一点——年轻人不是自己把自己抚养长大的。他们的自恋价值观也是从某处学来的，而且通常来自于父母身上，或者年长者所传递的信息中。

上述两组研究数代人身上自恋特质的数据都是以大学生为样本——他们是所有心理学研究者最喜欢的（同时也是免费的）受众，因此，大学生便成为了这30年来一直在进行NPI测试的唯一群体。虽然我们并不确定这些变化在儿童、青少年以及没有上过大学的年轻人身上是否同样适用，但其他的数据来源似乎都印证了这个方向。有一项研究对比了1.1万名年龄在14岁到16岁之间的青少年，他们分别在1951年或1989年填写过一份很长的调查问卷。在这份多达400多项的问卷中，从时间跨度来看，"我是一个很重要的人"这一陈述的答案变化最大。20世纪50年代时，同意这一说法的青少年还只占到总体的12%，但是到了80年代末，有80%以上的男孩和70%以上的女孩都认为他们自己很重要。一项名为"监测未来"的调查发现，在1976—2006年，认为"有很多钱非常重要"的高中生人数增长了66%。2008年的一项调查发现，年龄在21～31岁的人被投票选为最贪婪、最任性的人——甚至就连那些20岁左右的人也投了自己一票。实际上，与老一辈的人相比，20岁左右的年轻人更可能赞成年轻的一代人身上有这些自恋倾向。（关于"只有刻薄的老年人会认为年轻人自恋"的论断可以就此打住了。）

年轻人往往会对自己有着不切实际的期望。比如在2000年，有50%的高中生期望能进入法学院、医学院、牙医学院，或者研究生院学习，这一比例是20世纪70年代的两倍。不过，实际上最终能够获得这些学位（也就是从现实角度衡量）的人数并未发生变化。此外，如今有超过三分之二的高中生期望自己在未来工作中的表现能够排进前20%。

由于超过大学生年龄段的人群不太经常参与NPI测试，因此我们很难从确切数据的角度来判断年纪较长的成年人身上是否也出现了更加自恋的趋势。比如，现在30岁左右的人是不是比25年前30岁左右的人更加自恋？我们认为这是有可能的。首先，现在的青年人比过去看起来更加接近青少年。20世纪70年代的"婴儿潮"一代，一般在25岁之前就已经工作、结婚，而且至少有了一个孩子。如今的年轻人在25岁时，还没有完成这些大事中的任何一件，他们的生活仍与青少年时期（一生中最为自恋的时期）颇为相似。所以，我们最乐观的估计是，如今20 ~ 40岁的成年人要比几十年前的同龄人更加自恋。现今，由青少年过渡到不那么自恋的成年时代或许需要花费更长的时间——甚至根本就不会过渡。这与几十年前的情况形成了鲜明对比。那时，人们到了26岁就不再与父母同住，到了45岁就不再穿牛仔裤、听嘻哈音乐。一项针对出生于20世纪30年代的女性的研究发现，如今的祖母们甚至也要比上一代的祖母们更加自恋。

此外，更加令人担忧的是，自恋型人格障碍也开始出现增长趋势。

就在本书即将出版时，一项针对自恋型人格障碍的迄今为止最为全面的研究公布了调查结果。美国国家卫生研究院的研究人员在全美范围内选取了3.5万名美国人来组成具有代表性的样本，询问他们在一生中是否曾经出现过自恋型人格障碍的症状（受访者只会被问到有无症状，并不会知道这种症状的名称）。结果发现，有6.2%（十六分之一）的受访者在人生的某个时候曾出现过自恋型人格障碍的症状。更令人震惊的是，20岁左右的美国人之中有9.4%的人出现过自恋型人格障碍的症状（年轻男性的占比高达11.5%，令人难以置信），而这一比例在65岁以上的美国人当中只有3.2%。也就是说，20岁左右的美国人中差不多有十分之一出现过自恋型人格障碍的症状，而65岁以上的人之中只有三十分之一。

自恋型人格障碍的生命周期

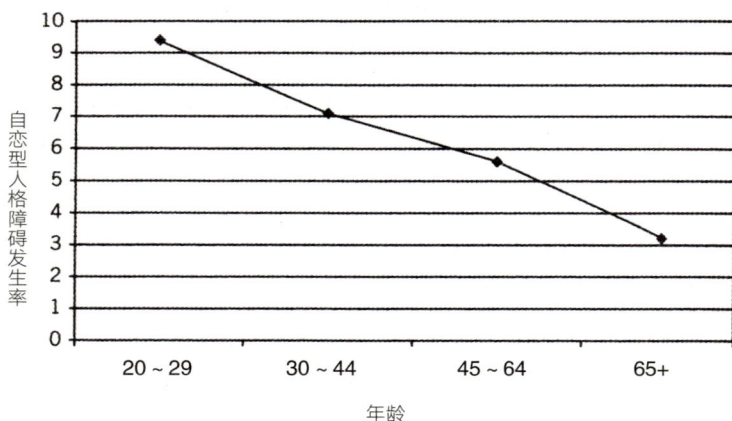

图 3

如果每一代人的自恋型人格障碍发生率都保持不变，那么应该会有更多的年长者表示曾遭受过自恋型人格障碍的困扰，因为他们有更长的时间发展出这种障碍。但现实恰恰相反，年长者身上的自恋型人格障碍发生率仅为年轻人群体的三分之一。尽管这有可能是因为年长者忘记了出现在他们身上的自恋型人格障碍症状，但这未免也需要非常差的记忆力才能造成如此大的差距，尤其是在训练有素的专业人员一再帮助他们唤起记忆的情况下。

例如，对于一个25岁的年轻人来说，只有7年的时间来患上自恋型人格障碍，因为年满18岁之后才可以进行自恋型人格障碍的诊断。而对于65岁的人来说，却有47年的时间来发展出这种障碍。那么，如果年龄在20～29岁的人按照每年1.3%的自恋型人格障碍发生率发展下去的话，他们之中将会有54%（超过一半）的人会在65岁时患上自恋型人格障碍。尽管我们高度怀疑这一问题是否会发展到那么严重的地步，但即便发生率仅为一半，如今20岁左右的人之中也将有26%（差不多四分之一）会在65岁时出现临床上的自恋型人格障碍症状。以至于在这些数据发表之前，就已经有一些心理治疗师用"流行病"，甚至是"瘟疫"这种词语来称呼自恋趋势的增长。加上之前两组表明自恋人格特质增长的数据，自恋型人格障碍发生率的这种令人担忧的增长（尤其是在年轻人之间）就是针对自恋流行病强而有力的实证研究证据。

我们常常被问及是不是只有家境富裕的白人小孩才会自恋，但显然事实并非如此。作家杰克·哈尔珀恩（Jake Halpern）发现，在那些认为出名比聪明、强壮或者漂亮更加重要的青少年中，黑人的数量是白人的两倍。一位社会工作者曾经告诉我们，与他一起工作过的生活在市区的年轻人身上常常散发着"一种不切实际的自负。他们之所以认为自己很棒，主要是因为老师一直以来都在向他们传达这样的信息"，那些生活在城郊富裕家庭的孩子应该非常熟悉这一描述。此外，一份网络调查也显示，收入较高的年轻人在NPI测试上的得分要比他人稍高，但是，NPI分数和收人之间的这种正相关关系在30多岁，尤其是40岁左右的人身上表现得更加强烈。换句话说，出生在富裕家庭的孩子只是稍微有一点儿自恋，只有有钱的成年人才会非常自恋（或者至少自恋的成年人会说自己要比别人富有——我们没见过他们的银行对账单，因此他们有可能是为了宣传自己才这么说的）。拥有特权也许会导致自恋，但是比起父母赋予的特权，靠自己努力赢得的特权更可能导致自恋。有趣的是，低收入成年人群体中的自恋型人格障碍发生率要稍微高一些——这也许是因为自恋型人格障碍的定义中本身就包含了机能障碍的因素。与富有导致的自恋相比，因贫困而产生的自恋更加难以治愈，也会带来更多的问题。或者，患有自恋型人格障碍的人收入较低的原因，也许恰恰是他们难以与人共事，从而很难保住一份不错的工作。

　　不同种族的自恋水平不尽相同，这主要是由文化因素所导致的。尤其是亚洲文化更加强调集体主义，排斥个人主义和自恋。总体来讲，较传统的文化——注重家庭、责任和义务——要比像美国这样比较现代的文化拥有更低的自恋水平。在一组数据中，美国人在自恋测试方面的得分高居所有国家的前10% ～ 20%。另一份研究报告也显示，美国人在自恋测试上的得分要高于其他国家的人。我们的学生也许不是最聪明的，我们的贫困水平也许不是全球最低的，但美国人在自恋测试方面的得分确实"不错"。

文化与自恋

人格不是孤立存在的。我们认为，个体自恋水平的增长只不过是文化巨变（变得更加注重自我欣赏）的结果。（在本书附录部分，我们会详细讲述文化和个体之间的相互作用。你可以登录www.narcissisme-idemic.com 获取附录。）自恋就像一种极其致命的病毒——拥有多种感染和传播渠道——会在几代人之间蔓延。曾经，强大的社会压力能够对自我起到约束作用。母亲们会问自己的孩子："你以为你是谁？"（而不是"小公主，晚餐想吃什么呀？"）宗教领袖们强调谦逊。强大的社会群体和稳定的人际关系排斥自大，这使得结识新朋友，并给他们留下好印象变得没有那么必要。一直以来，人们的一些好意，如增强自尊心运动、鼓励宽容的子女教育方式，却带来了自恋这一意想不到的后果。这些做法非但没能使孩子们变得更加友好、快乐，反而常常会造就出以自我为中心的、自恋的年轻人。

此外，自我表现的方式也随着新文化趋势和新技术的出现而发生了转变。正如我们在接下来的章节中即将讲述的那样，社交网站和明星文化的到来刷新了人们对自恋行为和自恋标准的认识。如今，人们认为在MySpace上传半裸照片，摆出挑逗性的姿势非常正常——即使这种行为非常自恋。美国人开始逐渐认为，变得更加自负、注重物质、自我中心，实际上是一件好事。即使你不那么自恋，也可能受他人的影响而变得自恋。现在，如果你不去美白牙齿，人们会认为你要么很穷，要么就是一个经常喝浓咖啡而且吸烟的欧洲人。而在10年前，并没有人会在意这一点。

自恋新看法

　　2007年美联社报道了我们关于自恋水平在几代人之间不断增长的研究之后，我们收到了很多大学生对此撰写的新闻报道和评论性文章。其中，几乎没有人对"同龄人一代更加自我"这一观点表示怀疑；相反地，他们认为自己这一代人身上的自恋是完全可以接受的。宾夕法尼亚大学大一新生卡尔·约翰逊（Kyle Johnson）在接受《宾夕法尼亚日报》（*Daily Pennsylvanian*）采访时说："这种极端的自尊心是有道理的，因为这一代人将作为有史以来最伟大的一代而被人铭记。"圣地亚哥州立大学大三学生卡米尔·卡拉斯比（Camille Clasby）在《阿兹特克日报》（*Daily Aztec*）上抗议道："但是我们就是很特别。承认这点并没什么错。我们这代人展示的不是虚荣，而是一种自豪感。"事实也许确实如此，但是老一代人虽然也认为自己很特别，却并不像年轻的一代这样自恋。这种说法与传统上的认为自己很伟大和实际上很伟大的自恋观念混淆非常相似。然而，有一些年纪较大的人也赞成这一说法。《世代》（*Generations*）一书的作者尼尔·豪威（Neil Howe）和威廉·斯特劳斯（William Strauss）都出生于"婴儿潮"时期，他们把1982年之后出生的人称为"下一个伟大世代"。德克萨斯州奥斯丁市的一家电台曾做过一份网上民意调查，询问人们是否赞同"年轻一代更加自我"的观点。其中一个选项是"我赞成这一观点，但是由于他们是有史以来最伟大的一代，所以这也没什么关系"。尽管只有4%的受访者选择了这一答案，但有趣之处在于，这种答案竟然也被列为选项之一。此外，占62%

的最常见的回复是"是的,我赞成这种观点,但我认为这很糟糕"。

　　但是实际上这真的很糟糕吗？又或者在竞争如此激烈的当今社会，自恋是不是成功的必要条件呢？

第三章

在竞争激烈的当今，自恋难道不是有益的吗？——挑战另一讹传

如今，在人们的日常对话中，你经常能够听到很多有关"竞争"的讨论（"现在的竞争是如此激烈""我们那样做的话就不会有竞争力了"）。有时，"竞争"一词甚至被当作形容词来描述衣服的风格和质量（"嘿！那套西装很有竞争力"）。人们会谈到工作上的竞争、考大学时的竞争，以及体育运动中的竞争。美国人曾经担心美国没有能力在经济全球化的形势下与他国竞争，担心高收入工作会被外包出去、逐渐减少，甚至全面消失。在有些社区，父母为了努力让自己的孩子进入最好的私立幼儿园学习，从2岁开始就不断给小孩强调胜利和竞争的重要性。一些父母开始得还要更早，他们会买来《宝贝爱因斯坦》（*Baby Einstein*）的影片放给婴儿看，或者是给肚子里的胎儿播放古典音乐，并认为他们能听到这些。

到了高中阶段，人们对于胜利的重视已经达到前所未有的高度。大学入学考试竞争异常激烈，这使得有些学生整个高中阶段都在不断地上各种大学预修课程、参加SAT预备培训，同时花费4万美元聘请私人咨询顾问，以帮助他们起草一份完美的入学申请书。不过，现在甚至有些州立大学都会拒绝掉四分之三的申请人。一些学生家长会通过帮忙做作业、做项目，来"帮助"自己

的孩子与其他学生竞争，有的家长甚至在整个大学期间都这样做。医生们表示，与之前几代人只是随便挑几种游戏来玩不同，如今的孩子们会在一项运动上投入更长的时间，而且运动强度也会大很多，因此，他们看到越来越多的孩子开始经受重复施力伤害（repetitive stress injury）所带来的痛苦。父母们甚至会在孩子们的体育比赛中拳脚相向，比如在2000年的一场儿童冰球比赛中，一名孩子的父亲就当场打死了另一名父亲。

如果将"自我欣赏"与"竞争"这两条美国文化中的核心价值观组合在一起，许多人会认为始终将自己放在第一位是与别人竞争的必要条件。如果这样能帮我们取得成功，我们会很感兴趣。而且如果它也像自我欣赏一样有趣的话，请帮我们也报上名。"找一个没有自我的人来，"唐纳德·特朗普（Donald Trump）[01]这样说道，"我敢保证那个人绝对是个失败者。"

2007年与2008年，媒体对我们的代际自恋水平研究进行了报道之后，很多人对此的反馈是——自恋是十分必要的，尤其是在竞争愈发激烈的当今社会。然而，这其实只不过再次印证了我们的文化对于"自我价值"和"自恋"二者区别的认识非常模糊，而且对不择手段取得成功的行为越来越持有接受态度。密歇根州立大学的一名学生在网上写道："开展这项调查研究的人不必像我们一样，每天面对如此多的竞争。为了取得成功，我们必须保持自信，必须时刻关注自我。因此，即使我们这一代人比之前的几代人都更加迷恋自我一点儿，那也不是我们自己的过错。"圣地亚哥州立大学大三学生卡米尔·卡拉斯比在《阿兹特克日报》上

---

01 美国政治家、商人、作家、主持人。

这样写道："与之前相比，如今的大学生身上背负着更多的压力。所以，我们只有通过相信自己，才能迎接和战胜自己面临的挑战。感觉自身与众不同是一种非常好的自我激励方式。"来自亚特兰大的27岁的劳伦在《纽约时报》的评论栏中写道："自信难道不是取得个人以及职场成功的基本要素吗？如果仅仅因为自信就把一个人定义为自恋者，那我很骄傲能够成为其中的一员，而且还是成功的一员。"

普渡大学工程系学生迈克·诺兰（Mike Nolan）在《典范报》（*The Exponent*）上的言辞甚至更加直接。"我所成长的这个国家会奖励那些'有勇气抓住机会'的人，"他写道，"因此，你们这些认为这属于某种精神疾病的心理学家，也许应该守着自己该死的量表，为自己的愚蠢而哭泣。我，迈克·诺兰，则将继续努力成就自己的伟绩。"

有些教育工作者甚至也认为自我欣赏，甚至自恋是成功的必要条件。"在我们所生活的社会中，自恋被认为是一种优良品质。"加州州立大学长滩分校社会学教授马克·弗拉克斯（Marc Flacks）在接受《洛杉矶时报》（*Los Angeles Times*）采访时这样说道。内布拉斯加大学林肯分校咨询与心理服务中心主任鲍勃·波特诺伊（Bob Portnoy）在《林肯每日星报》（*Lincoln Journal Star*）上也表示："取得成功是当今社会的底线，因此学生们采用最直接的方式获取成功是非常聪明的。没有'我第一'的态度是不可能取得成功的。在美国，重视自己对于成功来说颇为重要。而且在我看来，这其实是一种健康的自恋。"

以上所有这些心怀好意的人都理所当然地认为高度自信，甚至是自恋会帮助人们走向成功。不过，这种广为流行、无处不在，且根深蒂固的观点的唯一错处便是——它并不是真的。

自恋与成功

自恋的人渴望胜利，但在大多数情况下，他们实际上并不太擅长获取胜利。比如，自我膨胀的大学生们（认为自己比实际上要好得多）上大学的时间越久，在各科考试中的得分就越低。此外，他们也更可能辍学。另一项研究发现，迄今为止，心理学基础课程考试不及格的学生在自恋测试中的得分最高，而那些考试成绩为"A"的学生则得分最低。很显然，自恋的人在评估自己的表现方面极为不切实际，而且在本应该放弃一门课程，或者做一些果断的事（比如学习）时，依然选择坚持自己高傲的幻想。

换句话说，过度自信有时会事与愿违。这句话听上去有点道理，因为自恋的人最不能接受的就是批评和从错误中汲取教训。首先，他们从不责备自己，而是喜欢将一切错误归因于其他人和事。其次，他们缺乏自我完善的动力，因为他们认为自己已经足够好了——如果你一出生就在本垒板上，为什么还要跑垒呢？最后，过度自信本身也可能导致表现不佳。如果你认为自己已经知道了所有的答案，显然就没有必要再学习了。就这样，后来你没能通过考试，真惨。

在一项系列研究中，测试者会回答一些像"是谁创建了神圣罗马帝国？"之类的常识性问题。之后，研究人员会针对测试者对自己答案的自信程度进行评估，同时测试者还可以对评估结果下赌注。测试者所不知道的一点是，这是一场"公平投注"，因此那些认为自己的答案99%正确的人会比认为自己的答案60%正确的人赚的钱少。这与赛马比赛有点类似，即更受欢迎的马的回报率更小（赔率为1∶25的小马要比赔率为1∶2且有把握能赢的马的回报率更高），又或者是像足球比赛，每场比赛都有"让分"。

自恋的人玩这种游戏时运气总是很差。尽管他们回答问题的表现和其他人一样，但是常常因为对自己的答案更加自信，而导致赌注太大，或者下注过于频繁。此外，自恋者炫耀自我的方式常常会背离现实——他们起初表示自己会比别人做得好，但最终是表现更差。不过，这并不会让自恋者有丝毫的退却，他们仍会继续宣称自己在测试方面的表现比别人好，而且在将来也会一如既往地好。至少在短期内，自恋的人可以活在自认为自己很成功的虚幻世界里。他们甚至能够在失败面前依然坚持这些信念。不过，自恋虽然能够很完美地预测假想的成功，但是不会带来真正的成功。

此外，自恋的人还喜欢当"万事通"，心理学家将其称为"过分宣称"（overclaiming）。比如，你问自己的"万事通"朋友："你听说过伟大的爵士音乐家比利·斯特雷霍恩（Billy Strayhorn）吗？""你见过保罗·克利（Paul Klee）[01]的画作吗？"或者"你知道《凡尔赛和约》是什么时候签订的吗？""万事通"会回答："当然。"接下来，你也许会接着问："你听说过伟大的爵士音乐家米尔顿·西鲁斯吗？""你见过约翰·考麦特的画作吗？"或者"你知道《蒙蒂塞洛和约》是什么时候签订的吗？"看看他的回答是否依然是"当然"——即使这些事情实际上是不存在的。这就是所

---

01 瑞士艺术家，20世纪表现主义绘画大师。

谓的"过度宣称"。有一项研究要求参与者回答150个问题，其中有30个问题是编造出来的。结果发现，自恋的人是过度宣称者中的冠军——他们实在太聪明了，连一些根本不存在的事情都知道。

自恋的人能够承受较高的风险，因为他们非常自信自己是对的，相信一切都会顺风顺水。也正是因为这一点，自恋者在牛市投资中会取得成功，他们的过度自信和敢于承担风险可以得到回报。在一项模拟股票市场的研究中，当市场向上走时，自恋者的表现要比其他人好。但是，一旦市场进入下行区间，他们的优异表现便会烟消云散——那时，自恋者会因为自己的冒险行为而赔得血本无归。从某种程度上讲，发生在2007—2008年的次贷危机就是自恋者的冒险行为所导致的：贷款者和放贷者都极为自负，承担了太多的风险。当多数贷款者无法偿还自己因为过度乐观而借的抵押贷款时，整个房地产市场便开始往下走，并最终拖垮了大半个华尔街。短期内，自恋和自负确实能带来丰厚的回报，但是一旦失败，其所造成的后果也要比往常严重得多。这场次贷危机最终引发了自"大萧条"以来最为严重的一场金融危机。

大多数人容易认为，自恋在帮助领导者领导大型公司方面也许还是有利的。但是，畅销书《从优秀到卓越》（Good to Great）的作者吉姆·科林斯（Jim Collins）并不这么认为。在一份详尽的研究中，科林斯发现那些公司之所以能够从"仅仅是好"发展到"真正优秀"，是因为它们有科林斯眼中的"第五级"领导者。这些公司的首席执行官（CEO）并不像你想象的那样长相迷人、极端自信。相反，他们非常谦逊，总是避免暴露在聚光灯之下，从不满足于现状，而且一直都在不断证明自己。科林斯对前金佰利

（Kimberly-Clark）[01]CEO达尔文·E. 史密斯（Darwin E. Smith）的描述是这样的：穿着廉价的西装，总是避免惹人注意。在担任金佰利CEO的20年时间里，史密斯四次成功地推动公司的股票收益逆势上涨。但是他从未在人前吹嘘过自己的功劳，反而是静静地专注于自己的工作。"我一直都在努力让自己胜任这份工作。"史密斯如此说道。

最初，科林斯在研究各大公司时，并未想过要研究各大公司CEO的个人资料；他一直在寻找是什么样的公司特色使它们取得了商业上的成功。但是在这一过程中，许多个性谦逊又很有决断力的CEO形象开始不断地出现在他面前。与此同时，这些CEO也非常具有团队精神，而自恋的人是缺乏团队精神的。"在这些高层主管的采访中，"科林斯写道，"他们会本能地避开有关自身角色的讨论。有时被迫不得不谈谈自己时，他们通常会说：'我认为公司能够取得这样的成功并没有我多大的功劳。我们很幸运，能够和这么多优秀的人在一起工作。'"

换句话说，科林斯发现那些最优秀的企业领导者非但不自恋，甚至有时不是非常自信。只有那些注重短期成功的公司才常常由喜欢寻求他人注意的傲慢的领导者所执掌。科林斯在书中这样写道："在这些公司内部，我们注意到有一种庞大的自我意识在引领其走向灭亡，或者不断步入平庸。"这一点与学术领域针对自恋和判断力的研究颇为相似，即自恋者的自负最终会破坏自己的表现。

商业学教授阿里伊特·查特基（Arijit Chatterjee）和唐纳德·汉

---

01 美国大型跨国公司，主营个人健康护理用品。

姆布瑞克（Donald Hambrick）研究过CEO身上的自恋同公司绩效之间的关系。在针对100多家科技公司CEO的研究中，他们发现一家公司的CEO越自恋，公司业绩表现的波动性就会越大。很显然，自恋的领导者采用的是一种极端的、高度公开化的公司战略。比如，他们也许会选择收购一个规模较小的竞争对手，或者开展一项新型的"高端"商业冒险。当这些战略决策得到回报时，公司的经营状况会非常好；但是当其没能发挥作用时，就会演变成一场灾难。与之相反，不那么自恋的领导者为公司所带来的则是稳定的业绩表现。鉴于业绩波动会对公司市值起到负面影响（在经济学领域，波动意味着"风险"），所以自恋的CEO并不是公司领导者的理想人选。

此外，自恋的老板在员工中也常常不那么受欢迎。尽管在解决问题的能力方面，员工们认为自恋的经理可以达到平均水平，但在人际交往能力和正直程度方面（这两项在管理上被认为是非常重要的特质）却要低于平均水平。另一项研究也发现，在自恋者自认为领导能力超群的同时，其同龄人却认为他们的领导力要低于平均水平。

尽管我们对于自恋者身处领导角色时的表现尚不确定，但是自恋者确实比其他人更可能在一个组织中脱颖而出，成为领导者。在艾米·布鲁内尔（Amy Brunell）开展的一项研究中，一群素不相识的学生被要求共同完成一项任务。结果发现，自恋的人会很快在彼此的交流中占据主导地位。不仅他们自己把自己视为领导者，其他人也这样认为。另外一项针对企业高级主管的研究也发现，自恋者在现实世界中会很快成为领导者。然而，自恋者的领导生涯却通常很短暂。随着时间的推移，团队中的成员会逐渐注意到自恋者身上的负面人格特质，不再把他们视作领导者。但不幸的是，那时自恋者已经成了老板，员工们不得不对他们的话言听计从。

安然（Enron，一家由"全世界最聪明的人"组成的公司，因为做假账而倒闭）[01] 就是自恋垮台过程的一个缩影。正如马尔科姆·格拉德威尔在其《关于天赋的神话》（*The Talent Myth*）一文中所说的那样："安然是一家自恋的公司，一家相比合法性，更看重成功的公司。它们不会对自身的失败负责，只懂得如何把自己的天赋卖给我们。"格拉德威尔认为，创立一家伟大的公司，需要的是培养一批能够共同协作的团队，而不仅仅是某几个超级明星。这也是自恋者常常无法取得长久成功的另一个原因：相比于和团队分享成功的荣耀，他们更愿意让成功的光环全部照耀在自己身上。

在体育界和商业界，彼此之间能够友好协作的团队常常能够战胜那些更加注重个人成功的团队。比如，尽管纽约洋基队（New York Yankees）为超级棒球明星艾力士·罗德里奎兹（Alex Rodriguez）开出了天价薪水（2.75 亿美元），但这并未提高球队近期的表现。近年来，许多获得世界职业棒球大赛冠军的都是一些团队配合较好的球队，而不是仅仅依靠几个超级明星。2002 年世界职业棒球大赛冠军安纳汉天使队（Anaheim Angels）便是一个很好的例子：他们的接球手几乎一点儿也跑不动，游击手身高只有 5 英尺 6 英寸，而且队中只有两名球员入选了赛季全明星阵容，但是，好家伙，他们就是能在需要时团结在一起。

---

01 曾是一家位于美国德克萨斯州休斯敦市的能源类公司。在 2001 年宣告破产之前，安然拥有约 2.1 万名雇员，是世界上最大的电力、天然气以及电信公司之一。

这一策略在篮球领域也同样适用。普林斯顿大学老虎队（Princeton Tigers），一支没有任何超级巨星的篮球队，就是靠着纪律严明、配合复杂以及在进攻中以团队为中心快速转移球的打法，击败了许多个人天赋更高的球队。Slate.com 杂志网站专栏作家理查德·贾斯特（Richard Just）写道，在普林斯顿大学老虎队的攻势中流露着一种美德——"更确切地说，这种美德是无私和智慧。在进攻时，老虎队的队员不会过多运球；球队的投篮几乎全部由助攻转化而来。在这样一个团队中，个人是很难发光发亮的"。这种团队协作的方式向我们展示了，在以团队成功为方向而努力的过程中，个体是如何受益的。可是，自恋者却宁愿追求个体的荣耀，也不愿同团队成员一起努力。

相反地，2004 年夏季奥运会时的美国男篮"梦之队"，却将个人天赋展现得淋漓尽致。1992 年，奥运会修改规则取消对专业运动员的限制之后，美国建立了一支由全明星球员组成的"梦之队"，其中包括"魔术师"约翰逊（Magic Johnson）、拉里·伯德（Larry Bird）和迈克尔·乔丹（Michael Jordan）。毫无疑问，1992 年的"梦之队"统治了比赛，并最终赢得了奥运会金牌。接下来的几届奥运会，美国沿用了这种由全明星球员组队参加奥运会的方法，并且都成功夺冠。不过，在 2004 年其他国家的球队开始进一步完善自己的时候，美国却依然没有改变这一策略。因此导致由蒂姆·邓肯（Tim Duncan）和阿伦·艾弗森（Allen Iverson）领衔的美国"梦之队"先是输给了波多黎各，接下来又输给了立陶宛。最后，多亏了战胜西班牙才勉强得到一块铜牌，而冠亚军分别归属了篮球大国阿根廷和意大利（是的，我们是在挖苦美国）。2008 年奥运会，美国国家队有所复苏，赢得了金牌，其中部分原因是他们组建了一支彼此协作更好的团队，而不是由超级明星组成的一盘散沙。此外，他们的绰号也改成了更加谦虚的"救赎之队"（Redeem Team）。

简而言之，一个由超级巨星组成的团队并不总是比一支由个人能力稍差的人组成的团队要表现得更好。以鸡为例，没错，是鸡。如果你恰巧从事家禽生意，你肯定想让自己的鸡下的蛋越多越好。研究人员首先采用的是"梦之队"方法，把每个鸡舍中表现最好的鸡挑出来放在一起。但是，这种方法却事与愿违——这些之前表现最好的鸡下的蛋变得越来越少。很显然，鸡群中超级明星的成功，是因为它们会在最初的群体中抢夺处于劣势的鸡的资源（谁知道鸡群中也有自恋的鸡呢？）。在新的群体中，超级明星鸡把自己的时间和精力都浪费在了争夺统治地位和资源上，以至于下的蛋越来越少。所以，在某些情况下，农民们不得不割掉超级明星鸡的鸡喙，以避免他们在试图建立"社会等级"的过程中伤害到彼此。因此，将那些彼此间能够融洽相处且团队协作较好的鸡放在一起养，效果会更好——它们要比"梦之队"鸡下的蛋更多，而且由于彼此间合作较好，也更可能保住自己的喙。如果你曾经在不止有一位自恋者的团队中工作过，那你肯定会想，要是人类也能像鸡一样除掉鸡喙，那该有多好啊。

不过，"自恋不会带来成功"这一规则也有例外。那就是自恋的人擅长——尽管并不一定对团队有利——在公开场合演出。一旦自恋者的表现得到了公众的认可和赞许，他们便会比不自恋的人更加努力，而且做得更好。一项实验室研究针对这一理论进行了测试，它要求一组学生在 12 分钟之内尽可能多地写下一把刀的用处（一种常见的有关创造性的测试）。研究人员将测试者的名字同其写下的用法数量写在黑板上，以表示测试者的个人表现，结果发现自恋者的表现非常好。但是，当研究人员以团队为单位来评价表现时，自恋者便不再努力，表现得非常差。在商业领域，由于绝大多数工作需要团队成员协作完成，而且个体的工作并不总是能够得到普遍认可，所以无法与团队共同努力的自恋者往往会成为整个团队的累赘。不过，在表演和独唱方面，自恋者在聚光灯的光芒之下会表现得很好。因此，自恋在人们参加《美国偶像》（*American Idol*）[01] 或者其他电视真人秀选拔时，或许能起到帮助作用。但是，一旦自恋者必须同他人一起工作——在现实生活，甚至是在绝大多数电视真人秀中，这都是必须的——他们的表现就会回归现实，变得糟糕起来。

自尊与成功

在我们的自恋研究发表之后，《雷丁鹰报》（*Reading Eagle*）的一篇社论主张，父母应该继续告诉孩子他们很特别，因为这将"增强他们的自尊心，给他们信心去发挥自己最大的潜能"。他们认为，如果父母不告诉孩子他们很特别，"钟摆可能会朝另外一个方向过度倾斜，造就出一代自尊心极低的孩子。那么，问题将与极度的自恋一样糟糕"。像绝大多数美国人一样，这篇社论认定自尊心与成功有着很大关系。我们的文化也告诉我们，只要不演变成傲慢或者自恋，相信自己终究会让你得到回报。

---

01 美国福克斯广播公司从 2002 年起主办的大众歌手选秀节目。

然而，这也并不是真的。一项有关自尊和成就二者关系的研究发现，较强的自尊心并不会让你在考试中得到更高的分数，或者在工作中表现得更好。这是一个相关性问题，不能等同于因果关系。尽管自尊心同更好的成绩二者之间的相关性较小，但是人们却将其完全解释为更好的表现能够带来更强的自尊心。自尊心产生在成功后，而不是成功前，因为自尊心是建立在成功基础之上的（不论是学术上的成功，还是仅仅是成为了某个人的好朋友）。此外，许多干扰性因素的存在也是自尊和成功之间出现微小相关性的原因。比如，富家子弟既拥有很强的自尊心，同时考试得分也很高。有些自尊心较低的孩子之所以表现较差，是因为他们受到过虐待，或者父母有吸毒的经历——这些事既会导致孩子们的自尊心较低，也会使他们在考试中表现较差。因此，自尊心本身并不会带来成功。

大家可以试着这样想一下：如果自我欣赏能够带来成功，那么全世界自尊心最强的美国孩子应该也是全世界最成功的孩子才对。然而，这一简单的预测与我们得到的数据并不相符。最近的一项研究显示，39%的美国八年级学生对自己的数学技能非常自信，这一比例在韩国的八年级学生中只有6%。然而，事实上韩国学生在数学考试中的实际表现要远远超过美国学生。虽然我们并不是事事都排在第一，但是在自认为自己是第一名的这件事情上，我们却是位居第一。

在美国，学术上表现最好的学生反而是自尊心水平最低的少数族裔群体中的亚裔人。在美国，"自尊心水平低得惊人"的少数族裔实际上是在学校中表现最好的，用《雷丁鹰报》社论里的话来说，他们付出了很多努力来"激发自己的潜能"。

过去30年里，人们一直在积极鼓励提高美国孩子的自尊心，但是在这期间，美国高中生的学术表现却并未出现任何提高。全国教育进展评估（National Assessment of Educational Progress，简称NAEP）显示，在这段时间里，尽管美国17岁学生的数学测试得分稍微有所提高，从304分上升到了307分，但是阅读得分却依旧维持在285分这一较低水平。所以，美国学生的学术表现充其量只增长了不到1%。与此同时，高中生的考试得分却出现大幅增长。1976年还只有18%的学生表示自己的平均分为"A"或者"A-"，但是到了2006年就有33%的学生表示自己的平均分得到了"A"——自认为平均分得"A"的学生数量骤增了83%。因此，虽然30多年来学生的实际学习表现仅仅提高了不足1%，但平均分得"A"的学生数量却增加了83%。很显然，我们的文化选择的是吹嘘成功的幻想，而不是成功本身，就好比是电影《巡回演出》（*Spinal Tap*）中的"摇滚放大器"一样。

但是，增强自尊心也许仍然会在某种程度上起到帮助作用。想要弄清一件事是否会引起另一件事的最好方法，便是采用研究方法中的黄金标准——科学实验。在真正的科学实验中，一组人会得到治疗，对照组不会得到治疗，分组过程都是随机的。对于自尊心研究来说，理想的实验方法是指定某些人，让他们接受有助于提升自尊心的反馈信息（或者不接受），然后分析他们的得分表现。

心理学家唐·福塞斯（Don Forsyth）与他的同事们一起开展了这样的一项实验。他们对于研究那些表现较差的学生——需要最多帮助，同时也可能是最需要增强自尊心的学生——非常感兴趣。在心理学课程初次考试中得到"D"或者"F"的大学生每周会收到一封邮件，里面有一道心理学练习题。这就是对照组学生看到的全部内容。其他的学生则是在收到练习题的同时，还得到了自尊心方面的鼓励。比如，"过去的研究表明，学生们在得知自己的考试得分时，倾向于丧失信心：他们会说'这个我做不到''我很没用'或者'我比别人差'之类的话。但是，也有其他一些研究表明，自尊心较强的学生不仅考试分数更高，而且依旧非常自信……总之，我们的底线是：高昂起头，保持较高的自尊心"。

实验结果非常令人吃惊。在期末考试中，只在邮件里收到练习题的学生的表现和第一次测试时几乎一致，而每周都会得到一次自尊心鼓励的学生的表现反而出现了下滑。他们的平均得分由初次考试时的57分（满分100分）降到了38分。所以，增强自尊心带来的不是成功，而是失败。

尽管接收到了增强自尊心的信息，但是这些学生也许是因为自我感觉较差，或者不相信这些信息，才会出现在考试中表现不佳的情况。期末考试结束后，学生们收到最后一封邮件，要求他们通过回答两段陈述——"作为心理学101班中的一员，我自我感觉很好""总体来讲，我自我感觉良好"——来给自己的自尊心打分。虽然成绩出现了下滑，但是那些接收到增强自尊心信息的学生同对照组学生一样，甚至比他们还要自我感觉良好。其中有70%的人自尊心达到了最高值，而对照组学生中的这一比例只有50%。所以，即使考试表现很差，自尊心受到鼓舞的学生依然自我感觉很棒。对于一个强调自尊心是通往成功之路的文化来说，这可不是什么好消息。

此外，自尊心水平也并不是预测一个人的社会地位或领导力的准确指标。当团队成员的自尊心水平参差不齐时，自尊较强的人容易占据主导地位。但是，当团队中绝大部分人的自尊心都很强时——随着自尊心水平的增长，这种情况会越来越常见——自尊心较强的人并不能都得到他们期望的地位。这时，那些讨人喜欢、懂得关心他人的人便会成为团队的领导者。因此，当一个团队中有很多"争强好胜"的成员时（这与竞争过于激烈的当今社会非常相似），能否成功靠的就不再是关心自己，而是关心他人。

有一点需要明确的是，我们不是在鼓励人们表现得不自信、讨厌自己，或者是降低自己的自尊心。我们让你不要过多地爱自己、实实在在地为了集体的利益而努力工作，并且更加务实地对待自己的能力，这并不意味着要你恨自己。如果不让自我变成阻碍，做好工作是非常有可能的。开放而毫无戒心的学习方法常常也是最好的方法。基斯有一位研究生朋友，他同时也是美国陆军部队的一名上尉。这位军人先生从西点军校毕业后，接到的第一个命令来自一位脾气暴躁的老中士。老中士要求他在搞清楚自己在做什么之前，把嘴闭上，不要说话。面对这种情况，他没有让自我情绪变成阻碍，开始同中士理论，而是闭上自己的嘴巴，并且从这一过程中学到了很多。由于懂得自己知道什么、不知道什么，后来他成为了一名军官。这对于学校中的孩子和体育运动也同样适用。尽管父母和老师一再保护孩子们，不想让失败伤害到他们的自尊心，但孩子们最终的表现也许会由于没能从失败中汲取教训而更糟。有时，感觉自己有一点点糟糕也是件好事，因为你从中学到了东西。想想那些让你收获最多的经历，它们很可能是你失败或者面临巨大挑战的时刻。对自己的真实能力保持自信，也包括了解自己的弱点和从自身的失败中汲取经验教训，这些跟讨厌自己一点儿关系都没有。

此外，我们还想明确的一点是，我们并不反对人们对一份职业保持热情，或者"做自己喜欢做的事"。然而，"做自己喜欢做的事"和"爱自己"还是有很大的区别。对自己正在做的事保持热情，实际上可以压制自我中心主义。这就是所谓的"沉浸"理论——由于完全投入自己正在做的事情之中，以至于忘了自我。能够做到这一点的人往往可以从自己喜欢做的事情中寻找到乐趣，因此在面对批评时，会降低自己的防卫心理，这或许是因为他们觉得没有必要捍卫自己的自我。只要你的热情没有严重干扰到同他人的人际关系，我们会全力支持你对工作抱持热情。

为什么美国人认为自恋对于成功非常重要，即便事实并非如此？

竞争与自我推销

那些声称由于当今世界竞争愈发激烈，因此需要变得自恋的人只说对了一半：当今美国社会中的竞争和追名逐利现象确实越来越多。人们越来越认为我们必须想方设法进入上流社会，否则就有永远深陷贫困泥潭的风险。如今，美国社会的贫富差距已经急剧扩大，金字塔尖的人比最底层工人挣得越来越多。美国人口调查局反映收入分配状况的基尼系数显示，自20世纪80年代至今，美国社会中的贫富差距一直在稳步增长。在大多数美国人收入停滞不前的同时，1%的上流社会的家庭收入却增长了三倍。即使将通货膨胀因素考虑在内，美国百万富翁的数量在1998年到2004年也近乎翻了一倍。1982年，公司CEO的收入是普通员工的42倍，如今已经达到了364倍。现在，在某些专业领域做到顶尖水平变得越来越难，计时收费和有限合伙人制度的出现不断挤压着底层律师们的晋升；管理式医疗的出现减少了医生们的机会；大学预算的缩减也使得终身教授职位的数量越来越少。

有些商业研究人员表示，当今的社会契约已经分崩离析，只要员工还在为公司做好事，公司就不再会照顾员工。例如，退休金制度已经成为了过去时。现在的员工是自己支付自己的退休金——可能公司也会付给员工一些对等资金，但是大多数情况下，这都是由公司说了算。与之类似的是，如今的员工很少会选择在一家公司待上一辈子。工作也不再像以前那般稳定，他们可能被外派、重整，或者直接解雇。对此，员工们做出的反应是在经济好转时经常跳槽，不断寻找最好的机会。

由于竞争愈发激烈以及默许的社会契约被打破，自我推销变得比之前更加必要。然而，当你更加频繁地换工作时，就不得不学会润色自己的简历，让它在面试中看起来更棒。随着大学入学竞争变得越来越激烈，学生们必须想方设法"包装"自己，以争取被录取。"年轻人每天都在被政客、新闻媒体和家人教导，如果你不推销自己，在这个世界上将寸步难行，"扎克在我们的网络调查中如此写道，"几乎所有的政客、演艺界人士都在不断地推销自己。在你认识的人中，还有人不是通过不知羞耻地在简历、个人陈述和面试中推销自己，从而被一所好大学录取或者得到一份好工作的吗？"以上这一切都让人觉得，以自我为中心会帮助我们取得成功。

我们不否认在竞争愈发激烈、荣誉感逐步衰退的当今世界，自我推销是有必要的。我们也都建议过自己的一些研究生，让他们在职业生涯发展过程中多自我推销一下。在必要时推销一下自己，却不演变成超级自恋，也是有可能的。借用心理学家维吉尼亚·关（Virginia Kwan）的隐喻，自我推销应该只是你的工具箱中的一件工具——"只在特定的情况下，而不是作为人格的定义性特征"而发挥作用。润色自己的大学申请书、准备一份优秀的简历、创建自己的个人网页、在求职面试中给面试官留下一个好印象，这些毫无疑问都是我们应该具备的一些良好技能。但是，将这样的自我推销演变成完全的自恋，却是没有必要的。自恋的人确实更擅长自我推销，但是不自恋的人也照样能在一场高层管理岗位的面试中，把自恋者打得屁滚尿流，只是他们回到家给孩子换脏兮兮的尿布时，不会认为这样的活儿有失自己的身份。

此外，自我推销也有做过头的时候。比如，虽然大家都承认在电视上销售自己的产品是需要自我推销的，但是如果你表现得过于傲慢，那就肯定不会卖出去太多产品。因为很多人对属于傲慢的行为非常敏感。同人生中的大多数事情相似，有节制的自我推销是最好的——在合适的场合谨慎地进行自我推销能发挥很好的作用。如果要遏制住自恋流行病的蔓延之势，家长和老师们就需要开始告诉年轻的一代（也告诉他们自己！），要有选择地进行自我推销。这与当今社会普遍认同的"总是将自己放在第一位"的观点非常不一样。

自恋者的生活更加透明

之所以有许多人相信自恋者极其成功，还有一个原因是自恋者喜欢寻求他人的注意。简而言之，他们真的非常擅长上电视（或是在当地的酒吧里看上去非常时髦，或是在健身房里炫耀自己的身材）。心理学家将这一典型例子称为"可得性启发法"（availability heuristic）——认为那些更容易进入自己思想的事情会有更高的发生频率。比如，许多人之所以觉得坐飞机很危险，是因为他们会很容易记住飞机坠毁时的可怕画面，即使从数据统计上讲，开车实际上要比坐飞机危险得多。成功的自恋者与坠毁的飞机有点类似：他们看起来很惊人，更容易被人们记住，而且也更可能会是一场灾难。

这种现象在媒体中很常见。唐纳德·特朗普便是一个非常好的例子，他既很成功，同时又似乎很自恋，比如把自己的名字刻在他兴建的所有建筑物上、开办一档自己的电视节目、以自己的名字命名一所大学（是的，特朗普大学），以及喜欢同脱口秀主持人吵架。我们都对唐纳德·特朗普的成功故事有所了解，因为他一直在不遗余力地推销自己，媒体想要不报道他都难，而且他非常富有——但是在美国，还有许多其他房地产大亨，而你之所以没听说过，是因为他们从不推销自我，而且不愿暴露在聚光灯之下。另外，很多其他的成功人士也不做自我推销，比如，身家亿万的投资家沃伦·巴菲特（Warren Buffett，他将大部分财产捐给了慈善事业，自己却一直在内布拉斯加州开着一辆车牌上写着"节俭"一词的林肯汽车），在电影界以真诚、友好而著称的两届奥斯卡最佳男主角得主汤姆·汉克斯（Tom Hanks），还有为慈善事业捐款百万美元的保罗·纽曼(Paul Newman)[01]。并不是只有自恋的人才能取得成功，但由于自恋的人总是可以抢尽风头，所以美国人能想起来的便是许多成功的自恋者。

自恋的陷阱

那么，如果自恋不仅不能带来成功，还会让人付出这么多的代价，为什么还有人会自恋呢？一般来讲，人们做任何事情——即使是一些真的有害他人的愚蠢事情——都是有原因的。比如，人们在感情中选择出轨，是因为在那一刻遇到了长得更好看的人；从工作场所偷东西，是因为他们真的想要那些曲别针或者金钱，而且觉得这些都是公司欠他们的；他们变得酗酒成性，不是因为想要毁了自己的生活，而是因为酒精确实能让他们感觉良好。

自恋同其他的一些破坏性行为有几点类似。首先，它会让人感觉良好。赌博、酗酒、同他人发生非法性关系、吃浇过糖汁的甜甜圈，或者是从办公室偷走笔记本，这些事都很好玩。其次，破坏性行为通常在带来短期利益的同时，也会让人付出长远的代价。比如，赌博时你的确能够得到快乐，一想到要去赌场打牌你就会感到兴奋，但与此同时，长期的代价是在这一过程中，你也要承担输光所有的钱、毁坏自己的婚姻，以及丧失自尊的风险。大杯豪饮可以给你带来眩晕的快乐，同时也会让你付出呕吐、严重宿醉，以及无法上班等长期代价。最后，破坏性行为常常会给

---

01 美国演员、赛车选手、慈善家。

他人带来痛苦。当一个人选择感情出轨时，大部分的痛苦往往需要无辜的配偶和孩子来承受。所有的消费者都在以更高的价格为员工的偷窃行为买单。高风险抵押贷款在短期内给房屋所有者和放贷人带来了回报，但长远来讲，当所有者无法还款时，双方都会受到伤害。

同其他破坏性行为一样，自恋也是一种"延时陷阱"——用眼前的美好结果诱惑你，但最终会给你带来伤害。自恋的人好比是一条在美味秀饵的引诱下游到深海陷阱中的鱼——哇！美味的免费晚餐！——但是最终无法逃离牢笼，反让自己被下锅，沦为一道晚餐（这通常来讲并不是免费的）。就像渔栅一样，自恋在为人提供短期利益的同时，也常常需要付出长远的代价。

自恋确实能够带来短期利益。它会让你感觉良好。看着镜子中的自己，想象着"我简直太火辣了"是一件很有趣的事。把自己的照片发到网上，看着"你简直太性感了"之类的评论，会让你感觉更好。暴露在聚光灯下，享受着自己15分钟的荣耀，是一件非常兴奋的事。自己显得很酷，跟很酷的人在一起，这些感觉都很好——甚至是在成功之路上把别人踩在脚下，也非常有趣。此外，想象自己是位成功人士会让你感觉很愉快——即使这意味着要忽略那些负面的声音，将自己的失败归咎于他人。

到目前为止还没什么大问题，但是之后陷阱就突然关闭了。虚荣和自我中心主义最终使得别人都离你而去。酷酷的人只有在你还很酷、很好看时才会和你来往，因此最终你的大部分时间、精力和金钱都花在了让自己保持好看的外表上。短期来讲，不用承担责任会让你感觉良好，但是当你无法进步时，最终的苦果也只能自己来尝。长远来讲，许多自恋的人最终都会变得抑郁，因为他们的自我中心主义毁掉了自己的人生和职业生涯。待到那时，自恋者便会陷入困境。想象一下自恋者最终不得不承认：我真的没什么特别的；我的身材一点儿也不火辣；我在工作中的表现也就一般般；如果我死了，世界还是照样转；迪恩·马丁（Dean Martin）[01] 和迈尔斯·戴维斯（Miles Davis）[02] 确实很酷，但我并不酷。

此外，自恋也是一个社会陷阱，会给社会带来严重的后果。因为能为个体带来利益，所以社会陷阱一直在不断加强，但是其所带来的代价却一直由别人承担。想想SUV汽车陷阱。在20世纪90年代还没这么多人开SUV上路时，SUV的驾驶者们有着很大的优势。由于SUV的底盘更高，驾驶它们的人会比驾驶其他车型的人看得更远，而且一旦发生车祸，SUV将会给其他小型汽车带来更多伤害。驾驶SUV的许多代价都是由其他驾驶者来承担的。虽然SUV司机可以看得更远，但是SUV本身却挡住了其身后其他司机的视线。因此，经济型汽车的驾驶者在与SUV发生的车祸中，会更可能当场毙命。不过，随着SUV的优势越来越为人们所知，大家都开始选择购买SUV。就这样，SUV的优势开始烟消云散。驾驶SUV的司机不再比其他司机看得更远，因为行驶在他前面的汽车很可能也是一辆SUV。而且，如果发生车祸，对方很可能也是一辆SUV。最终，由于大多数人开始驾驶SUV，油气消耗量开始节节攀升。如今，我们的汽油价格变得更贵，空气污染也更加严重。简而言之，由于一直以来都是由其他司机，而不是驾驶SUV的司机们承担代价——至少最初是这样——我们的国家已

---

01 美国歌手、演员、笑星和电影制片人，因其表现自然的魅力、自信，而被昵称为"酷王"。
02 美国爵士乐大师，获得过9次格莱美奖。

经陷入了SUV陷阱之中。

自恋所带来的影响非常像一支SUV大军，靠牺牲他人来为个体自恋者谋取利益。自恋者可以一直保持他们对于自己的积极看法和情感，但其他人却会受到伤害。一个自恋的人可以在殴打侮辱他的人之后，依然非常骄傲；对待一个成功的项目时，为了保住自己的积极形象，他可以和同事抢功劳；他可以同时与好几个对象约会，并让她们彼此毫不知情，以此来建立自己"花花公子"的讨喜形象。近期的一项精神病学研究发现，自恋所造成的最大后果——尤其是在其他精神病学症状保持不变的情况下——是由自恋者身边亲近的人来承受的。

当然，与自恋者一同工作或生活的人，也常常不得不选择以牙还牙。于是，他们也开始跟自己的同事抢功劳，为的只是不落后于他人。以此类推，如果飞机上有一名乘客把自己的座椅靠背调到了最靠后的位置，其后面的乘客迫于无奈也会这样做，然后再后面的人也这样做，直到飞机上的所有座椅都被调到了最靠后的位置。这一点非常重要——即便是少数几个自恋者也能给社会上的其他人产生巨大的影响。由于十六分之一的美国人在生命中的某一时刻出现过全面性的自恋人格障碍症状，所以这一问题正在变得越来越严重。如今的美国，越来越多的飞机开始安装后倾座椅，越来越多的人也开始在坐飞机时将自己的座椅往后倾。

在下一章中，我们将会讲述我们到底是怎样带着自恋——这一疾病就像一和渗透进美国现代文化稀薄空气中的病毒一般散播开来——搭上这架"飞机"的。

第四章

我们是怎样走到这一步的？ ——自恋现象的起源

如果你还记得20世纪70年代，那么光是提到这10年，应该就会让你傻笑出来——或者有所退缩。那时，所有事物都发展得太过超前——鲜艳的颜色、异常宽大的领带、纯金的迪斯科金链子，以及沉闷的涤纶面料衣服。那10年出过两本最具代表性的书，一本《我们是怎样走到这一步的》（*How We Got Here*）的封面是荧光橙色，另一本《七十年代》（*The Seventies*）则是豆绿色。

这两本书都有一个相似的论断：20世纪70年代的可笑色彩和夸张时尚早已经一去不复返了，但其他趋势在如今的现实生活中却依然很常见。美国人口的南迁和西迁、妇女进入职场、服务业经济超越制造业开始在国民经济中占据主导地位，这些都发生在70年代，而且一直延续到现在。此外，70年代也在自恋心理倾向的发展过程中扮演着重要角色。事实上，如果我们一定要为自恋流行病确定一个起始时间的话，那肯定是在70年代的某个时候。

不过，我们必须追溯到比70年代更靠前的时间点，才能探究美国是如何走到今天这步田地，演变成这样一个国家：杀人狂为了出名和引人注目，喜欢将提前准备好的新闻资料寄给电视网络；年轻女孩认为让社交网站上的数百名"朋友"观看自己衣着暴露的照片是一个很棒的主意。在这条时间线上的某个地方，美国文化中的核心观念和价值观被修改了，纳入了自我欣赏的概念。

自我欣赏并非一直是美国文化中的核心理念

想要解开自恋流行病之谜，一个关键要素是搞清人们对自我欣赏的重视程度。不久前，自我欣赏还不是美国文化中的核心价值观念。倘若2007年NBC那段说"人们生来便有了他们唯一的真爱……他们自己"的公益广告，在20世纪50年代的《反斗小宝贝》（*Leave It to Beaver*）[01]中插播，观众们将会非常困惑，甚至可能会感到不安。如今，无论是幼儿园里的孩子们唱着他们有多特别的歌曲，还是电视剧中的角色不断重复着那句没头没脑的"你必须学会爱自己才能爱别人"的心理呓语，都极少会有人感到惊讶。大多数人并不觉得这实际上已经彻底背离了我们过去的文化，或许是因为他们太过年轻忘记了过去，或许是因为这种改变发生得太缓慢，慢到大家压根儿就没注意到。

正如基督教将圣诞仪式与异教的冬至仪式慢慢融合，圣诞老人逐渐比耶稣得到更多的新闻报道一样，我们文化中的核心观念也已经慢慢被以自我欣赏为中心的理念所取代。然而，自始至终，美国的两个核心价值观念就是"自由"和"平等"。《独立宣言》中提到的自由和平等是为了反抗乔治三世针对北美殖民地的残暴行为，包括限制美国与其他国家进行自由贸易、在议会没有美国

---

01 美国家庭情景喜剧，首播于1957年。

代表的情况下强行通过税收法案，以及强制要求美国人把自己的家给英国士兵作住处。《独立宣言》宣称自由和平等是人们与生俱来的权利："我们认为这些真理是不言而喻的，人人生而平等，并由造物主赋予了某些不可剥夺的权利，其中包括生命、自由和追求幸福的权利。"这在当时是独一无二的。

美国个人主义的这一秘诀——融合了平等的个人自由——很快便被写进了宪法。政府以明确的方式建立，三权分立、相互制衡、民主选举领导人，以至于没有一个机构能拥有过多的权力。短短几年时间里，《人权法案》也被写进宪法。它们都谨慎地平衡着个人行动自由、人人基本平等与宽容他人之间的关系。

将美国打造成一个平等之邦，这一理想已经在我们的文化里根深蒂固。比如，一项研究发现，一谈到减少偏见，人们的潜意识里便会闪现出美国国旗的影像。然而，不断提醒这一理想却未提高参与者的自尊心水平。这一研究和美国宪法中的内容均表明，美国政府的核心理念是平等和宽容，而不是自我欣赏。

此外，美国建国时的其他价值观念不仅与自我欣赏毫不相关，而且甚至与自恋和特权概念恰恰相反。比如，在历史上的大部分时间里，美国人一直恪守的职业道德都主张，努力工作才是上帝和他人眼中一个人自我价值的体现。也正是这一价值观吸引了数以百万的移民前来追寻他们的美国梦——无论个人背景、种族或者宗教是什么，人人都可以享受自由而不受压迫，过上安定的生活，靠自己的能力来实现社会繁荣。美国人一直以来都以"积极肯干"的态度和坚持不懈、追求创新的精神而著称。但恰恰相反的是，如今自我欣赏的道德准则却宣称，我们什么都不用做，就可以出类拔萃或者喜欢自己。

此外，从历史上讲，美国人还非常重视自力更生，这与自恋可是大不一样。拉尔夫·沃尔多·爱默生（Ralph Waldo Emerson）[01]在他于1841年发表的具有文化定义性的《自我欣赏》（*Self-Reliance*）一文中认为，个人主义必须建立在努力和负责任的基础上。他赞扬选择努力工作，而不是四处炫耀的年轻人："那位来自新罕布什尔州或佛蒙特州的健壮小伙子……总能像一只小猫一样跌倒了又爬起来，我认为他要比市区里的那些芭比娃娃们有价值得多。"换句话说，不断努力和辛勤工作才是你的价值所在。如果你还没成功，不要抱怨，继续尝试。这将会是一条非常不错的公益广告，但是与当下的主流文化价值观有点不合拍，后者强调的是欣赏自己，不论你下了多少工夫或者结果看起来有多糟。

所以，如果人们起初并没有这么注重自我欣赏，那么自我欣赏到底是从什么时候开始成为美国文化的核心价值观的呢？在20世纪前半叶还很少有人会谈到自我欣赏，整个国家的注意力都放在如何应对两次世界大战以及经济大萧条上。二战以后，国家注意力逐渐转向国内事务和冷战民族主义，没有哪个时期比那个时候更加不赞成自我欣赏。有一个例子，女性的自信——一种与自尊心有关的坚持个人权利的人格特质——在20世纪40年代到60年代中期出现了下滑。尽管生活在50年代的人们并不像如今所描述的那般循规蹈矩，但当时的社会评论家仍经常提及那个时代的群体心理[02]、对他人意见的重视[03]，以及关于女性角色的僵化观点[04]。

---

01 美国思想家、文学家、诗人，被林肯称为"美国文明之父"。
02 出自威廉·怀特（William Whyte），《组织人》（*The Organization Man*），1956年。
03 出自大卫·理斯曼（David Riesman），《孤独的人群》（*The Lonely Crowd*），1950年。
04 出自贝蒂·弗里丹（Betty Friedan），《女性的奥秘》（*The Feminine Mystique*），1963年。

20世纪60年代

美国人的自我欣赏大旗在20世纪60年代开始慢慢展开。那时的大多数游行示威运动尽管最初是以集体为导向，目的也是为某些群体谋求权利（比如黑人和妇女），但最终更多的注意力还是放在争取个人权利和自由上。尽管在很多人的记忆里，60年代是一个以"嬉皮士"（Hippies）[01]和吸毒成风而著称的年代，但当时的文化，不论是自由运动，还是总统理查德·尼克松（Richard Nixon）保守观点中的"沉默的大多数"，都依然高度重视集体主义精神。除了民权运动，60年代这10年还因其他著名的集体努力成果而被世人所铭记，例如美国和平部队的创建（1961年）、太空计划的提出（"阿波罗11号"于1969年成功登上月球），以及催生第一个地球日（1970年4月22日）的现代环保运动。

即使是毒品文化也在强调公众利益。基斯记得80年代在旧金山看过的杰里·加西亚（Jerry Garcia）[02]的一场演出，便以小丑威维·格雷维（Wavy Gravy）[03]描述20年前的吸毒聚会来开场。尽管依靠服用迷幻药来让自己达到最佳状态，将"感恩而死"乐队（Grateful Dead）的悠长曲目发挥至极听起来有些自私，但威维·格雷维的描述却极为不同。他认为，吸毒聚会的目的是让你去关心和帮助那些状态比你还要差的人。当你伸出援助之手时，你就已经超越了吸毒聚会。1969年的伍德斯托克音乐节（Woodstock music

---

01 20世纪60、70年代西方国家反对主流文化的年轻人，他们创建自己的团体、听迷幻音乐、接受性解放、使用大麻等迷幻药物，以此来探索自我意识状态的变化。

02 "感恩而死"摇滚乐队的创立人和中心人物。

03 美国艺人、和平活动家，同时也是"感恩而死"乐队的专用小丑。

festival）[01]便是一场与威维·格雷维的吸毒聚会理论相一致，被人们铭记、庆祝的集体经历。与之相反，在1994年的伍德斯托克音乐节上，观众们不断地对着舞台上的表演者丢泥巴；1999年的伍德斯托克音乐节不仅明令禁止观众将食物和饮料带入场内（结果是强制人们花4美元购买饮水），还出现了打砸破坏、抢劫和纵火等行为，最终使得音乐会不得不提早收场。在这场音乐会期间，总共发生了四起强奸案，警察逮捕了好几个涉嫌偷窃的观众。尽管60年代确实与暴力和激情脱不了干系，但通常来讲，这些起因可远不是瓶装水太贵了这么简单。

时间轴

1960—1964年	美国和平部队创立
	首届伊莎兰研讨会（Esalen seminar）[02]
	约翰·F.肯尼迪（John F. Kennedy）[03]遇刺
	首批"婴儿潮"一代开始上大学
	"快活的恶作剧者"（Merry Prankster）[04]的"巴士之旅"[05]

---

01 世界摇滚史上著名的系列性摇滚音乐节，主题是"和平、反战、博爱、平等"。

02 美国伊莎兰学院建立于1962年，是一个非营利机构，侧重于人性化选择式教育，试图通过按摩、瑜伽、有机食品等方式实现人类潜能。首届伊莎兰研讨会主要关注"个体与文化的理性定义""药物导致的神秘主义"等问题。

03 美国第35任总统，1963年遇刺身亡。

04 1964年，以美国作家肯·克西（Ken Kesey）为核心形成的嬉皮士组织。

05 1964年，"快活的恶作剧者"驾驶着一辆五颜六色的老式校车，横穿美国，沿途演奏摇滚乐，并向人群免费散发迷幻药LSD。

1965—1969年	洛杉矶爆发瓦茨骚乱（Watts riots）[01]
	"爱之夏"（Summer of Love）；"人类大聚会"（Human Be-In）[02]
	罗伯特·肯尼迪（Robert Kennedy）[03]和小马丁·路德·金（Martin Luther King Jr.）[04]遇刺
	芝加哥的民主党代表大会发生暴动[05]
	伍德斯托克音乐节（1969年8月）
	阿尔塔蒙特演唱会（Altamont，1969年12月）[06]
	纳撒尼尔·布兰登（Nathaniel Branden）[07]的《自尊心理学》（*The Psychology of Self-Esteem*）一书问世
	"阿波罗11号"登月
1970—1974年	首个世界地球日（4月22日）

01 1965年8月11日至17日，洛杉矶市瓦茨区的黑人与警察发生冲突，起因是警察以酒后驾驶为由，逮捕了1名黑人青年。这次骚乱最终出动了4000名加利福尼亚陆军国民警卫队士兵才得以平息，共造成34人死亡，1032人受伤，财产损失达4千万美元。

02 均为20世纪60年代著名的反文化运动集会。

03 约翰·F.肯尼迪的弟弟，在其任期内担任美国司法部长一职，1968年在作为民主党候选人参加总统竞选时遇刺身亡。

04 著名的美国民权运动领袖，1968年遇刺身亡。

05 1968年8月26日至29日，美国民主党在芝加哥市召开党代会。这次会议在总统竞选相关问题上争议诸多，而且最终获得提名的总统候选人休伯特·汉弗莱（Hubert Humphrey）并没有参加初选，因此导致场外人士不满，发起示威活动，并与警方发生了暴力冲突。

06 1969年12月6日，"滚石"乐队（The Rolling Stones）在加州北部的阿尔塔蒙特赛车场举办了一场免费摇滚演唱会。这次演唱会以暴力闻名，共4人死亡，几十人受伤，许多汽车被盗，并有大量的财产损失。

07 美国心理治疗师、心理学理论家、作家，曾任国际自尊协会执行理事长。

脱口秀节目《菲尔·多纳休秀》（*The Phil Donahue Show*）开播

海因茨·科胡特（Heinz Kohut）[01] 的《自体的分析》（*Analysis of the Self*）出版

《美国家庭》（*The American Family*）（首个电视真人秀节目）首播

EST 训练（Erhard Seminars Training，艾哈德研讨式训练）[02] 问世

色情电影《深喉》（*Deep Throat*）[03] 上映

CBGB 俱乐部 [04] 在纽约创立

尼克松辞职

《人物》（*People*）杂志创刊

1975—1979 年	汤姆·沃尔夫的《唯我的十年和第三次伟大觉醒》一文发表
	音乐电影《周末夜狂热》（*Saturday Night Fever*）[05]、纪录片《施瓦辛格健美之路》（*Pumping Iron*）[06] 上映

---

01 精神分析学家，曾任美国精神分析协会会长、国际精神分析协会副会长，是自体心理学派创始人。

02 由沃纳·艾哈德（Werner Erhard）组织提供的两周（60 小时）课程，旨在挖掘人类潜能。

03 《深喉》是美国影响最为深远的色情电影。它引发了性解放人士与保守人士的激烈论战。最后，影片在 23 个州遭禁，5 个有关公司和 12 个演职员被告上了法庭。

04 1973 年，美国海军退伍士兵喜力·克里斯托（Hilly Kristal）在纽约创办的酒吧，被公认为是朋克音乐史上的重要场所。"CBGB"的意思是乡村音乐（Country）、蓝草音乐（Blue Grass）、蓝调音乐（Blues）。

05 音乐爱情电影《周末夜狂热》带动了当时的迪斯科风潮。

06 以阿诺德·施瓦辛格（Arnold Schwarzenegger）为主角的纪录片《施瓦辛格健美之路》，间接引领了全美的健身热潮。

拉什的《自恋文化》一书出版

1980—1984年	"雅皮"（Yuppie）[01]一词诞生
	自恋型人格障碍收入《精神障碍诊断与统计手册》（第三版）
	全球音乐电视台（MTV）开播；IBM个人电脑问世；娱乐新闻节目《今夜娱乐》（*Entertainment Tonight*）首播
	"X一代"开始步入大学
	电视节目《富人和名人的生活方式》（*Lifestyles of the Rich and Famous*）首播
1985—1989年	加州促进自尊特别小组成立
	《奥普拉脱口秀》（*The Oprah Winfrey Show*）首播
	新闻杂志节目《新闻内幕》（*Inside Edition*）和《一手消息》（*Hard Copy*）首播
	"我一代"[02]开始步入大学
1990—1994年	互联网商业化
	《杰里·斯普林格脱口秀》（*The Jerry Springer Show*）首播
	MTV频道的真人秀节目《真实世界》（*The Real World*）首播

---

01 20世纪80年代西方国家能干、有上进心的年轻人，他们一般受过高等教育，具有较高的知识水平和技能，消费水平较高，追求生活享受。

02 出生于20世纪60年代之后的美国人，他们的成长过程伴随着自恋文化的兴起，因此常被认为重视"自我实现"多于"社会责任"。

| 1995—1999年 | O. J. 辛普森杀妻案"世纪审判" |
| | "博客"（blog）一词诞生 |

2000—2004年	野外生存真人秀节目《幸存者》（*Survivor*）首播
	互联网泡沫达到峰值
	80后开始进入大学
	泰科（Tyco）[01]CEO丹尼斯·科兹洛夫斯基（Dennis Kozlowski）花200万美元办派对；安然破产
	《美国偶像》首播
	MySpace诞生；线上虚拟游戏《第二人生》（*Second Life*）诞生
	Facebook诞生

2005—2007年	房地产泡沫达到峰值
	《时代周刊》（*Time*）将"你"选为"年度人物"
	帕丽斯·希尔顿成为Google搜索量最高的词条
	几乎有十分之一的人在20岁左右时会患有自恋型人格障碍
	美国职业棒球联盟爆发类固醇丑闻
	整形手术率达到历史新高

| 2008年 | 住房抵押贷款危机和信贷危机 |
| | 雇佣冒牌狗仔队成为可能 |

发生于60年代的人类潜能运动最终真的转化成了自我欣赏

---

01 全球最大的消防安防专营公司之一。

的来源之一。尽管这场运动的初衷并不是为了提倡自我欣赏，但在随后的多年时间里，其对于自我反省和自我完善的重视却逐渐演变成了对自我欣赏的重视。作家奥尔德斯·赫胥黎（Aldous Huxley）从1960年开始，在加利福尼亚州大苏尔的伊莎兰学院举办研讨会，主题是心理学家亚伯拉罕·马斯洛（Abraham Maslow）的自我实现观点（最初的定义是最大限度地发挥自身潜能，成为自己想成为的人）。这一观点本身并不属于自恋：自我实现也包括同大多数人分享自己的同情心和善心。马斯洛将自我实现置于其著名的人类需求金字塔的顶端，并认为它非常难以做到——在他看来，只有少数几个人真正做到了自我实现。此外，马斯洛也将自尊心列入了金字塔中，将其置于自我实现之下，认为大多数人都可以更容易地做到这点。简而言之，获得自我实现很难，而获得自尊心相对容易。因此，随着人类潜能运动从60年代到70年代的逐步演进，较容易达成的自尊心需求使较困难的自我实现需求渐渐失色。如今，人们已经很少会谈到自我实现，但是有关自尊心的文章在杂志、儿童电视节目和众多书籍中却屡见不鲜。

20世纪70年代

到了70年代，60年代的共同目标都已烟消云散，仅存的只有自我关注这一华而不实的空壳。60年代的人聚在一起是追求团队共同的目标，而70年代的团体集会则看上去更像是EST训练（70年代非常流行的从自我探索演变成自我表现的时髦活动之一），鼓励个人的自我发现和成功。即便是音乐和娱乐方式，也开始由伍德斯托克音乐节式的集体经历转向跳迪斯科和吸食大麻——尽管这两项活动也属于集体活动，但多数时间都是你自己一个人在尽情舞蹈或者享受飘飘然的感觉。

此外，70年代还出现了失控的通货膨胀和高失业率，严重背离了60年代稳健的经济扩张政策。克里斯托弗·拉什为自己1979年创作的《自恋文化》一书，起了"预期不断降低时期的美国"这一副标题。拉什的理论是，人们会在经济机器摇摇欲坠之时选择求助自己——一种非常有趣的假设，但接下来的数十年时间验证了这一假设是错误的。从80年代中期开始，美国经济开始大幅好转，与此同时，个体和文化中的自恋情绪也开始慢慢滋长。包括作家汤姆·沃尔夫在内的反方观点是，良好的经济状况会导致过度自恋。这一理论认为，当经济繁荣时期的孩子们总能得到想要的东西时，他们就会认为世界在围着他们转。此外，这一理论还表示，在经济困难时期长大的人的自恋程度应该要低一些——他们更加注重责任，擅长储蓄，对于名利一点儿都不关心。不过，确实如沃尔夫所说——他准确地描述了那些在"大萧条"和二战时期生活过的最伟大的一代——他们可能是美国历史上最后一代不那么自恋的人。

然而，自恋在经济形式动荡不安的70年代同样盛行，因此经济因素显然并不是这一现象的唯一解释。虽然70年代也出现过经济滞胀，但这也是男人们为了吸引他人注意，而盛行穿宽翻领服装的时候。所以，如果自恋并不仅仅是由经济因素造成的，那其他因素还有什么呢？

主要罪魁祸首看上去似乎是三大社会趋势。第一个催化剂是自尊心运动，但它开始时也是出于好意——要是人们能一直感觉良好，不也是一件很令人高兴的事吗？不过，真正让自恋之势开始壮大的还是纳撒尼尔·布兰登于1969创作的第一本书——《自尊心理学》。在书中布兰登宣称，爱自己非常重要，"世界上再也没有哪种价值判断要比人们对于自身的评价更加重要的了，至少在人的心理发展和动力中，没有一个因素能比它更具有决定性……自我评价对一个人的思维、情感、欲望、价值观和目标都有着深远的影响，也对个人行为起着最为关键的作用"。然而，正如你在前面各个章节中所了解的那样，这些大多数都是假的。不过，由于当时的自尊心研究尚处于起步阶段，考虑到人们对自尊心的了解程度，布兰登的主张似乎也是有道理的。尽管现在的研究表明，自尊心并没有人们想象中那么重要，但问题是，没有人能回到过去，修改当时的文化脚本。

到了70年代，60年代自我探索的目标已经开始自然而然地转变为自我表达，而且从很多方面来看，自我表达已经成为了当今时代的主题。虽然"婴儿潮"一代的"自我探索"和"发现自己"等观点听起来常常有些自恋，但是它们也可能使人变得更加成熟，并且最终会对集体利益起到帮助作用。比如，尽管耶稣和释迦牟尼最初都选择背井离乡，踏上自我探索之旅，但他们最终还是回到了故乡，教导世世代代的人们要懂得给予和关爱他人。此外，有些自我探索的形式也是非常困难的，包括自省、自律，以及有时候会引起的极度不适。虽然自我探索听起来和自我表达很相似，比如二者都强调个体性，但是自我表达实际上要容易得多。你所要做的就是谈论自己，吸引别人注意的目光，有时还需要推销自己。

此外，"表达你自己"也已经演变成了一个简单，却非常有效的广告语，被用来推销从定制咖啡杯到肉毒杆菌之类的所有东西。在过去几年间，科技发展所造就出的个人网页、Facebook主页、视频和博客，已经使得美国人将自我表达推到了一个全新的高度。相比于实实在在的新闻，获取意见要更便宜一些，因此媒体也开始向自我表达的方向转变。只要人们所表达的东西具有某种价值，这都没有问题，但事实常常并非如此。比如，我们都在生活中或者在网上认识一些人，他们说话的原因仅仅是因为自己想要说话，而不是因为他们确确实实能够为别人贡献一些有意义的东西。

与此同时，人们开始对自尊和自我表达越来越感兴趣，我们的文化也开始抛弃以集体为导向的思维方式。正如罗伯特·帕特南（Robert Putnam）在其畅销书《独自打保龄》（*Bowling Alone*）中所展现的那样，像家庭教师协会，甚至是保龄球联盟这类组织的会员数量从70年代就开始出现下滑。人际关系也出现了相同的趋势。离婚率开始飞涨，年轻人逐渐倾向于晚婚，出生率也急剧下降。50、60年代时还根本不存在的单身文化变得十分流行，单身公寓建筑群开始大量涌现。放眼望去，迪斯科舞厅里满是脖子上戴着金链子的单身汉，以及穿着4英寸高的高跟鞋，跟着《活着》（*Stayin' Alive*）的曲子尽情起舞，同时努力避免扭到脚踝的单身女青年。

其他一些作者也认为自恋流行病起源于70年代，这使得我们更加确信了这一点。1976年，汤姆·沃尔夫在其于《纽约杂志》（*New York*）发表的具有开创性意义的《唯我的十年和第三次伟大觉醒》一文中，精准地给这个只开始一半的10年贴上了标签。文章开头便描写了一位参加EST训练的妇女。"教练说：'把你的手指从压抑的按键上拿开。'所有人都应该照做……然后教练让所有人想象'一样你最想让其从自己的生活中消失的东西……''痔疮！'一位妇女当着屋子里其他250人的面脱口而出。很快，这位妇女和屋子里的其他人便开始呻吟，然后开始尖叫，借此剔除他们在生活中感到讨厌的所有事情。"沃尔夫声称，美国人已经不再认为自己是相互关联的社会体系——父母与儿孙，以及群体与群体之间的关系——中的一部分，而是转而把自恋式的追逐自我当作价值观的来源，这几乎就像是一种宗教体验。从某种程度上讲，寻找自我便意味着误入歧途地寻找内部的神圣火光[01]。

心理治疗方法也在70年代发生了转变。在那之前，大多数寻求心理治疗的客户治疗的是弗洛伊德古典模型中被压抑的欲望（比如性欲望和攻击欲）。换句话说，他们没能充分地表达自我。然而从60年代末开始，心理治疗师发现越来越多的病人身上的问题，反而是由过多的自我表达和自我中心所导致的。精神分析学家海因茨·科胡特于1971年，率先确定了自恋型人格障碍的存在。1980年，自恋型人格障碍被正式收入到《精神障碍诊断与统计手册》（第三版）中。换句话说，自恋型人格障碍在1980年得到了美国官方的正式认可——这也再一次证明了，70年代是自恋流行病的某种拐点或者起源。

即使所有迹象都表明自恋流行病发端于70年代，但是出于研究人员的本质，我们还是想看到一些数字上的证明。不过，有时候文化转变是很难量化的——我们怎么才能知道当时的人们在谈论些什么，又是什么时候谈论这些的？虽然做不到这点，但是我

---

01 神圣火光（divine spark），常见于诺斯替教派和神秘宗教中，指每个人都有与上帝或神联结的"一部分"，因此人生目标应该是让神圣火光带领自己向着爱、和平与和谐迈进。

们确实可以了解到人们在写些什么。

我们首先从学术期刊着手研究，因为它们能告诉我们，心理学家和教育专家是从什么时候开始对自尊心和自恋研究产生兴趣的。正如你在图4中所看到的那样，心理研究人员对于自尊心的兴趣在70年代末才开始真正高涨起来。与之相比，对于自恋的兴趣要滞后一些，似乎是在70年代末到80年代之间才开始出现缓慢增长。

有关自尊心和自恋的心理学出版物

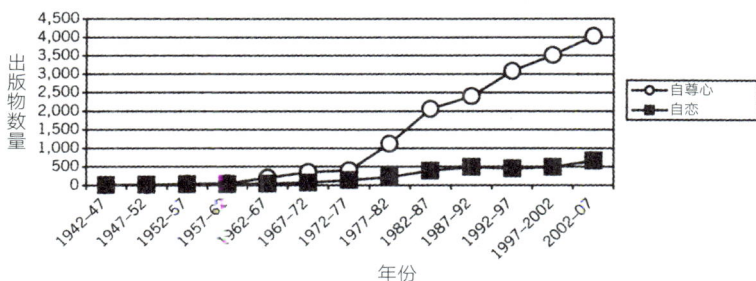

图 4

有关自尊心和自恋的教育学出版物

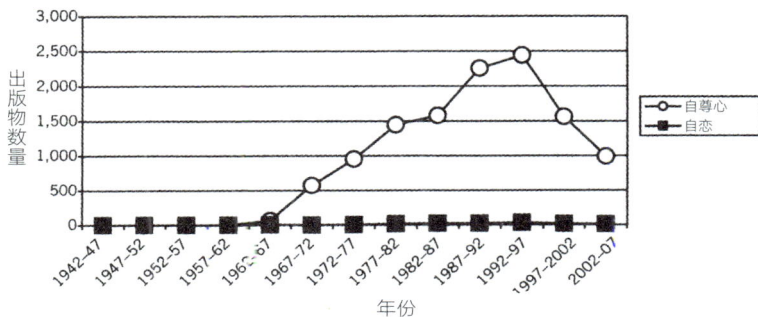

图 5

　　对于教育研究者而言，他们更感兴趣的可能是自恋的现实意义，因此他们会将更多的注意力放在自恋给孩子们带来的后果上。教育工作者对于自恋的讨论开始得相当早，始于60年代末（"婴儿潮"一代开始离开校园时），并在90年代达到空前高度（如今的20岁左右的年轻人还在上学时）。然而，结果发现，在教育领域，几乎没有任何研究曾经探索过自恋所带来的影响。比如，在1992年到1997年之间出版的2500个有关自尊心的教育出版物中，仅仅有30个讲的是自恋。很显然，教育工作者们把注意力放在了自我欣赏的美好一面上，几乎完全忽视了它有可能导致自恋。也许这种对待自我欣赏的片面观点，便是对学校里开设的自尊心提升课程一直以来都非常流行的最好解释。

主流新闻媒体对于自尊心和自恋的报道数量

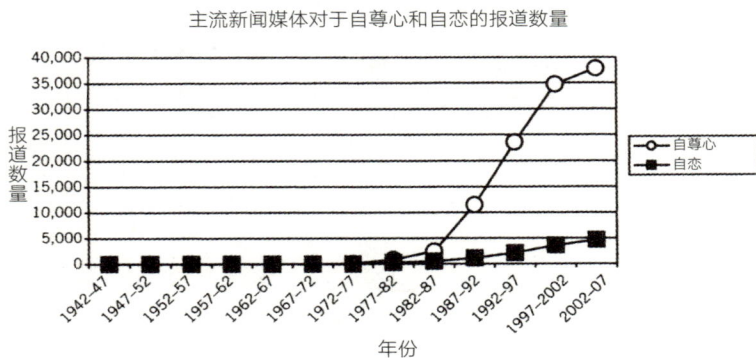

图 6

当然，与学术期刊相比，大众媒体报道中的文章也许是判断文化转变的更好标准。如图6所示，大众媒体对于自尊心和自恋产生兴趣的时间要滞后于学术期刊。但是自20世纪80年代末到90年代初，大众媒体对于自尊心的兴趣大有迎头赶上，甚至超过学术期刊之势。虽然一直以来，大众媒体对自恋并不怎么感兴趣，但是这种情况却也在慢慢地发生改变。从90年代初开始，每5年，大众媒体上有关自恋这一话题的文章数量都在变得越来越多。在2002—2007年，大众媒体对于自尊心和自恋的感兴趣程度都达到了历史新高。

有关自尊心和自恋的文章占比变化

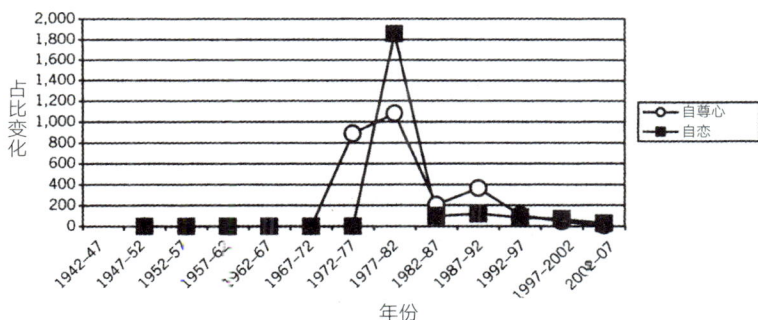

图 7

如今，由于新闻媒体对于自尊心的报道数量已经多到了令人难以置信的地步（在2002—2007年差不多有4万篇文章），我们很难准确地判断人们对于自尊心的兴趣，到底是从什么时候开始真正高涨起来的。为了验证这一点，我们以5年为一个周期，计算出了媒体报道的变化趋势——换句话说，也就是媒体报道数量同比增长或减少了多少。数据显示，最大的变化出现在70年代末和

80年代初。就像其他文化标记所显示的那样，这一变化也表明美国文化中的某些东西在70年代发生了变化，而且我们如今仍然生活在这些变化的影响之下。

美国国会图书馆的图书目录中有关自尊心和自恋的图书数量

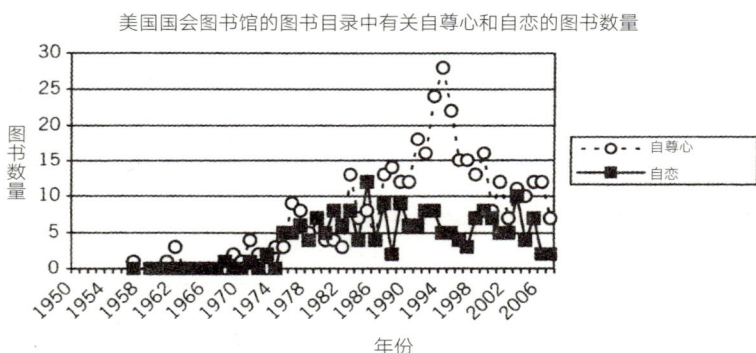

图 8

最后，我们统计了一下美国的年均图书出版量。上述图表与书中的其他图表非常相似，在70年代也出现了拐点。1976年以前，每年出版的有关自尊心或者自恋的图书数量还不足5本。而且，在20世纪70年代中期以前的大多数时间里，这一数字基本为零。但到了80年代，图书出版业对于自尊心或自恋的兴趣开始稳步增长，1994年，有关自尊心的书籍出版数量便达到了28本的峰值。同时，自70年代末以来，有关自恋的图书出版数量一直稳定在每年5～10本。

因此，大量的实证性和观察性数据均表明，自恋流行病开始于70年代。正如我们有关个体层面的自恋研究所显示的那样，自恋流行趋势在70年代以后才开始增长。尽管橙色涤纶面料的裤装在流行之后已逐渐过时，但自恋现象不仅一直存在着，而且一年比一年更加普遍。

20世纪80年代及以后

自恋流行病并不是由单一的某一事件所引发的，相反，美国文化中的核心理念也慢慢地越来越注重自我欣赏和自我表达。同时，美国人对于集体行动或者政府力量，已经失去了信心。

尽管美国一直以来都是一个崇尚个人主义的国度，但它是在崇尚个人自由、反对暴政、基本平等的理念基础之上建立起来的——这些价值观念强调的是独立，而不是自恋。但是，当这些强大的理念加上自我欣赏和自我表达的新价值观之后，结果却极为丑陋。20世纪70年代，自我放纵和自我中心主义十分猖獗，已经到了令人感到不安的地步。这些价值观念在80年代及以后的时间里扎下了根，70年代时的低迷开始消失，取而代之的是一种更加外向、浅薄、唯利是图式的自恋。最终，美国文化陷入了一个永恒自我的怪圈，社会观念和行为为了迎合自我欣赏的文化新观念，开始发生改变。家长们教育孩子要对自己抱有高期望，教育课程也开始更加重视自我欣赏和自我表达。就像我们的时间轴所显示的一样，媒体比过去更加关注名人。《人物》杂志于1974年创刊，电视节目《富人和名人的生活方式》第一集也于1984年首播。到了90年代，主流新闻媒体都开始大肆报道名人，人们每天都在日间脱口秀节目（比如1991年开播的《杰里·斯普林格脱口秀》）中想着如何出名。很快，以1992年的《真实世界》和1999年的

《幸存者》为代表的真人秀节目也接踵而至。之后，互联网的到来又将这种现象提升到了一个全新的高度——如今，美国人可以在YouTube视频网站上一天24小时地秀出自己，或者在Facebook和MySpace上推销自己。

尽管现在言之过早，但是2005年到2006年之间MySpace、Facebook和YouTube的出现或许是自恋流行病发展史上的第二个拐点。而人们也会记住在2008年，美国人被信用贷款催生出的满是特权感的梦想终于被拉回了现实。我们很难判断2008年之后的历史将会朝着何种方向发展。即使人们在经济危机期间开始谈论节俭，美国人身上崇尚自我欣赏的文化价值观依旧根深蒂固、难以撼动，因为自我欣赏已经演变成了物质至上的自恋。如今，美国想要再变回之前那个崇尚节约和储蓄的国度将会非常困难——部分原因是，父母们从我们出生之前，便开始把我们当作皇亲贵族一样对待。

第二部分

根源

section 2

Root Causes of the Epidemic

第五章

养育子女——培养子女的皇权感

在最近一次去逛玩具城时，站在收银台前排队结账的简竭力想要阻止她的女儿往远处跑（或者跑向其他任何刚刚学步的小孩想去的地方，因为他们不愿意一动不动地站着）。当简被摆在收银台上的围嘴分散了注意力时，想要看住女儿就变得更加困难了。只见在粉色和蓝色的围嘴上，赫然写着一些白色的很大的单词——"少女杀手""超级模特""小公主"和两种颜色都有的"这里我说了算"。

虽然这仅仅只是助长自恋现象增长之势的新型养育子女文化中的一瞥，但是它在很大程度上反映出，在我们的文化中，人们认为6个月大的孩子们带着写有"超级模特"字样的围嘴是非常可爱的。现在，父母把决策权交给年幼孩子的现象越来越普遍，孩子们不用努力便可以获得赞美，家长们会竭力保护孩子免受老师的批评，给他们买豪车，让他们在享受自由的同时避免承担相应的责任。不久前，孩子们还知道家里说了算的人是谁——明显不是他们，而是妈妈和爸爸。而且，妈妈和爸爸不是你的"朋友"，而是你的父母。

在自我欣赏和积极情感这两条核心文化价值观的驱使下，人们养育子女的方式也发生了很大的改变。过去，孩子们会努力想获得父母的认同，现在却反了过来，父母们开始想得到孩子们的认同。至少从短期来讲，孩子会因为父母屈服于他们的要求而喜欢自己的父母。拒绝孩子的要求，听他们说"我讨厌你"（或者是基斯最喜欢的那句："我不再像爱妈咪那样爱你了。"）时的感觉并不舒服。直到最近，父母们依然认为，通过坚持立场来处理这些情绪风暴是他们的责任。如今，许多父母在抚养孩子时，开始想方设法提高孩子的自我欣赏能力和自尊心意识，从部分上讲，这也许是因为各类书籍和媒体刊登的文章在不断强调这两者的重要性。然而不幸的是，大多数父母认为可以帮助提升孩子自尊心的行为——比如告诉孩子他很特别或者想要什么就给什么——实际上带来的却是自恋。

父母们并不会刻意地去想："哇！要是我培养出的孩子成了自恋狂，那不是很好吗？"相反，他们想让自己的孩子感到快乐，想要提高他们的自尊心，但是又常常做过了头。在养育子女方面，这些良好的意图和父母的骄傲感，已经打开了通向文化性自恋的大门。同时，许多父母向孩子表达爱的方式也变得越来越现代化——宣告他们的孩子有多么优秀。现在，有一大部分小女孩穿的衣服上都印有"公主"或者"小公主"的字样，除非你是一位失踪已久的王室继承者，否则这些都是痴心妄想。你以为如果自己的女儿是公主，你就是国王或者王后了吗？不是的——这意味着你是公主的忠臣，公主说什么你就必须做什么。

如今，人们比历史上的任何时候都要更加重视孩子们的需求。父母们会经常问孩子他们想要什么（"你晚饭想吃什么呀？""你想和奶奶说话吗？""你想去公园吗？"），即使他们还太小，无法回答这些问题。在一架航班上，一个学龄前的孩子正在开开心心地看着他的DVD播放器。然而当他的妈妈戴上自己的耳机时，小男孩一下子抢过了耳机，并大声抗议道："不——你不应该这样。"这位母亲的回答非常让人惊讶。"对不起。"她对自己3岁的儿子这样说道。

对于那些依旧想要坚持老式育儿方式（淡化物质主义，强调礼貌和自律）的父母们来说，他们会认为自己是在反对当今社会的文化潮流。如果你不让孩子们做某件事，但是他们从媒体、朋友、学校和其他家长那儿得到的所有信息都在告诉他们可以做这件事，那么你的反抗也就只能持续很短的时间了。我们了解这种感觉，我们两个也都是从那时候过来的。在宽松的社会准则面前，很多父母最初的决心开始瓦解。养儿育女的过程中总会面临这样或那样的斗争，而目前忧心的父母们所面临的，就是与势不可挡的自恋价值观的斗争。

养育子女的方式是如何发生改变的？

20世纪20年代的母亲们在列出她们最希望自己的孩子具有的性格特质时，会提到严格服从、忠于教会和有教养。到了1988年，很少有母亲会选择这些特质；相反，她们会选择独立和宽容。2004年，一项规模更大、在全国范围内追踪父母教育子女态度的研究也发现了类似的结果。这一研究给出的问题是："如果你不得不做出选择，你认为这张列表上的哪一项，对于孩子们学习面对将来最为重要呢？"五个选项分别是："学会服从""努力讨人喜欢或成为受欢迎的人""学会为自己着想""努力工作"，以及"在别人需要帮助时伸出援助之手"。结果证明有些东西是不变的：美国父母们一直以来都认为"学会为自己着想"是最重要的。回到1958年，人们会说孩子们应该学会的第二重要的事是"懂得服从"。但如今已经不再是这样了。从80年代到90年代，服从的重要性开始稳步下滑，最终的排名降至倒数第二。到了2004年（现有数据所能追溯到的最近的年份），"懂得服从"的排名达到了历史最低。

父母对于孩子肥胖问题的态度变化

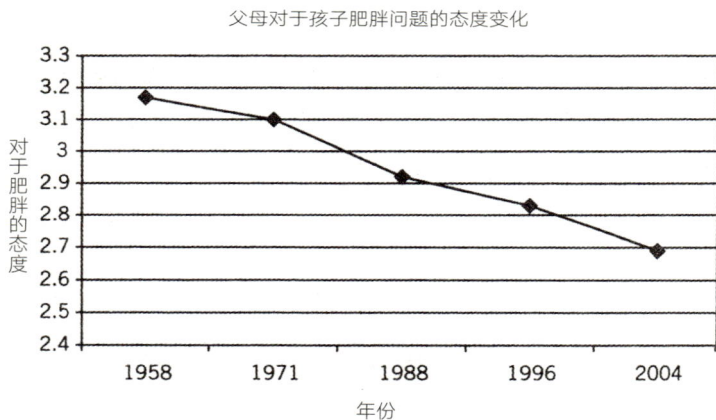

图9

以上这些研究也恰恰证实了当下很多美国人对于现代养育子女方式的看法：我们太宠爱孩子们了，给予了他们过多的表扬，几乎把孩子当作皇亲贵族一样对待。如今在美国，我们很难再找到认为现在的父母要比30年前的父母更加严厉的人。事实上，所有人都赞同，现在的父母要比以前仁慈得多。"如今，我们有太多（现代）父母天真地想将自己的孩子理想化，实际上这是错误的，这并不是真正地爱自己的孩子。"心理学家波利·扬-艾森卓（Polly Young-Eisendrath）写道。我们不再盲目地要求孩子一味服从固然是件好事，但是用服从孩子来代替让孩子服从我们，这种选择也许偏离得有点太远了。

你可以给自己的女儿买带有"宠坏了"字样的T恤衫，或者让你的儿子穿上写着"女孩们，对不住了，我只跟模特约会"的衬衫。有一件鲜红色的衬衫上宣称"这里我说了算"，另外一个系列的T恤衫则能让你觉得自己的孩子是"美国未来领导人"或者"未来的真人秀竞争者"。你甚至可以给自己刚出生的孩子买珠光宝气镶有水钻的奶嘴，然后再配上写有"公主"或"摇滚明星"字样的手袋。现今，出门记得戴上自己金光闪闪的珠宝是一件非常重要的事情，即使你只有几周大。

儿童心理学家丹·金德伦（Dan Kindlon）在2001年出版的一本颇具预见性的书——《好事过头反成坏事》（*Too Much of A Good Thing*）中表示，现代的父母经常溺爱孩子。他在书中如此写道："与之前的几代人相比，虽然我们在感情上与孩子们更加亲密，同他们在一起有更多乐趣，但是我们有时太过宠爱孩子了。我们给予的东西太多，要求的东西太少。在我拜访过的人家、做过演讲的学校、曾经做过辅导的家庭中，以及在购物中心、超市和音像店遇到的父母和孩子身上，都能看到这一现象。"在书中，尽管金德伦把更多的注意力放在了中上阶层家庭中的孩子身上，但是他所记录下的绝大多数过度宠爱现象，似乎正在逐渐向下层社会蔓延。金德伦认为，过度宠爱孩子的后果与《圣经》中所说的"七宗罪"（暴食、贪婪、懒惰、淫欲、傲慢、嫉妒、暴怒）非常相似。当然，这里所说的七宗罪只是一种对于自恋症状的简明概括。

　　到了90年代，有两位作者给这些现代的"精灵"起了一个新的名字：靛蓝儿童。他们声称这些孩子是人类精神演化过程中产生的一个新人种。但是在我们看来，他们所描绘的这些新型儿童看起来似乎更像是过度宠爱的现代养育子女方式的产物。他们在书中这样写道，靛蓝儿童"一降生就有着一种皇室的荣耀感"（总是装作这样）、"似乎有些反社会"、"难以接受绝对的权威"、"总能找到更好的做事方式，看起来像是'制度的克星'"。对于他们来说，"自我价值不是什么问题"，"只不过有些事情是他们坚决不会去做的。比如，排队等候对于他们来说就是一件非常困难的事情"。（我也不愿意排队。但还是那句话，我们并不是什么公主、自由世界的未来领袖，或者未来真人秀节目的竞争者。）这两位作者表示，越来越多的家长和老师会遇到一些不肯或者不愿意听大人话的孩子。"你根本没法'说服'这些孩子。如果你试图去说服他们，他们会蔑视你……自打一出生，靛蓝儿童便需要得到他人的认可，希望成为有地位的人。他们也确实能表现得像是皇亲贵族一样，让所有人的注意力都集中在自己身上！"在书中，这两位作者始终认为这些孩子很"特别"。

　　他们是很特别，但是特别的方式不是这些作者所想的那样。2001年《纽约时报》和CNN联合进行的一项民意调查发现，80%的美国人认为，与80、90年代相比，如今的孩子们已经被宠坏了。此外，其中有三分之二的父母认为他们的孩子被宠坏了。正如《纽约时报》当时刊登的封面故事所解释的那样："在商场、音乐会、餐厅，甚至是在荒郊野外，你随处都可以发现这些被宠坏的孩子。家长们从未对他们的需求说过'不'字，他们身上的权力感和特权感甚至让旁观者都感到难以呼吸。踢沙子、跺脚、生拉硬拽、各种哄骗，简直就是一副不断发牢骚的暴君形象。父母们大概也想不到自己竟然一手培养出了一个怪物来相伴左右。"

好吧，也许是这样。很显然，父母们养育子女的方式已经发生了变化，不再象以前一样设立各种规定和限制，而是孩子想要什么就给什么。不过，还是有很多父母会设定一些限制，努力避免溺爱孩子。伹是后来，孩子看到了电视上循环播放的塑料玩具广告，产生了全部都想要的想法；又或者在学校里看到朋友可以把冰激凌当作晚餐，但是自己从来没这样做过；又或者她在幼儿园便开始唱"我很特别，我很特别，看着我……"之类的歌。最终，随着年龄慢慢变大，她开始想要把自己穿着比基尼的照片上传到MySpace页面上，开始熬夜，或者在生日时问自己的妈妈："你能送给我一个夯迪（Fendi）的手袋，或者一项模特课程，或者一辆价值5万美元的车当作生日礼物吗？就像《我甜蜜的16岁花季》（*My Super Sweet 16*）上的小女孩一样？妈妈，谢谢你。"

作为父母，你会很容易厌倦整天拒绝孩子的感觉，因此时不时地，你也会同意孩子们的要求。孩子们总是会为了某样东西而恳求自己的父母，这不是什么新鲜事，新鲜的是如今的父母比以前更可能答应孩子的请求（也许是出于溺爱，也许是非常愿意欠债）。或许你还没有意识到，但其实你也和其他父母一样，陷入了一场战役，对抗日益严重的自恋文化。"这是一场全民参与的战争，"南希·吉布斯（Nancy Gibbs）[01]在《时代周刊》上写道，"如果说同好莱坞、美国广告业或者任天堂公司战斗对你来说太难了，那你至少可以决定，即使这条街上的所有小孩都可以无限制地看

---

01 《时代周刊》主编、畅销书作家。

电视，也不意味着你的孩子可以这样。你可以实行宵禁政策，给孩子们安排一些家务活，或者努力让他们有规律地同父母一起吃饭。"或者你也可以选择放弃，那就让我们直面现实吧，这相对要容易一些。

即使抛去来自各方面的社会压力，一些父母也会发现自己很难给孩子们设定各种各样的限制，这在几十年前是难以想象的。情景喜剧明星丽亚·雷米尼（Leah Remini）的女儿索菲亚快4岁了，却依旧和父母睡一张床，而且每天晚上都要喝上8瓶水才行。"这简直就是一个恶性循环，"索菲亚的父亲安吉洛·蒲甘（Angelo Pagan）如此说道，"每次她都会被尿憋醒，然后又需要喝更多水才能继续入睡。"这种状况持续了很多年。"我们甚至不知道自己是在做一件错事，"雷米尼说道，"儿科医生曾经跟我讲过，但是我没有相信他们。因为她经常醒来想要喝水，所以我自然地以为她肯定口渴得要命。"他们太仁慈了，以至于后来女儿白天吃东西时也开始这样。"她早餐想要吃冰棍，就会得到一个冰棍，"雷米尼说，"我们承认自己已经完全沦为了孩子的服务生。"

我们是如何走到这步田地的？

与自恋流行病非常相似，这种现代的养育子女方式一开始也是出于好意。也许这是因为20世纪50年代的父母在抚养"婴儿潮"一代时，曾给孩子设定了太多的规则和限制吧。那时候，一句"因为我说了算"似乎足以解释一切。"等你父亲回家再说"意味着父亲回来后，将会揍你一顿。那时的父母常常摆出的，是一副情感上与孩子非常疏远的权威形象，他们极少会低下身段跟自己的孩子一同玩耍。与现在相比，那时我们更经常听到父母说自己的孩子"没有什么好"，或者是个"坏孩子"。

现在，我们已经更加了解到底怎么做会比较好。跟孩子解释一下设定这些规则的背后原因，要比单纯的一句"因为我说了算"效果更好。与自我实现的预言（"你是个坏孩子"）相比，孩子们在自己的行为得到重新引导（"不要打架，好好玩"）后，往往也会表现得更乖。一项针对体罚孩子研究的权威调查显示，挨打之后的孩子虽然当时更容易服从父母的要求，但实际上，他们未来在自主行为方面会表现得较差。此外，他们也更可能会对其他孩子表现出攻击性。现在的父母会有意地加强与孩子的沟通、交流，跟他们一起玩耍。人们在儿童保护以及儿童健康方面取得了巨大进步——儿童汽车座椅，更加安全的婴儿床，以及告诫怀孕女性不可吸烟、饮酒的建议，都已经拯救了很多小生命。大多数父母在重视培养孩子的独特性和自尊心时，一开始也都是出于好意——有人告诉父母，那些自我感觉良好的孩子会在以后的生活中做得更好。然而很多情况下，父母对于"良好自我感觉"的重视，往往都会转化为过度纵容。

父母参与式教育（比如认识孩子们的老师）已经演变成了过度参与。大众媒体给那些整天在自己孩子周围转悠、事事都想保护孩子的父母贴上了"直升机父母"的标签。如今，为了预防走路时跌倒，你可以给自己刚刚学步的孩子买个头盔。担心孩子输掉比赛后可能会沮丧，父母们便鼓动孩子所在的体育联盟停止为比赛计分。如果体育联盟非常坚持原则，想要继续计分，那么最后不管输赢，都要颁发给孩子们同样大小的奖杯。

（这与现实生活中的情形是如此相像。）还有一些联盟，只要能够成为队中的一员便可以获得奖杯。简的外甥有一个奖杯，上面就写着"优秀参与奖"。那是什么意思——我很擅长露面吗？由于害怕伤害到得分较低的学生的情感，地方报纸便不再公布"中小学优等学生名单"。父母会因为孩子的考试分数跟老师理论，而不是将其交给孩子自己（或者有时候是成年人自己，各个大学已经表示收到了很多父母打来抱怨孩子分数的电话）来处理。当然，从整体上讲，争论分数这一做法带有些许自恋的意味：那位老师根本不知道自己在说些什么！我才是最好的学生——她给我打"D"是不对的！

简在给公司管理人员做讲座时，曾听说过一些令人吃惊的故事，主要是有关如今的父母如何干涉年轻员工们的生活。有些刚刚毕业的大学生甚至会带着他们的父母去参加面试。比如，有位20岁左右、工作刚满一年的青年女性竟然带着自己的父亲去和老板开员工考核会议。

塑造出自恋的孩子

尽管早期的一些心理动力理论学家认为，孩子们的自恋是由冷淡、粗心大意的父母所造成的，但除了脆弱型或隐秘型自恋以外，实证研究数据并不支持这一论断。相反，现代行为学理论认为自恋是由过度的反馈造成的——如果人们一遍又一遍地告诉你"你很棒"，那么你很可能就会认为自己很棒。

针对养育子女方式和孩子的自恋人格特质这两者的关系，目前已经开展了四项心理学研究。其中一项以9～13岁的孩子为对象，要求他们做自恋测试，同时向研究人员汇报一下父母们的表现，然后在12～18个月之后再做一次测试。结果发现，那些非常热情，同时在心理上有很强控制欲的妈妈们（换句话说，就像"直升机父母"一样）培养出的孩子，在后来的自恋测试中得分最高。另外一项研究中的青年人表示，父母非常放任他们。与其他人相比，自恋的人更加赞成"回想过去，我感觉父母有时候把我当作偶像一样崇拜""小时候父母认为我有异于常人的才能和能力""小时候不论我做什么，父母都会表扬我"，以及"小时候父母很少会批评我"这些说法。其他两项研究要求青少年和年轻的成年人回答，青春期时受父母监督的程度有多严格。与其他人相比，自恋的参与者更倾向于表示，他们的父母其实并不了解他们晚上都去了哪儿。尽管这些研究都不完美（有的研究依赖的是一些小型样本，还有的研究要求成年人对多年前接受的教育方式给出回答），而且研究结果在某些地方还自相矛盾（比如，尽管心理控制与自恋有关，但是像宵禁这类限制并非如此），但是从总体上看，那种会导致自恋的养育子女方式与现代父母的教育方式非常相似——放任、赞扬，以及让孩子们说了算。对于那些让自己的孩子穿着写有"我是老大"字样围嘴的父母们来说，这些可不是好消息。

此外，对那些会告诉自己的小女儿，她们就是公主（"如今我们到底有多少公主？"）的父母而言，这也不是什么好消息。尽管小女孩一直以来都很喜欢公主般的打扮，而且还要再配上闪闪发光的粉色裙子和鞋子，但现在，我们越来越经常看到，一些小女孩已经不再仅仅把公主般的打扮当作幻想，而是认为自己就是现代社会的皇室贵族。我们可以把这种导致自恋的养育子女方式——把孩子当作偶像一样崇拜和过度表扬孩子——称作"公主式的养育方式"。

许多父母认为公主式的养育方式会带来好的结果：因为你的小女儿认为她是最棒的，所以她会在将来的生活中取得成功，甩掉那些原本打算带回家的没出息男友。但是，考虑到自恋通常会导致失败并带来人际关系问题，公主式的养育方式不可能像你想的那样发挥作用。相反，你的女儿最终可能会觉得自己很特别，认为别人需要把她当成皇亲贵族一样对待——这正是自恋的一种症状，与你第一次称呼为"公主"的小婴儿相比，一个认为自己应该被当作皇亲贵族一样对待的青少年可就没那么有趣了。你肯定不想听到别人说你15岁大的女儿"表现得像是个公主"，因为那意味着她很讨人厌，觉得自己高人一等。然而，很多人却并不觉得称小女孩为"公主"有什么错，他们认为她在青春期的某个阶段自然而然地就会突然改变自己的行为。对于这样的人，我们能做的就只有"祝你好运"了。

即使你没有把自己的女儿当作公主一样抚养，在我们的文化熏陶下，小女孩们也会不知不觉地染上"公主病"。有天早上，简2岁大的女儿突然宣称："我是一位公主。"身为一位母亲，我们该作何反应呢？简的决定是直截了当地告诉女儿事实。"不，你不是公主。"简这样说道。幸运的是，听到这些，凯特（Kate）几乎连眼睛都没眨，就去继续满足地吃自己的谷物麦片了——需要注意的是，这可不是什么城堡里的管家盛在银碗里的早餐。除非你和你的女儿真是这样吃早餐，否则的话，最好还是把对公主生活的迷恋仅仅限制在穿衣打扮上，将它和实际生活区分开来。

角色逆转

一两代人以前，父母和孩子的角色划分还非常明确，一切都由父母说了算。而现在，这些都已成为过去，许多父母甚至开始对自己的权威形象感到不自在。他们更想要的是孩子的喜欢，而不是尊重；更想成为孩子的朋友，而不是严厉的家长。这一趋势开始于20世纪70年代出版的《父母效能训练手册》（*PET: Parent Effectiveness Training*）等书籍，其主张实际上父母并不比孩子懂得多——他们在书中写道，认为成年人懂得更多，就像是说某些种族比其他种族优越一样。尽管书中明确表示父母不应该让孩子们为所欲为，但在众多育儿手册中，它却是第一本鼓励在父母和孩子之间建立平等关系的书。

如今，很多孩子开始参与家庭决策，这在几十年前是闻所未闻的事。比如，来自伊利诺伊州伍德里奇市的妮基·法提加蒂（Nikki Fatigati）才13岁，便开始帮助自己的父亲决定是否接受一份新工作，包括分析薪水和签约奖金方面的差异。她的父亲吉姆告诉我们，在他十几岁时，父母是决不会把这类决定的细节告诉孩子的。"我非常怕我的父亲，"他说道，"怕得要死。"再比如，当两个女儿表示家里需要添置第二辆车时，大卫·萨帕塔（David Zapata）感到非常吃惊。"我小时候，父亲可是家里的老大。"他说。但是最终，他还是又买了一辆车。一项调查发现，十几岁的青少年中，超过40%的人认为他们的意见在家庭决策中扮演着"非常重要"的角色。调查公司表示，这一趋势是在2000年之后才开始出现的。

即便是幼儿园小孩也开始在家里购物时帮忙做决定——我们说的可不是一根价值50美分的糖果棒。最近有一次去逛家具店时，简看到一位年轻的母亲问自己2岁大的儿子,他想要哪张床。当然,他将来是要在这张床上睡觉的,但是对于一个2岁大的孩子来说,他不太可能知道哪张床更符合家里的预算、哪张床做工最好。教育顾问凯伦·希尔·斯科特(Karen Hill Scott)认识的一家人甚至让5岁大的儿子来选择购买哪辆新车。"这确实是一个父母权力越来越弱的时代。"斯科特说。这一点儿也不是在开玩笑。给予孩子如此多的权利教会他们的是一种高人一等的人生观,它只能够带来快乐和选择,但无法带来责任感。这与为了让孩子学会独立而给予他们选择权一点儿也不一样。在外面天气较冷时问孩子"你想穿那件蓝色的外套还是红色的外套?"与冒着孩子可能回答"穿泳衣"的风险,去问他们"你想穿什么?",二者有着很大的不同。心理学家最初建议我们让孩子来做决定,指的是让孩子在两个合理的选择之间做决定,而且是在小事上——绝不是在买家具和买车上。

几乎可以肯定的是,等这些孩子长大成人之后,他们的父母已经不愿再行使自己的权威——假设他们还有点权威的话——来禁止孩子晚上出门,或者告诉他们不要在聚会上喝酒。当一位母亲开始把自己当作孩子的朋友时,再坚持让孩子按时睡觉,或者制定严格的规定就会变得很困难。对于那个曾为自己父亲的工作做决定的十几岁少女来说,她也许已经很难接受父亲在她晚上很晚回家时,说这个家他说了算之类的话。有关自恋和育儿方式二者关系的研究发现,这种松散的教育方式是导致青少年自恋的主要原因之一。此外,它也是导致青少年吸毒、酗酒和犯罪的一大主因。

还有物质问题。正如南希·吉布斯所写:"在纽约,犹太女孩的成人仪式会邀请'超级男孩'乐队('N Sync)演出;在休斯敦,人们会花2万美元为50个7岁大的小女孩举办粉色主题派对，让小女孩像她们的妈妈一样穿上貂皮大衣。"即使将通货膨胀因素考虑在内，2000—2010年孩子们的花费也是他们父母当年的五倍之多。如今，人们每年都在花越来越多的钱购买一些让自己看上去很酷的设备。随着孩子们开始慢慢长大，他们的要求也越来越高，比如昂贵的iPod、功能繁多的手机，以及演唱会前排门票。然而，许多孩子并不是靠自己努力挣钱来购买这些东西，而是希望父母为自己掏腰包。这便是特权感——自恋的一个关键方面——的含义所在。

1971年上映的电影《查理和巧克力工厂》（*Willy Wonka & the Chocolate Factory*）中，四个孩子的过分幻想在当时看起来十分荒唐，但现在已经变得非常常见：麦克·缇威（Mike Teavee）非常痴迷于上电视；维奥莱特·比尔盖德（Violet Beauregarde）想要不惜一切代价获得胜利；奥古斯塔斯·格鲁普（Augustus Gloop）预言到了儿童肥胖症的出现；维露卡·索尔特（Veruca Salt）看到什么都想要……回到70年代初，大家都会认为第五个孩子查理·毕奇（Charlie Bucket）是个好孩子，因为他虽然很穷，但是拒绝欺骗他人。可是现在，这只意味着他一点儿也不酷。

过度表扬

一项有关养育子女方式的研究发现，自恋与父母将自己的孩子偶像化——无论孩子做什么事，都会给予夸奖，很少会批评他们——具有某种联系。在当今这样一个孩子们仅仅是因为出席了体育比赛便可以得到奖杯的社会，我们很难再找到一个更加简洁的描述现代养育子女方式的定义。父母认为表扬有助于培养孩子的自尊心，继而帮助孩子取得成功。另外，父母们还认为表扬可以激励表现，并认定表扬得越多，孩子们的表现就会越好。最后，父母们相信我们可以用表扬来取代孩子们的羞愧感，从而进一步提升他们的表现。相对地，耻辱的威胁尽管是一种强大的动力，但对孩子们来说却并不是什么愉快的事情。

在孩子们功课做得不错或者表现很好时表扬他们没什么不妥，事实上，相比于在孩子们表现较差时惩罚他们，这种方法更有效。但在过去几十年间，美国人养育子女的方式开始发生转变，孩子们每取得一点儿微小的成就，就对他们大加赞赏，有时即使表现较差也会照样表扬不误。实际表现糟糕却自我感觉良好，这是自恋的一种征兆，但如今的许多家长和老师却打着自尊心的名义，每天都在鼓励孩子们这样做。

过度表扬甚至已经渗透到了我们的教育体制中。尽管2006年（与1976年相比）每周花15个小时甚至更多时间做作业的学生数量减少了20%，却有两倍的学生表示，他们在高中时的平均得分为"A"。换句话说，现今的孩子们反而因为做的功课更少而得到了更高的分数。课外活动方面也大致相似。我们的印第安纳州立大学校友米歇尔今年45岁，她曾参与过我们的网上调查。最近，米歇尔回到母校担任"IU歌唱比赛"——一个校级歌唱比赛的评委。令她感到惊讶的是，如今的比赛中，排名第一到第五的选手都会得到奖励，奖项分为两类：五个特别奖，一个全场最佳表现奖。"奖项如此之多，一项表演想不拿点什么奖似乎都很难。"她说道。

不幸的是，过度表扬却并不像它看上去那样可以提升孩子们的自尊心。相反，它不仅可能导致自恋，而且也会导致失败。在一项研究中，那些较好地完成某项任务的孩子会受到表扬，称赞他们非常聪明。其他的孩子则被告知，他们已经非常努力了，表现得也不错。后来，那些被表扬说很努力的孩子表现得比以前更好，因为他们既然第一次做到了，第二次就可以做得更好。那些被表扬为非常聪明的孩子却反而不敢再次尝试——要是这次做得很糟糕该怎么办呢？因为那将意味着他们不再像以前一样聪明了。这一研究表明，与当下已经变得非常流行的过度表扬（告诉孩子他们很特别、很棒、很聪明）相比，对孩子的努力给予赞赏能起到更好的作用。

波利·扬-艾森卓在她最近出版的《跨越自尊陷阱》（*The Self-Esteem Trap*）一书中，描述了把孩子当作"特别之人"来对待，会使年轻人变得自负，同时却在艰苦工作和负面反馈面前不堪一击。尽管他们觉得自己配得上社会地位较高的职业，却会因为没能立即大获成功，而很快变得意志消沉。

一次，基斯在研究生讨论课上提到这一话题时，大多数学生都表示自己身上也有类似的感觉，或者在同龄人中这种感觉非常常见。然后，基斯给全班同学做了一场标准的"如何在学术领域取得成功"的讲座（不久前他刚刚做过一场同样的讲座）。简而言之，想要在任何一个复杂点的职业领域做到精通，都要付出至少10年的努力。学术领域的成功法则（许多其他领域也同样如此）通常是这样的：首先，要找到这一领域最顶尖，而且愿意与你一起工作的学者；其次，按照这个人所说的做上5年，辛辛苦苦地工作；再次，赢得了这个人的信任和尊重之后，要在其支持下，用5年甚至更长的时间来树立自己在这一领域中的名望；最后，指导刚刚涉足这一领域的新人，以此来回报自己曾获得的帮助。成功是一场"消耗战"——你会被拒绝很多次，但是只要坚持不懈，就有可能取得进步。

然而，许多学生对于付出10年努力才能在某一职业领域取得成功这种说法并不感兴趣。他们认为成功应该会来得很快，而且不喜欢向比他们聪明的人虚心求教。换句话说，他们认为自己很特别。相反的是，倘若他们能把注意力放在学习、开发新技能上，慢慢地总会在自己的职业领域取得成功。

做成功者，拒绝恋爱

父母们也被新型婴儿产品（承诺可以"促进孩子的认知发展"或者"开发思维技能"）的出现卷入了高度竞争的狂热之中。其中，最有名的例子当属《宝贝爱因斯坦》视频，其标题似乎预示着它们能帮助你的孩子成为天才。购买《宝贝莫扎特》（*Baby Mozart*）磁带的父母相信这些磁带可以使自己的孩子变得更加聪明。1998年，时任佐治亚州州长的泽尔·米勒（Zell Miller）甚至拨出了10.5万美元的州政府预算，给州内的每一个新生儿购买一盘古典音乐唱片。就像大卫·沃尔什（David Walsh）在其《不》（*No*）一书中所讲的那样："很多父母担心他们的孩子会落后于那些天天听着莫扎特的《魔笛》（*The Magic Flute*）长大的孩子。"尽管从表面上看，父母关心孩子的学习是件好事，但是这些产品却可能会对过度竞争和为了成功不择手段的自恋型价值观起到推动作用，而忽视关心他人以及为他人着想的价值观。父母们会购买《宝贝爱因斯坦》

视频，却不会购买"宝贝特蕾莎修女"视频。

许多父母在孩子成长为少年或青年人之后，仍然会继续抱持这样的态度，告诉孩子在接受完教育、事业取得成功后，再去谈恋爱。《脱钩》（Unhooked）一书作者劳拉·塞逊斯·斯坦普（Laura Sessions Stepp）写道："我正在观察的几位青年女性一直饱受某种印象的困扰，那就是她们不能深深地、满怀激情地爱一个人……也无法像他们父母想要的那样过上独立而有意义的生活，实际上，他们中的很多人确确实实想要这种生活。"在杜克大学学生报纸的一栏中，安妮·凯瑟琳·威尔士（Anne Katherine Wales）写道："在杜克，我们都生活在一条快车道上……一心想着去大公司实习……但是在某个时间点上，大多数人都会与某个人走得很近，甚至也许是爱上了彼此。但是由于某些原因，这种关系却会让我们感到出奇地害怕。不知为什么，这种关系就是与我们的追梦计划不相称……职业顾问会告诉我们如何申请实习，如何被医学院录取，或者如何找到一份薪水较高的工作。但是没有人告诉我们，该如何在生活中做到成功和个人情感之间的平衡。"不顾个人情感、爱和关心，只注重个人成就是自恋的一种征兆。慢慢地，关心他人情感的缺失会升级成自恋带来的诸多负面后果，比如缺乏同情心、没礼貌、充满特权感和攻击性。现今的父母在培养辉煌成就者的过程中，可能无意识地培养出了超级自恋者。

治疗自恋流行病

父母的教育在文化价值观传播过程中所发挥的强大作用，是令人难以想象的。从父母那里，我们学到了什么是对、什么是错，学到了如何对待他人，学到了一些政治、经济观念，学到了偏见或宽容，学到了要懂礼貌（或者是不懂礼貌）。父母的教育之所以能对孩子产生如此大的影响，是因为首先出现在孩子面前的人就是父母。

美国文化已经不可能再回到早期权威式父母的教育模式。从某些方面来讲，这也是一件好事——体罚孩子带来的只是更强的攻击性，要求孩子无条件服从并不能帮助他们在内心深处建立自己的行为准则。然而，很多父母在赋予孩子主导权时，却显然有些矫枉过正。下面是父母缓和孩子的自恋冲动时，可以采取的几个步骤：

— **说不，而且要说到做到**。拒绝你的孩子没有什么不对，但是你一定要坚持自己的决定。如果因为孩子被拒绝后又哭又闹就选择让步，你所教给孩子的就只有哭喊是有效的。有关这方面的更多例子，我们强烈推荐阅读大卫·沃尔什的《不：为什么所有年龄段的孩子都需要听到这个字以及父母怎样才能说出这个字》（*No: Why Kids—of All Ages—Need to Hear It and Ways Parents Can Say It*）。这是一本优秀的教父母如何在培养孩子的过程中做到平衡的指南：在表达大量的爱时，也要给予适当的指导。

— **不要给予孩子过多的权力**。我们不应该让5岁大的孩子决定家里该买哪辆车，该给他买哪张床，甚至不能一直让他决定自己该穿什么衣服。一位母亲在为幼儿园孩子开设的留言板上说道："实际上，我在鼓励自己的女儿去挑选她喜欢的衣服。冬天对于我来说会很艰难，因为女儿总是想要一年四季都穿裙子和人字拖。"是的，幼儿园小朋友喜欢在穿衣服方面有自己的发言权，给予他们一些权力能够避免不少早上的争斗。问题的关键是多少才算是"一些权力"。就像那些大冬天想要穿人字拖出门的孩子一样，大多数孩子在手中的权力过多时，无法做出正确的决定。相反，更好的做法是只给他们有限的选择。比如，冬天时你可以这样问孩子："你想穿那条灰色的灯芯绒裤子，还是蓝色的灯芯绒裤子？"这样既保留了孩子们的选择权，又不至于让他们受冻。

同样的问题也会出现在食物选择上。如果你问一个2岁的孩子晚饭想吃什么，他的回答很可能是"饼干"。因此，我们要给予孩子有限的选择权，让他们在几个健康的食物选项之间做出选择。与之相似，如果你问一个3岁的孩子："你现在想上床睡觉吗？"得到的回答常常是"不想"。面对这种情况，我们也可以通过给予孩子有限选择权的方法来解决。简曾在自己3岁的侄女身上试验过这一方法。"亚历克斯，你想现在就睡觉，还是5分钟后再睡？"简如此问道。亚历克斯仔细想了想，然后回答："5分钟后睡觉。"5分钟过后，简说道："好的，亚历克斯，5分钟时间到了，你该睡觉了。"令简既惊又喜的是——天晓得这种心理学把戏实际上能否发挥作用？——亚历克斯的回答是"好的"，然后就毫无抵抗地上床睡觉了。倘若她抵抗的话，成功的关键便是将刚才说过的话坚持到底。那些通过甜言蜜语诱使你选择妥协，并最终获得胜利的孩子学到的只是，他不一定要听你的话。

　　暂且抛开你多长时间问孩子一次"你想要……"。即便是孩子其实没得选，父母们也会经常问这个问题。一次，简在机场看到一位父亲问自己3岁的孩子："你想坐飞机吗？"很有可能，不管她想不想坐，最终还是要登上飞机。而就算那个孩子有选择，这一问题也会让孩子牢牢地掌握决定权。身为父母，如果你已经决定了要去公园，那么自然是由你来判断孩子是否有心情去公园，这时就不该再问"你想去公园吗"。也许她并不知道自己真正想要的是什么——即使对成年人来说，预测我们是否会喜欢未来的某一活动也是一项非常困难的任务。相反，你应该说的是"我们打算去公园"。不过，你要避免掉入说"好吗"的陷阱，不要让原本的陈述句变成问句（"现在我们去公园，好吗？"）。如果你担心自己在强迫孩子做他不想做的事情，那大可放心——如果他确实不想去，他会告诉你的。但是，去还是不去需要他自然而然地说出来，而不是给他掌控局面的机会。因为到了那时，你所能决定的就只是要不要满足他的愿望了。此外，如果其他家人都想去，那最终的结果可能还是大家一起去公园。这样，你的孩子便会学到并不是他想要什么就一定能得到什么——这不是什么可怕的教训。另外，他还会从中学到，有时候为了他人的利益而妥协是有必要的，这一技能在交友和恋爱关系中十分有用。

　　我们可以让年龄大点的孩子和青少年做更多的决定。但是需要确保的一点是，在家里选择购买某些东西时，不要让他们做过多决定。因为，如果他享受到做选择的乐趣同时又不必掏钱付账，也许就会发展出一种高人一等的人生态度，认为自己应该得到任何想要的东西。那么，当他们一切都要靠自己，依靠那点微薄的起薪偿还大学贷款时，也许会为不再像以前那样能够买得起最好的东西而感到很震惊。在选择度假地点时，听从孩子们的意见是一种很好的做法，但最终还是要由父母来做决定。因为你的生活阅历要比他们多得多，知道什么样的选择对整个家庭才是最好的，包括你的预算。

— **仔细考虑一下你给孩子传递的有关竞争和成功的信息。**确实，外面的世界竞争非常激烈，但是教导孩子们为了成功可以不惜一切代价，从长远来讲效果并不是很好。通常作弊的人最终都会被识破，即使没有，他们也会因为没有独立学习或者完成某项任务而欺骗了自己。

　　如何将男女朋友之间的关系讲给青少年和年轻人是一件更难的事。告诉他们实现自己的职业目标后再谈恋爱的办法看上去很诱人，但事实上，大多数年轻人还是会发生性关系。即使他们也认为恋爱关系会减缓前进的步伐，但依旧会发生性关系，只是不会建立情感上的亲密关系罢了。友情并不能真正取代爱情——友情也可以告诉人们什么是情感上的亲密关系，但是这种亲密关系与恋爱关系是不同的。然而，青少年确实会因为早期的恋爱结局很糟糕而受到伤害。这也是合情合理的，它可以是一种学习经历——就像一句经典的话所说的那样，"爱过又失去，总比从未爱过要强"（因此就有了和宿舍楼四层的所有人交往的故事）。

— **给孩子购买印有表示他多棒字样的东西时要三思。**印有"宠坏了"字样的衬衫在孩子没有做什么令人讨厌的事之前是很可爱——面对现实吧,对于大多数孩子来说,可爱乖巧的时间也就是3分钟。除非你是威廉王子或者哈里王子,否则就不要让自己的女儿穿上印着"公主"字样的衣服。因为她并不是什么公主,想开一点吧。与之相似的是,给自己的孩子戴上印着"我是老大"的围嘴可能会是一种自我实现的预言。当然,孩子确实可以改变我们的生活,但是我们没有必要开始让他们在家里做主。另外,请不要给他们买一些宣告你有多棒的东西,比如托蕊·斯培林(Tori Spelling)[01]的儿子身上那件印有"我妈妈很性感"字样的上衣,以及简在服装店中看到的一件印着"我很了不起,我的妈妈也是"的T恤衫。有些人可能会抗议,认为这些衣服确实很"可爱"。那我们的问题就来了,为什么这样的衣服是可爱的?如今,我们的文化越来越接受——甚至是鼓励——自恋行为,所以这些行为在变得令人讨厌之前,看上去都很"可爱"。但问题是,可爱和讨厌之间的时间间隔往往非常、非常短。

说到可爱但有时令人讨厌的自恋行为,我们接下来要谈谈美国最受人尊敬,也最受人崇拜的自恋者:我们所知道的那些男神和女神——明星。

---

01 美国演员、制片人、编剧、导演。

第六章

超级传播者——明星和媒体对于自恋的传播

　　美国人非常了解明星。我们在杂志中可以读到非常多有关他们的报道，以至于八卦周刊成了平面新闻媒体中，少数几个实际上仍在不断扩张的板块。我们会观看像《走进好莱坞》(*Access Hollywood*)这样的关于名人生活的电视节目，通过CNN和《今日秀》(*The Today Show*)等主流新闻媒体了解有关他们的有趣新闻。2007年推出的《人物》杂志手机版可以将"明星们每分钟的举动……推送到你的手机上"（想象一下，你要是晚一分钟知道布兰妮的小儿子被拘留的新闻，那该有多可怕啊）。2006年Google新闻搜索中最热门的词是帕丽斯·希尔顿，当然那时她还没被关进监狱。2007年Google新闻热搜榜的前三甲分别是"美国偶像""YouTube"和"布兰妮·斯皮尔斯"。

　　尽管一直在被这些源源不断的明星新闻所轰炸，但大多数美国人并不了解名人们"真实生活"中的样子——我们看不到他们私下里的样子，也听不到他们的私人谈话（尽管八卦网站TMZ一直在尽最大努力改变这点）。目前针对名人的研究并不多，毕竟我们并不能像对待普通人一样，直接走到他们面前，要求他们填写人格调查问卷。

　　但德鲁·平斯基博士除外。作为全国性广播节目《爱的热线》

的主持人，他曾经采访过200多位名人嘉宾，并让他们填写了自恋人格量表，也就是几乎所有自恋相关研究都采用的那份问卷。平斯基和合作者马克·杨（Mark Young）发现，与普通人相比，名人们在自恋测试中的得分明显要高出很多。"这就像你发现李伯拉斯（Liberace）[01]是同性恋一样。"平斯基的搭档亚当·卡罗拉（Adam Carolla）面无表情地说道。

无论明显与否，这项研究都是第一次证明了名人身上猖獗的自恋癖。此外，这项研究还发现，自恋和职业寿命二者之间并无关系，这也就表明在民众因为名气而给予名人特殊对待之前，他们身上的自恋便已经存在了。此外，杨和平斯基也对不同类型的明星进行了研究，看哪一类明星最为自恋——是演员、笑星还是音乐家？结果都不是——最自恋的是真人秀明星。所以说，那些向观众展示真人做真事（而不是根据虚构的故事剧本来表演）的电视节目，都是在以那些更加自恋的人为主演。常常占据着高收视率排行榜大部分位置的真人秀节目就是自恋者的秀，它们使得追求物质、爱慕虚荣和反社会行为看上去更加正常。虚构的电视节目已经对孩子和青少年产生了很大的影响，塑造了他们的世界观。真人秀节目更是如此，没有了小说和剧本的干涉，这些思想尚不成熟的孩子便开始认为，真人秀中的行为就是人们在现实生活中的行为。

真人秀明星和其他名人在自恋流行病的蔓延过程中扮演着重要的角色。在流行病病毒理论中，有些人以"超级传染源"而著称。

---

01 李伯拉斯是20世纪中期美国著名的艺人和钢琴家，以精湛的演奏技巧和华丽的表演风格闻名世界。外界关于他是同性恋的传言从不曾间断，但他始终未承认。直到2011年，其好友才亲口证实他是同性恋。

历史上超级传染源的原型是伤寒玛丽（Typhoid Mary）——一位在1900年到1915年之间让50多个人感染上伤寒的厨师。如今的名人和他们所统治着的媒体便是自恋流行病的超级传染源。通过八卦杂志、电影、商业广告和真人秀节目，美国人定期都会感染一些自恋病毒。就像平斯基和杨的研究所显示的那样，美国人非常着迷于那些自我迷恋的人。在这个新世界里，自恋是一件很酷的事。

当然，并不是所有的明星都自恋。但不幸的是，我们听说得最多的那些人往往都很自恋。自恋的人非常善于让自己始终暴露在聚光灯之下。他们喜欢引起别人的注意，也会竭尽所能地去吸引他人的注意。这也是少数几个自恋可以发挥作用的地方——自恋的人非常擅长在公开场合演出。与大多数人在公众面前会感到极度焦虑不同，自恋者非常喜欢站在公众面前的那种感觉。随着真人秀、不间断的名人报道，以及一夜成名等现象的出现，越来越多的自恋者开始大范围地传播他们身上的自恋流行病。

帕丽斯·希尔顿很可能是众多自恋明星超级传染源中的女王。2007年5月，由于在醉酒驾车被暂时吊销驾照后仍开车上路，帕丽斯被判处45天监禁。对此，她立刻提出抗议，说这不是她的错，她的公关人员没有告诉她不应该开车。不久后，她就和加州州长阿诺德·施瓦辛格见了一面，希望能得到赦免。此外，还有数百人签署了一封"释放帕丽丝"的请愿书，宣称帕丽丝不应该被关进监狱，因为"她给我们平凡的生活带来了美和兴奋"。就像一位评论员所说的那样："写这份请愿书的人并不是在说帕丽丝是无辜的。他们只是在说因为她很时尚，所以想让警察放了她。"2007年6月，还在狱中的帕丽丝这样说道："我收到了很多崇拜我的小女孩写来的信。这让我意识到自己身上的责任感，因此我将竭尽所能做一个最好的榜样。"她大谈想要成为一位慈善家，改变自己的行为方式。但一个月之后，她被拍到穿着丝网印刷的上衣出门，而那个印刷图案是……她自己。对于自己是否可以称得上是慈善家，她一直保持沉默，要知道帕丽斯几乎没有事会保持沉默。

因为经常出入戒毒中心而多次登上新闻的林赛·罗韩也不是什么谦虚的人。"我给我们年青一代，以及比我年长的一代带来了非常大的影响。"她在一封刊登于《纽约邮报》（*New York Post*）的信中如此写道。由于杂志中的文章令她感到不快，她便写道："我愿意……用我的名人身份，将媒体关注的焦点转移到我们现在谈论的真实话题上。"在那封信的结尾，她的签名是"你们的艺人"。说到自恋三人组中的最后一位，据报道，布兰妮·斯皮尔斯最终落得孤身一人，她的极端自我使得自己与朋友们渐行渐远。

此外，平斯基和杨的研究还发现，女性名人比男性名人更加自恋——这点与大多数样本认为的男性通常要比女性自恋的结论正好相反。妮可·里奇（Nicole Richie）[01]怀孕时，乔尔·马登（Joel Madden）[02]说他希望是个男孩，因为这样"世界上就有第二个乔尔了"。（我们希望他不要因为生出的是女儿哈露而太过失望。）贾斯汀·汀布莱克（Justin Timberlake）[03]抱怨道："格莱美竟然利用我来炒高收视率。瞧瞧！收视率上升了18%！"在一场演出中首次演唱自己的新歌之前，他说："如果你不喜欢这首歌，那就给我滚蛋！"一位曾与前《深夜秀》（*Late Late Show*）主持人克雷格·基

---

01 美国时装设计师、作家、演员、歌手和主持人。

02 "狂野夏洛特"乐队（Good Charlotte）主唱，2010 年与妮可·里奇结婚。

03 美国歌手、演员、音乐制作人、主持人。

尔伯恩（Craig Kilborn）交往过的女士对《我们周刊》（*Us Weekly*）这样说："他把我带回家，让我看他录在 TiVo（数字录影机）里的自己的节目。之后，他又把有关自己的杂志翻出来给我看。"

一位记者在我们的网上调查中这样写道："在过去 10 年间，我采访过数百位知名的男女演员。基本上采访都是这样进行的：'我认为……我相信……我是……我的激情在于……我认为我所做的事情改变了世界……我……我……还是我……主要是我……我刚才说到我了吗？对很多……来说，我都是他们的榜样。事实上，我就是上帝的化身。'不只是超级巨星才会这样，他们全都是如此自我，如此痴迷于自己，以至于我都完全没有必要出现在访谈中。他们会本能地谈到自己。"越来越多的美国人每天都在关注着明星们的一举一动。虽然报纸和传统女性杂志的发行量一直在稳步下滑，但名人杂志《我们周刊》2007 年的发行量却上涨了 10%（达到 190 万册），其小报竞争对手《OK！周刊》（*OK! Weekly*）的发行量也上升了 23%（达到 93.5 万册）。

对无数自恋者来说，体育运动是另外一个可以吸引人眼球的领域。棒球运动员贝瑞·邦兹（Barry Bonds）打破汉克·阿伦（Hank Aaron）保持的职业生涯 755 次全垒打纪录时，胜利的庆祝声很快便在邦兹涉嫌服用兴奋剂的指控下烟消云散。即使邦兹没有服用兴奋剂，人们对他们的吹捧也会由于他那傲慢好斗的态度而慢慢退去。"就连他的队友也不喜欢他。"一位体育评论员这样说道。滑雪运动员伯德·米勒（Bode Miller）虽然在 2006 年冬奥会上没能完成两项赛事，而且在第三项赛事中差点摔倒，但是他却说："我只是按照自己的方式在滑雪。我不是什么殉道者，也不是行善者。我只是想出去，让别人感到震惊。兄弟，我在这做到了。"尽管他承认自己也许并没有按照应该做的那样进行足够的训练，却声称他的理由很正当："我的生活质量永远排在第一位。这两周我过得很棒。我参加了一场大派对，在奥运会这种级别的赛事上进行了社交活动。"真可惜，他们不会为喝酒颁发奖牌。

追求名望

成名后的生活并不总像人们想象的那样——失去隐私以及长期处于狗仔队的镜头之下能使人很快变老。但是跟那些在《美国偶像》海选赛场外露营的人讲这些是没用的。

越来越多的美国人不再满足于站在远处崇拜明星们所取得的名望，他们开始狂热地希望自己也能成为明星。2006年，51%的18 ~ 25岁的美国人表示，"出名"对他们这代人来说是一个重要目标，这一人数几乎是那些把"心灵成长"作为重要目标的人的五倍。2006年的一项英国民意调查要孩子们说出他们所认为的"世界上最好的一件事"。当时最普遍的回答是"成为明星"。"拥有好的长相"和"变得富有"也排进了前三甲，这三个回答组成了完美的自恋三大条件。"上帝"在这份榜单中排在倒数第一。简的一位朋友曾经问一名少女："长大了你想做什么？""想出名。"她回答道。年长者再问："因为什么而出名呢？"少女的回答是："因为什么而出名都没有关系，我只是想出名。"就像"数乌鸦"乐队（Counting Crows）在其1993年的歌曲中所预见的那样："看着电视，我想看到自己成为电视剧里的明星，我们都想成为大明星，但是不知道为什么，不知道怎样才能成为大明星。"

德克萨斯州奥斯丁市的肯德尔·迈尔斯（Kendall Myers）聘请"一日名人"（Celeb 4 A Day）公司派出三个"私人狗仔"，在她和朋友晚上外出时跟踪她们。后来，大街上的人们开始拿出手机拍她们，显然已经认为她们就是很出名的名人。此外，"一日名人"公司还会提供超级明星套餐（在纽约市仅需3000美元），包括六名狗仔、一名公关人员、一辆豪华轿车、一名保镖和一份以你的照片为封面的仿造的"明星"小报。"一日名人"公司解释，冒牌的公关人员"会陪你出席活动，应对私人狗仔队提出的问题，确保你看起来、听上去都是最好的状态"，而其他六名狗仔会做好准备，等待"明星（也就是你！）的到来"。冒牌狗仔套餐要求狗仔们"提问、争先恐后地报道、高喊你的名字，以及模仿其他任何你在电视上看到过的，而且想要自己亲身经历一下的场景"。"一日名人"公司创立于奥斯丁市，后来发展得非常成功，在短短一年时间内就扩张到了纽约、洛杉矶和旧金山。"我们认为普通人也应该得到像真正的明星一样的注意力（如果不是更多的话），"公司网站上这样写道，"因为你值得——我们知道。"

"出名好像已经成为了人的一项权利，"旧金山大学社会学教授卓施瓦·盖姆森（Joshua Gamson）说，"如今，出名——至少是一个小时，也许是一天——已经成了美国人的一项权利。如果没人问起你是谁，那你就是个无名小卒。"芝加哥的菲利普·巴克（Philip Barker）雇佣了一支私人狗仔队在他和朋友晚上外出时跟拍他们。在几家俱乐部，他们几个人甚至被请到前排就座。"人们认为这些人肯定是重要人物，"巴克如此说道，"明星们经常抱怨人们总是跟着他们不放。我们却在想，你不是在开玩笑吧？那可是我们的梦想啊！"

　　美国航空公司的机上杂志最近刊登的一篇文章几乎处处都在问"你想出名吗"，而且还详细地列出了普通人实现"一夜成名"梦想的所有方式。"如果你已经做好了名震全球的准备，那就按照如下建议来做吧，只需轻轻一点便可以让全世界都知道你。"这篇文章建议人们自己出书、开办自己的播客，并将自己拍摄的第一批影片上传到 YouTube 网站上。以上这些事情都没什么错，但有趣的是，人们的注意力不是放在创造性产出，而是放在成名这一最终目的上——不仅仅是多才多艺的艺术家或者音乐家才这样，坐在拥挤的经济舱中无聊地读着机上杂志的所有人也这样。不但如此，他们的孩子也在为成名而勤加练习——亚特兰大市的一家幼儿园鼓励 3 岁的孩子使用他们的 Wee TV 摄影棚，并吹嘘"此举可以帮助孩子们建立自信和自尊"。

　　对于一些年轻人来说，出名并不仅仅是一个目标，而是已经被积极地列为了他们未来计划的一部分。2005 年，有 31% 的美国高中生表示，他们希望有一天能够出名。家境贫困的孩子也与出身富裕家庭的孩子一样，甚至比他们还要相信这一梦想；生活在贫民窟但确信他们将来会出名的孩子，与中产阶级家庭的一样多。正如交际学研究者丹娜·博伊德（Danah Boyd）所说的那样，对于"劳工阶级的孩子来说……唯一的出头之路就是'彩票'（另外一层含义是成为著名的摇滚明星、运动员等）。他们一遍又一遍地告诉我，他们比《美国偶像》上的所有人唱得都好，这便是他们也想登上《美国偶像》的原因"。面对未来是想变得更出名、更聪明、更强壮还是更漂亮这一问题时，42% 的黑人青年的回答是更出名，而这一比例在白人青年中只有 21%。即使是和名人离得近一点儿也是非常吸引人的——43% 的中学女孩说他们将来想成为一位明星私人助理，这一数量是那些想要成为"像哈佛或者耶鲁这样的著名大学校长"的女孩数量的两倍，是"美国参议员"的三倍，同时是"像通用电气这样的大公司的CEO"的四倍还多。所以说，人们如今认为，与成为一名公务员、成功的商人或大学校长相比，生活得离明星近一点儿要更吸引人。

现在的杂志和电视节目使得成年人得以幻想他们在足够出名后能够做些什么、买些什么。某些牛仔裤品牌仅仅是因为选择了正确的明星代言人，便可以突然之间变得非常畅销。八卦杂志经常会提及，最近哪些酒吧和餐厅是好莱坞的年轻明星们频繁光顾的；旅行故事也常会介绍如何可以像大明星那样游玩，只要你舍得大把花钱。美国西南航空的机上杂志《精神》（*Spirit*）最近有一期的封面故事是《著名的拉斯维加斯》（*Famous Vegas*）。杂志解释说，如今的拉斯维加斯又再一次受到明星们的欢迎，"但是为什么要让他们独享这份快乐呢？我们可以帮你安排好随从之外的一切事务，帮助你像一线明星那样感受拉斯维加斯这座城市"。文章中甚至还详细列出了一天的所有活动，比如"开着你的法拉利360 Spider跑车（每日租金1500美元）"。

现今，小女孩也可以拥有自己的著名宠物。2006年，"狗爪队"（Pawparazzi）凭借他们的六只满身珠宝，并且拥有自己的名人杂志和八卦杂志简介的小型猫狗玩偶而一夜成名。其中，有一只电影明星狗、一只超级模特猫和一只流行歌手猫。这个系列的构想是让孩子们可以像帕丽斯·希尔顿一样，带着自己的著名宠物想去哪儿就去哪儿。玩具网站解释道："'狗爪队'过着光鲜亮丽的、时尚的、可以到处旅行的精彩生活。他们是宠物户的明星。他们的身份是演员、乐手、运动员、作家和其他拥有迷人个性的个体。粉丝崇拜他们，媒体争相报道他们，尤其是《'狗爪队'杂志》（*Pawparazzi Magazine*），他们似乎总是能制造出最新的八卦新闻！"此外，该网站还为每个明星玩偶编造了一个背景故事，而且还附上一些恶搞真实媒体和产品的参考："出身卑微的小粉是在前院里爬树时被人发现的。之后她凭借登上《突袭画报》（*Pounce Illustrated*）时尚版封面而迅速崛起，成为一名超级模特。之后，她便成为了'咪丝佛陀'（Cats Factor）化妆品系列的代言猫。"此外，该网站上还包括一些"明星片段"，比如"朋友们说摇滚歌手凯拉正期待着自己的小猫咪在五月份降生。为此，她将暂停自己的'跟踪鸟'巡回演唱会……凯拉说，待小猫咪出生之后，她会聘请一位私人教练帮助自己恢复体形。'同时，我也要为我的毛做一个新造型。'"。尽管人们的初衷只是把"狗爪队"当作一种好玩的幻想游戏，但令人不安的是，其所传递给孩子们的却是一种自恋的价值观：成名是一个人最根本的美德，仅次于好的长相；世界上最好的事情是过上一种充满魅力和时尚的"优越的生活"；唯一变得迷人的方法只有成为一名明星演员或者乐手。由于这一玩具系列取得了巨大的成功，"狗爪队"在一年之内便又增添了六款新玩偶（号称是"新一窝的明星宠物"）。

数以百万的人迫不及待地想要成为自恋明星超级传播者，这其中自恋要开始得更早。作家杰克·哈尔珀恩在为自己的《成名瘾君子》（*Fame Junkies*）一书做研究时，曾参加过"国际模特与演艺人才协会"（International Modeling & Talent Association）组织的一场会议。在会议上，那些想要被"发现"的孩子为了获得可能与经纪人和星探见面的机会，需要支付3000美元甚至更高的酬金。哈尔珀恩在书中如此写道，在这场会议中，他从自己见到的孩子身上观察到最多的"是他们那种非常明显的特权感"。这一点在阿里尔·巴拉克（Ariel Barak）身上尤其突出。作为少数几个得到经纪人部分认可的参与者，他甚至被授予了"年度最佳青少年演员"的称号。当时，阿里尔正和父亲住在洛杉矶，而其他家人则生活在弗吉尼亚州，那段时间对于阿里尔的父亲来说非常艰难。"对我来说这真的很艰难。我想念生活过的社区，想念我的家人，甚至是想念我那只讨厌的狗。基本上，我一直在努力完全压制自己的情绪，变成一名为儿子服务的士兵。"他如此说道。听到这些，阿里尔突然站了起来，用手指着他的父亲喊道："给我趴下做20个俯卧撑！"正如哈尔珀恩所观察到的那样："尽管父亲的身子并没有压低很多，但阿里尔·巴拉克显然已经认为自己是个明星人物了。"

　　是的，自恋有时确实会起到帮助作用：在公开竞争场合的聚光灯之下，自恋的人表现得确实要比别人好，因此自恋在某些有限的场合是有用的，比如为某一角色试镜时。在演艺事业中——至少在真人秀节目中争取出演某一角色时——自恋能起到非常重要的作用。当然，99% 或者更多的人并不会以艺人为业，但是有一半的年轻人表示成名是他们的重要目标，而且还有更多的人迫切地希望实现当艺人的梦想。此外，剩下的人中，有很多人在读名人杂志，收看《今夜娱乐》（Entertainment Tonight）节目，或者在互联网上关注他们最喜欢的小明星的新闻——这里的小明星可能比平时你在大街上看到的小女孩还要自恋。也许这就是美国文化不仅接受自恋，甚至会赞美自恋的原因：现代人已经将自恋这一特质等同于一种荣耀——一种许多人都迫切想要得到的荣耀。

自恋在流行文化中的大量传播，以及它是
如何闯入你家的

在城郊一户人家的厨房中，一个十几岁的男孩正在与他朋友的妈妈谈话。"那么……凯莉女士，最近过得怎么样—— 一切都还好吗？"男孩问道。"一切都好，谢谢关心。"凯莉回答说。"您先生离开以后,您一定感到很孤单吧。"男孩上下打量着凯莉说道，一旁的凯莉则回过头来疑惑地看着他。"我真——的是一个非常好的伴侣。"他边提议边暗送秋波。之后，场景切换，男孩对着镜子，满意地冲自己点头，广告语响起:"克丽莱斯—— 一款可以帮你提升自信的乳液。"

在克丽莱斯的另外一则广告中，一位十几岁的女孩看起来非常讨厌妈妈把她小时候的照片展示给她的约会对象。"这张是她长出第一颗牙齿时拍的……噢！这张是她光着屁股洗澡时拍的。"她的母亲侃侃道来。女孩生气地噘起嘴看着妈妈，然后信心满满地说道:"你现在应该看看我。""不。"妈妈反驳道。"噢，好吧。"女孩故意加重语气回答了一句。在那句有关自信的广告语之后，女孩也在冲着镜子中的自己点头。

事实上,这句广告语真的应该改成"可以帮你提升自负"——或者实际上是自恋——上面提到的那个男孩根本不可能与他朋友的妈妈发生一夜情（或者甚至不可能再次被邀请踏入那所房子），小女孩很可能会被禁足（也许直到她35岁）。此外，这也表明了"自信"可以带来哪些好处，至少在这些情况中是如此——它的确在15岁青少年追求一夜情的道路上起到了帮助作用（有趣的是，事实也确实如此：与那些自我欣赏程度没那么高的人相比，自恋的

人拥有更多的性伴侣)。

尽管这些广告都只是为了好玩,不太可能实现,但它们给仍在了解社会角色和性知识的青少年描绘出了一幅现实生活的场景。那些在YouTube网站上对这些广告加以评论的青年人非常认可其中的角色,甚至把他们当作现实人物一样看待。几个男性评论者甚至非常详细地列出了他们想与这个女孩做些什么(或者更准确地说,应该是对她做些什么,"我会上了她""我会打她的屁股""我会打她"),而且他们希望自己是广告中那个女孩的男朋友("天哪,这个妞不错!我想看看她全裸的样子,我想成为她的男朋友""妈的!这婊子长得可以啊!……那个该死的家伙可真幸运")。一个用户名为"PoopPoopFart"(便便屁)的人(根据用户名可以判断他可能是个13岁甚至更小的男孩)在评论中写道:"这妞儿真火辣。*FAP FAP FAP FAP*。"("Fap"是一个俚语,听起来与手淫时发出的声音类似。是的,我们不得不查查字典,没错,它的意思就是:呃。)但是,年长者和父母们却不觉得这样的广告很好笑。这些广告"极其低俗、非常恶心,让我感到毛骨悚然",新闻主播迈克·加立诺斯(Mike Galanos)在CNN《头条新闻》(*Headline News*)中说道,此外他还表示:"广告要比电视节目可怕得多——它们就像是一场埋伏。之前我不知道它们会播出,于是后来我不得不和我12岁的孩子好好谈谈。"

一位YouTube用户讽刺地说:"伟大的道德价值观……"随后,他的评论立刻被其他用户评为-5分。此外,许多年轻人并不理解这些广告为什么会冒犯到一些人。"你那是什么意思?我认为这些广告并没有任何道德或者不道德的地方。""如果你觉得这些广告冒犯了你或者你的孩子,那就请搬到中东地区去住吧。即使在青少年群体中，性行为也并不是什么坏事。""你们这些说着'我认为这并不非常合适'的失败者……给我他妈的闭嘴……愚蠢的成年人。"这些年轻人认为在父母（或者甚至是在别人父母）面前谈论性行为并没有什么错。他们似乎在说，这就是自信，唯一比它更重要的事只有看起来火辣。

柯尔百货（Kohl's）有一部广告片是乐队在演唱《因为我很了不起》（*Because I'm Awesome*）这首歌。随着广告中乐队成员每隔一秒钟左右换一次衣服，主唱这样唱道："我是一个领袖，我是一个赢家……我不需要你，我击败了你，因为我很了不起。"其他的歌词还有"我要挣很多钱，买助晒霜"。如果你要计算里面出现了多少项自恋特质，告诉你：对领导地位和权力有兴趣，有；强调竞争性，有；认为一个人可以不需要其他人的存在，有；过分自我膨胀，有；崇尚物质主义，有；追逐名利，有。即便是一位心理学家也写不出比这首歌更加彻底的自恋歌曲。据一位在柯尔百货上班的 YouTube 用户称，在店里"这首歌每小时都要播一次"。歌迷们已经把这首歌传达的讯息深深地铭记在了心里。一位网名为"GuitarHero22"（吉他英雄22）的用户把这首歌的歌词发到了网上，并评论道："是我把这些歌词传到网上的！在我上传之前，歌词网站是没有这些歌词的。对，就是我！"

市场营销和广告业在几年之前就已经发觉了自我欣赏的趋势，进而推波助澜使这一趋势发展得更为迅猛。2001—2006年，美国陆军在几乎所有的招募活动中，都开始使用"一人之军"（An Army of One）作为征兵标语。时代华纳有线电视的广告标语是"你的力量"（The Power of You）。现在，你可以在耐克（Nike）商店定制属于自己的球鞋，为自己的手机选择铃声，或者为你的 iPod 录制自己的音乐（iPod和iMac中的字母"i"代表的正是第一人称单数"我"，这绝非巧合）。一句带有特权感意味的非常常见的广告语是"你值得拥有最棒的"（You Deserve the Best）。就像希瓦·维迪亚那桑（Siva Vaidhyanathan）[01]于2006年12月在msnbc.com网站上所写的那样："看，《时代周刊》将'你'选为了年度人物。那听起来应该很耳熟吧。如今，几乎所有的营销活动都在强调'你'的力量。"

在这些广告之间，许多电视节目将自恋描述为一种正常的、可以接受的行为。真人秀节目实际上就是一个自我选择的过程——自恋的人非常喜欢暴露在聚光灯之下，因此会选择通过参加选拔赛来吸引眼球。而且，他们也许很可能因为自己与众不同的个性而晋级，即便没有晋级，也可以从头再来，因为他们喜欢在公开场合表演。目前来讲，大多数真人秀节目都是唱歌或者跳舞比赛。尽管那些以应对社会和商业挑战为主题的真人秀节目并不总是让自恋者成为赢家，但是大多数人常常最容易记住的也是那些讨人厌的自恋者，比如，《学徒》（The Apprentice）第一季里面的奥玛罗莎（Omarosa），《幸存者》第二季中的杰里（Jerri），或者《真实世界：旧金山》中的普克（Puck）。

真人秀节目所体现出的一种最常见的特质，是伴随着咄咄逼人的竞争性的过分自信。《全美超级模特新秀大赛》（America's Next Top Model）第八季某一集中，蕾恩（Renne）说道："这对我来说太没有悬念了。这就是我对其他女孩的第一印象。我觉得她们没有我身上那份个性和决心。我真的想对这些女孩说，如果有谁胆敢挡着我的路，就等着被我碾过去吧。我不会留一个活口。"

---

01 美国著名历史学家和大众传播学学者。

几分钟后登台亮相的萨拉（Sarah）声称她是最棒的："这些女孩根本无法跟我比。我非常凶猛，想要什么便能得到什么。这就是我的个性。"娜塔莎（Natasha）说："这些女孩都长得太男性化了，她们根本就不应该来这儿。她们为什么会在这里呢？不管为什么，我完全没把她们放在眼里。对我而言这根本没有什么竞争可言，因为我会把她们全部打倒。"凯瑟琳（Kathleen）说："我当然会赢得这场比赛。我可不是一个轻言放弃的女孩。"尽管保持自信是一件很棒的事情，但是这种过度的自我膨胀以及诋毁他人的想法，传递给人的却是一种自恋的价值观。最终，上面这些选手无一成功晋级。

也许，真人秀节目中最"著名"的自恋例子当属MTV频道的《我甜蜜的16岁花季》——一档讲述出身富裕家庭的青少年计划他们奢华的16岁生日聚会的节目。每一集几乎都会涉及自恋的各个方面：崇尚物质、过度竞争、痴迷于外表、追逐名利，以及喜欢控制他人。其中，一个女孩的父亲甚至聘请了一位导演将女儿模仿电影桥段的表现拍成影片，当然，她并不是梅丽尔·斯特里普（Meryl Streep）[01]。为了能在她们一生中最重要的聚会上留下更好的印象，节目中的几个女孩甚至要求他们的朋友改换发型、化妆、做美甲，甚至是换个男朋友。其中一个女孩这样说道："如果她们穿的衣服没有得到我的批准，我会亲自带她们去换套衣服。如果她们带来的男伴没有经过我的批准，我将亲自给她们挑选一个。我不在乎我的批评是否会伤害到她们，因为这是我的聚会。我的朋友身上真的有很多难看的晒痕，聚会开始之前，她们得好好处理一下才

---

01 美国女演员。

行。这是我的聚会，所以得按照我想要的方式来。"后来，等到她华丽登场时，她说："我真的很喜欢大家都关注我。这很神奇，让我有种当大明星的感觉。"

就像《时代周刊》专栏作家安娜·玛丽·考克斯（Ana Marie Cox）所写的那样："她们那闪亮耀眼的聚会并不是在庆祝自己取得的成就，而是在庆祝自我……实际上，每位贵宾都只抱着一个目的：'我感觉自己出名了，我很享受这种感觉。'……这些孩子完全不像过去的少女那样是为了步入上流社会，而是兴高采烈地打破着传统的社交礼仪，与朋友变得越来越疏远，慢慢地失去基本的判断力。"那些并不觉得这节目很恶心的成年人，也许会感到很有趣。然而，很多青少年却认为，节目中的孩子们想要什么便能得到什么，这一点真的很酷。如果说他们对此会感到什么负面情绪的话，那只有嫉妒。比如，看到普里西拉（Priscilla）得到了一辆价值10万美元的汽车，她的朋友说的是"我也想要那辆车"和"这不公平"之类的话。至少在MTV频道的真人秀节目上，没有人表示把这些钱花在教育或者慈善事业上会更好（比如你要是将就着"只"买一辆价值5万美元的汽车，便可以用剩下的钱资助一个家庭一整年的生活）。尽管普里西拉确实也意识到自己的这份礼物未免有点太贵重了，但她看上去似乎对此很兴奋："想象着自己就要开上一辆甚至比很多人家的房子还要值钱的汽车，我感到非常惊喜。"此外，这也是一种将其他女孩比下去的方式。"我的车可比尼基（Nikki）的酷多了。"她这样说道。很显然，对她们来讲，这种高人一等的感觉要比帮助别人重要得多。

早在这一集的前面部分，普里西拉在试穿聚会的裙子时说："穿上这件裙子大家都会嫉妒我，因为我看起来真是太美了。"听到这些，她的母亲警告她："你的行为有点太过自负了。"普里西拉回答："我自负是有理由的，难道不是吗？"当时，普里西拉听的一首嘻哈歌曲（可以算得上是自恋的主题曲）中清晰地唱道："我是如此优秀……我不在乎他们是否忍受得了我。我有理由自负。"在接下来的一个场景中，普里西拉"面试"了一些青年男士作为她的随从，而且要求每个人都"撩起衬衫，露出腹肌"。她最后决定挑选两名，而不是一名随从，原因就像她对朋友说的："身边有两个小伙陪着，一边一个，看上去不是更酷吗？"

即使是几乎反社会的自恋行为，在《我甜蜜的16岁花季》里看起来也是正确的。来自亚特兰大市的艾利森（Allison）告诉一位派对策划者，她想封锁部分桃树街，以便于"盛大出场"时有人列队欢迎。策划者提醒她，桃树街可是当地的一条交通主干道。艾利森的回答是："《我甜蜜的16岁花季》要比那是什么地方重要得多。"但是街对面是一家医院，策划者劝说了一句——如果因为封锁街道，使得救护车无法抵达医院怎么办？"那他们可以稍微等会儿，或者他们可以绕路啊。"女孩傲慢地说。在上面这一对话中，艾利森的妈妈只是在一旁听着，并未发表意见。最终，当策划者懊恼地向她求助时，她说道："只要艾利森想这么办，就把它办好。"看来，救护车里快死的病人只有等死的份儿了。

什么时候自恋都不算早

面向低龄孩子的节目，都在以形式不同但效果类似的方式积极鼓励自恋。美国公共广播公司（PBS）的一档节目甚至宣称："仅仅是做自己，你就已经很特别了！"一部由哈维·费斯特恩（Harvey Fierstein）[01]编剧、莎朗·斯通（Sharon Stone）[02]担任旁白的，以幼儿园孩子为受众的动画片《嘻嘻小鸭》（*The Sissy Duckling*），本来想告诉孩子们，与众不同并没有什么错。但是，就像以往经常发生的那样，积极的个人主义信息宣扬过头了，最后被淹没在自恋的汪洋大海之中。"我长得这么性感，难道你看不见吗？"片中的主人公埃尔默（Elmer）如此唱道，"我就是独特完美的我。"

现在，年龄很小的小女孩也开始看《汉娜·蒙塔娜》和《歌舞青春》（*High School Musical*）这样的电视剧与电影。尽管这些节目讲的是有关青少年的故事，但小学生，甚至是3岁大的幼儿园小孩却是其最忠实的粉丝。如今的小女孩从4岁开始，就已经完全暴露在"少年"（tweens，指9～12岁的孩子）文化之中。她们不再看《芝麻街》（*Sesame Street*）和《爱探险的朵拉》（*Dora the Explorer*），转而开始看《汉娜·蒙塔娜》《小查与寇弟的顶级生活》（*The Suite Life of Zack & Cody*），以及其他一些少年节目。尽管这些节目并没有不合适的性爱镜头和粗鲁的台词，但不幸的是，他们却在向孩子们传递一些自恋的生活态度。"在人群中开着你的豪车，"汉娜·蒙塔娜在主题曲中唱着，"是的，当你出名之时，这也许是一种乐趣。"然后，她又唱起去参加电影首映礼时买很多鞋子和登上杂志封面等故事。与其他电视节目相比，《汉娜·蒙塔娜》吸引了更多年龄在6～14岁的观众，使得其在全球范围内的观众数量达到了1.64亿人。

在化装舞会上，就像商场连锁店"Club Libby Lu"为6～11

---

01 美国影视演员、配音演员、编剧。

02 美国演员。

岁的孩子举办的化装活动那样，如今的小女孩也开始打扮成汉娜·蒙塔娜的模样。她们戴上金色的假发，穿上演唱会服装，模仿着自己的偶像。（有些女孩甚至会把自己化装成汉娜·蒙塔娜的视频上传到YouTube网站上。）此外，她们还会涂上自己的唇彩和身体乳。"Club Libby Lu" 网站上建议："把你的闪亮SPA产品组合带回家，在心情放松的晚上好好享受一下宠爱自己的感觉，或者为你的朋友们开办一个有趣的SPA派对。请访问我们的VIP区，获取超级SPA派对的灵感吧。"（VIP代表"非常重要的公主"，是该连锁店为熟客安排的项目。）尽管给只有6岁大的孩子敷面膜有点讽刺意味（就像一位派对策划者所说的那样："有时我都想问，化装是为了什么？"），但仅在2007年，"Club Libby Lu"的全美90家连锁店便举办了100万场化装活动。

　　德克萨斯州的一家女孩美发沙龙"Sweet & Sassy"提供的一项美发套餐，甚至包括派一辆粉色的豪车去家门口接顾客。有的女孩会选择去成人美发沙龙做美甲和美足——对于7岁的孩子来说，有时候父母会把这些当作送给她们的生日礼物。此外，小学一到三年级的孩子也比以前化妆的频率更高——2007年的一项调查发现，55%的6～9岁的小女孩表示，她们会涂唇彩或者口红，同时，65%的人会涂指甲油。如今，化妆品公司把这一年龄段的孩子们看作他们的"新兴市场"。"我们生活在一个崇尚一夜成名的文化里，""Sweet & Sassy"市场总监萨曼莎·斯基（Samantha Skey）说道，"现在，我们的小女孩在成长过程中，认为她们随时要做好被人抓拍特写的准备，万一要是有狗仔队出现呢。"

　　男孩们的娱乐方式也好不到哪儿去。2007年8月的一份调查显示，在2～11岁的美国男孩中，最受欢迎的节目是美国职业摔跤比赛《攻击波》(*SmackDown*)。考虑到这一节目中的暴力和攻击性(对于成年人来说,这也许就像卡通片一样平常,但是对于几岁大的孩子来说,这些可都是一些真实的场景),这一现象足以令人感到不安。不过其中所展示出来的攻击性里也掺杂了很多虚荣、表现欲和浮夸的成分。最受欢迎的前十个节目还包括两集《恶搞之家》(*Family Guy*)(这虽然是一部卡通片,但自始至终却是以成年人的生活为主题),三集墨西哥浪漫电视剧(以短裙和色情情节而著称的肥皂剧),以及四档电视真人秀节目,比如《舞魅天下》(*So You Think You Can Dance*)。

孩子们即使在观看一些像新闻这样有教育性的成年人节目时,也能感受到这些节目对于自恋和明星的重视。就像哈尔珀恩在《成名瘾君子》一书中记录的那样,2005年,三大网络新闻节目花在报道迈克尔·杰克逊虐童案审判上的时间,要比花在报道苏丹达尔富尔地区冲突上的时间多得多。比如,CNN网站上浏览量(一种粗略判断人们对于哪些新闻较为感兴趣的标准)最多的新闻,通常都被与明星有关的报道占据着。

孩子们甚至在阅读过程中也会学到自恋。一系列的书名足以说明这点:《一线明星》(*The A-list*)、《时尚女孩》(*The It Girl*)、《绯闻女孩》(*Gossip Girl*)、《装模作样》(*Poseur*)、《女校风波》(*The Clique*)。已经拍成电视剧的《绯闻女孩》关注的是一群超级富有,有时也非常刻薄的纽约高中生。《女校风波》甚至更加直截了当——该系列的第一本书讲述的是一群还未上七年级的女孩准备做SPA,把皮肤涂成褐色或者去修眉的故事。她们才12岁就开始这样了。后来,她们开始穿3英寸高的高跟鞋、花780美元买一件衬衫、彼此频繁发短信、挎着普拉达(Prada)的包包,同时排挤那些不像她们这么酷的人。如今，读《女校风波》的7～12岁的小女孩们认为，她们做（或者至少渴望做）这些成年人的事很正常。出版该系列的罂粟花(Poppy)公司这样写道，这一系列"不仅将真实的世界呈现给了孩子们，而且使之变得有趣一点儿、绚烂一点儿"。是的，当然也自恋许多点儿。

然而，有关年轻人的小说并非一直如此。简在20世纪80年代读过很多这样的小说——那时的青少年小说更加关注年龄较小的弟妹是多么地令人讨厌（《四年级的无聊事》，*Tales of a Fourth Grade Nothing*），或者月经期实验（《神哪，您在那里吗？是我，玛格丽特》，*Are You There, God? It's Me, Margaret*）。有一个《孤女悲歌》（*Dicey's Song*）系列，讲述的则是流浪家庭的故事。此外，以年轻人和他们的马为主题的书也非常流行，比如《黑神驹》（*The Black Stallion*）系列。以上这些书强调的都是普世主题，比如家庭、青春期的尴尬、如何恰当地处理冲突和问题、关心他人和友好竞争。庆幸的是，近期出版的一些书已经开始传承这种儿童文学的传统——其中最为著名的，当属以勇气、团队合作和友谊为主题的《哈利·波特》（*Harry Potter*）系列丛书。

并不是所有的青少年流行文化都是这么自恋。于2006年首映、之后又拍了两部续集红极一时的电视电影《歌舞青春》，讲述的便是年轻人如何鼓励团队协作和重视团队利益的故事。在篮球队和学术队都战胜了自己的对手之后，最后一段振奋人心的歌舞表演就叫作《我们共同面对一切》（*We're All in This Together*）。但是，再深入挖掘一点的话，便会发现这部电影完全符合我们的自恋文化标准。片尾曲中这样唱道："我们都是明星……每个人都有自己的特别之处。"因为其中并未提到任何统一的目标或者行为，所以我们并不清楚除了"高中""尴尬的青春期"或者也许是"上大学"之外，这个歌名里的"面对一切"指的是什么。也许它只是自尊心运动理念的一种延伸，意思是我们都是胜利者，我们都很特别。另外，整部电影的情节也是围绕着一个并不谦虚的主题而展开的，那就是我们有可能在两件事情上都极具天赋，而不仅仅是一件事情（比如篮球运动员会做焦糖布丁；聪明的小女孩同时也是一名非常有才华的歌手）。

该电影2007年评价颇高的续集《歌舞青春2》也包含一些相似的矛盾信息。从表面上看，这部电影是在批评自恋——电影中的恶棍夏培·伊万斯（Sharpay Evans）是一位被惯坏了的富家小姐，整天像希尔顿一样抱着一条小狗，喜欢登上舞台，并且宣称她只想要那些"绚丽的"东西，而且将要"站上顶峰"。尽管青少年知道自己不该向夏培学习，但是对于许多观看这部电影的3～7岁的孩子来说，他们想不到这点，只会认为夏培看上去很棒。电影中的英雄人物特洛伊（Troy）显然还走在自我欣赏的道路上——"答案我都知道，我要做的只是相信自己。"他这样唱道。大多数美国人并不认为自我欣赏和团队协作精神是相互矛盾的；毕竟，我们的一条核心文化价值观念就是，你必须先爱自己，才能学会爱别人。然而，当自我欣赏逐步演变成自恋和特殊感，人与人之间的关系便会受到伤害。因此，即使在《歌舞青春》这样本意鼓励团队协作的电影中，也无时无刻不在强调自恋。

治疗流行病

也许我们可以这么说，美国人对于明星的迷恋大概不会消失，明星自恋现象也会继续存在。《我们周刊》还会像以前那样，每年卖上数百万册（简过去也常常在便利店买，但如今已经开始在网上订阅：为了研究之用——真的是为了研究）。不过，我们仍然值得努力，尽力降低明星和媒体所宣扬的自恋给社会带来的有害影响。

首先，我们可以从父母着手。在改变孩子们和青少年对于"正常"的认知中，父母可以起到很大的作用。比如，不让他们看像《我甜蜜的16岁花季》这样的电视节目。如果他们一定要看，那就努力帮助他们认识到这样的行为是不正常的、可悲的。你在观看《美国偶像》或者《全美超级模特新秀大赛》这样的节目时，也可以和孩子说类似的话，帮助他们了解到，过分自信并不能让人取得成功——即使在这些电视节目中也不能。和他们谈谈成年人工作方面的事情，告诉他们傲慢和粗鲁也许会让你丢掉工作，或者至少不会再被提拔。基斯在跟女儿谈有关娇生惯养方面的事情时，就经常会用《小查与寇弟的顶级生活》中，那个自恋的伦敦（London）做例子。从这些对话中，父母可以了解到很多孩子看待事物的方式和角度。尽管父母常常会看出节目中自恋角色身上的问题，但孩子们却会由于这些角色很自信、外向和"前卫"，从而非常认同他们。（一位3岁的小女孩说她很喜欢《歌舞青春》中的夏培，因为"她很漂亮"。）父母们可以帮助孩子看到，以自我为中心的行为并不会得到回报。

此外，我们也希望作者和电影制片商们能够知道，过度的自我欣赏不仅不值得赞扬，而且十分危险。你并不需要鼓励孩子们，让他们感到自己很特别，让他们认为自己很性感。你也不需要说服十几岁的男孩子，让他们有足够的自信去勾引朋友的妈妈。作词者们，当你们说服我们自负并非什么问题，因为人们"有理由"自负时，请意识到你们是在宣传自恋。如果你们想写一些能够传递正面信息的歌词（例如团队协作的重要性），那么就没有必要在其中加入自我欣赏的信息，或者告诉孩子们他们都很特别，因为那样只会让事情更糟。美国文化非常痴迷于传递"我们都很不同，都很独特"这样的信息。那么，为什么不反过来强调一下是什么使得作为人类的我们都很相似呢？这样的信息推崇的是个人主义积极的一面：不论种族、性别、性取向或者出身背景，都要宽以待人。

对于大众传媒中普遍存在的自恋现象而言，《哈利·波特》可谓是一个最好的反例。它不仅是世界上有史以来销量最高的丛书和最卖座的电影系列，而且自始至终做到了不鼓励自我欣赏。它更加注重的是爱、家庭、勇气和坚固的友谊这些经典主题。同时，它把自恋置于反派人物身上，比如自恋而粗野的吉德罗·洛哈特（Gilderoy Lockhart）和自私邪恶的伏地魔（Lord Voldemort）。哈利最想做的事情是变得和别人一样正常，而不是像现在这样突出显眼。《指环王》（*The Lord of the Rings*）系列强调的也是类似的价值观。很显然，就算不借助自我欣赏和极端个人主义的手段，你也可以做出畅销的作品。

大明星们，我们知道你们长得很美，而且也因此非常喜欢你们。但是，你们完全没必要穿上印有自己头像的T恤衫，如果你们不表现得像个混蛋一样，我们还是能接受你们的自我推销的。

学学乔治·克鲁尼（George Clooney）吧，《时代周刊》将他称为"最后一位影星"——一个喜欢自嘲的影星。他曾说："他们在电影《蝙蝠侠与罗宾》（*Batman & Robin*）中杀死我之前，我说：'这是一部很烂的电影，而我则是其中最烂的那部分。'"他可以在《时代周刊》专栏作家乔伊·斯坦（Joel Stein）家吃未煮熟的羊肉。不仅如此，他甚至帮助斯坦找到了家里神秘"哔哔"声的源头——一番大肆寻找（包括阁楼）之后，他发现这原来是一氧化碳警报声，"不是该换电池了，就是我们只有六秒钟的活头儿了"。他会拒绝别人送给他的礼包，认为"有钱的名人免费收礼看起来很不好。这会让你看上去非常贪婪。而且，我并不需要一部镶有钻石的手机。"克鲁尼性情沉稳，是一位非常优秀的演员，而且必然也很自信，但不知为什么他却成功避免了很多名人身上那种露骨的自恋情绪。这样带来的结果便是，人们非常喜欢他，而且他甚至比表现得像个混蛋那样还要出名。就像他的前辈汤姆·汉克斯（另外一位名声不错的影星）一样，克鲁尼让世人看到，即使是在好莱坞这样的舞台上取得了成功，也并不意味着你可以成为一个强调过度竞争、以自我为中心的自恋者。

第七章

去MySpace上看看我——网络2.0时代与追求关注

詹尼弗是一个有礼貌、说话轻声慢语的女孩，她跟父母的关系非常亲近，而且在教堂里表现得很积极。但是，就像坎迪斯·凯尔西（Candice Kelsey）在《MySpace一代》（*Generation MySpace*）一书中所描绘的那样，詹尼弗的MySpace主页展现出的完全是另外一副非常不同的样子。其主页上的标题赫然写着："臭婊子！慢点吸！"在个人简介中，她警告"你们这些臭婊子们"不要烦她，因为她认识"很多大块头的家伙"！她选取了歌手碧昂斯·诺斯（Beyoncé Knowles）露着深深乳沟的一张照片来作为自己的主页背景。另外一个只有14岁的女孩则将自己的MySpace主页背景铺满了《花花公子》（*Playboy*）杂志粉色的、闪闪发光的兔子形状商标。此外，她的主页还包括一张自己身穿低胸装的照片，和几张"维多利亚的秘密"内衣模特的图片，连背景音乐都是《全部都给我》（*Give It Up to Me*），一个男孩在她的主页上留言："我真心希望你能来（我的聚会）……你的胸很大，而且知道怎么利用！"

2004年以后的互联网行业——有人将其称为用户中心的网络2.0时代——堪称是一个新的西部荒原。不同的只是它不鼓励持枪，而是鼓励自恋。网络2.0时代和文化自恋就像是一个反馈回路，自恋的人想方设法在互联网上推销自己，而这些网站也在鼓励自恋，甚至在那些相对谦虚点的人中也是如此。MySpace之所以取名为"MySpace"绝非巧合。YouTube视频网站的宣传标语是"传播自己"。"Facebook"这一名字起得可谓恰到好处，虽然有看与被看的细微差别，但其更强调的是看起来越吸引人越好。2006年12月，《时代周刊》正式将"你"——是的，就是你——选为年度风云人物，因为你推动了网络2.0时代。所以说，是Google的创办人、ID为"LonelyGirl15"（孤独女孩15）的用户、把曼妥思放进健怡可乐的疯狂家伙，和你，促成了互联网的成功。这期杂志采用了一张镜面作为封面背景，使你可以盯着镜子中的自己，想想在博客上抱怨自己糟糕的工作日、在购物网站eBay上买到一件复古T恤衫是多么重要。"好吧，《时代周刊》，谢谢对我的大肆宣传，谢谢你这么高估我，然后再利用这点把以我的头像为封面的杂志卖给我。但是你在描绘我、奉承我的同时，却忘了付钱给我，"希瓦·维迪亚那桑在msnbc.com网站上的一篇评论文章中写道，"一看到报摊上以我为封面的杂志，我立刻就买了一本《时代周刊》。"

以"my"（我的）开头的互联网域名在2005—2008年几乎翻了三倍，而包含"my"的商标申请数量在1998—2008年这10年间则翻了五倍。其中，MySpace是一个最为突出的例子，但除了MySpace，还有mycoke、MySubaru、My IBM、myAOL、My Yahoo和My Times（"我的时报"，《纽约时报》推出的一项个性化服务）。甚至连美国国防部也开设了一个名为Myfuture.com（我的未来）的网站，用来鼓励年轻人服兵役。Mycokerewards.com（我的可乐奖励）是mycoke（我的可乐）公司最赚钱的业务之一，会根据"你所创造的东西"为你提供新的内容和奖励。用"my"作为公司名字的开头，会给人以这家公司对你的个人意见很感兴趣的印象——这跟我们的文化很像，一切都是关于我的。

在颇具启发性的《MySpace 一代》中，高中老师坎迪斯·凯尔西列出了年轻人从 MySpace 和 Facebook 这样的社交网络中吸收到的四条信息：

— 我必须始终开心愉悦
— 如果已经得到了，那就开始炫耀吧
— 成功意味着要做一名消费者
— 幸福就是一个魅力四射的成年人（判断一个人是否成年，取决于其是否有性经历）

以上这些信息与我们日益自恋的文化非常相符，都极为崇尚物质主义、对他人充满攻击性、爱慕虚荣、追求肤浅的性爱，而且疯狂地追逐关注和名声。有些 MySpace 和 Facebook 页面在"关于我"的板块下，似乎包含了不计其数的"喜欢""不喜欢"和"意见"。简看到的第一个 MySpace 页面在其背景图上，用巨大的黑色和红色字母写着"我❤我"。互联网企业家安德鲁·基恩（Andrew Keen）表示，"MySpace 正在年轻人中间造就一种自恋文化"，甚至就连一些年轻人自己也非常赞同这一说法。"是的，我们这一代看上去比之前的任何一代都要更加自我，但是这种看法是在从一个老的（同时也是局外人的）角度看待问题，"密歇根州立大学的一名学生在 2008 年这样写道，"之前的几代人不像我们一样拥有这么多工具。生长在一个为年轻人谈论自己而创造了很多工具（MySpace、Facebook、博客……）的时代，并不是我们的错。"

为自恋者而生的社交网络

许多人把MySpace和Facebook这样的社交网站，当作与朋友保持联系的一种省时方式。他们可以在自己的个人主页上发布照片、发送聚会邀请以及更新自己每天的日常生活。很显然，这并不是一件坏事。然而，不那么正面的地方是，如今有相当多的人显然已经把MySpace和Facebook当作了通过发布衣着暴露的照片，来吸引他人注意的平台。由于充斥着大量年轻人衣着暴露的照片，这些网站吸引了很多"性捕食者"的光顾；尽管这类事很少发生（青少年很擅长发现那些"性捕食者"，因此极少会加他们为好友），但这造就了网站的坏名声。但是，这并没有阻止年轻人为吸引他人注意，而继续在同龄人之间展露自己的身体。"那些声称自己玩MySpace是为了跟朋友聊天的人都是骗子。他们玩MySpace的目的只是想炫耀自己。"13岁的杰克在《MySpace一代》中这样说道。22岁的英迪格·劳尔（Indigo Rael）在接受《今日美国》（*USA Today*）采访时也表示："我一直在宣传自己，对我来说，互联网只是一种让更多人了解我的方式。"

"Facebook上有自恋吗？"大学生凯特琳·穆勒（Caitlin Mueller）2008年在《斯坦福日报》（*Stanford Daily*）的专栏中问道，"废话，当然有！就像希腊神话中那个永远会反射出令人分心的影像的倒影池一样，Facebook上的个人资料也可以成为将一个人完全吞噬掉的自恋的深渊……即使是我们当中社交能力最为出众的人，也喜欢用照片记录自己在社交上取得的成功，这样一来，那些不那么有天赋的可怜家伙至少可以看看我们是如何狂欢的。对这样的自我展示来说，Facebook可谓是绝佳的平台。（'凯特琳的周末生活简直棒极了，她玩得精疲力尽，她的周末比你所经历过的任何周末都要棒！'）"她接着写道，但是大多数人更感兴趣的仍是"密切追踪别人的个人资料，而不是花时间精心修饰自己的个人资料"。学生们想知道"谁又在哪场派对上醉醺醺地脱光了自己的衣服，谁又莫名其妙地得到了一份令人羡慕的新工作，而且我们比较喜欢附着图片和链接的证据。想要发现这些，Facebook 显然是一个非常有效的工具。"换句话说，Facebook 让你也能痴迷于别人的自恋。

如今，社交网站非常受欢迎。作为2006年点击量最高的网站，MySpace 每个月的活跃用户数量达到了9千万之多。截至2008年，MySpace 声称自己已经拥有3亿会员。作为一个最初只是在大学校园内使用，直到2006年才对公众开放的网站，Facebook 的会员数量在2008年9月也已达到了1亿。

在 MySpace 和 Facebook 这样的社交网站上，自恋者的数量开始疯狂增长。这些网站的结构设置本身也在奖励自恋者的行为，比如自我推销、挑选讨人喜欢的照片发到网上，以及看谁的好友数量最多。与基斯一起工作的研究生劳拉·布法迪（Laura Buffardi），便是首批研究社交网站上的行为与自恋二者之间关系的研究者。她发现，那些在自恋测试中得到高分的大学生都很擅长推销自己、在 Facebook 上聚集朋友，以及突出自己最好的特质。当这一研究在2008年10月发表时，一些博客主回复的标题是："Facebook 分明就是自恋者的避风港""《废话杂志》（*Duh Magazine*）今天的头条报道是：Facebook 上的个人资料可以用来监测自恋程度"。很显然，有些 Facebook 用户已经注意到其他用户更加唯我独尊的倾向了。但是，倘若社交网络明显可以滋生自恋现象，那么对于一个如此多的人都在使用社交网络的社会来说，这可不是什么好兆头。

自恋的人常常无法与他人和睦相处（我们会在第十三、十四章中全面探讨这点），但是网上的"朋友"当然常常与现实生活中的朋友不一样。比如，Facebook上的把某个人"加为好友"，实际上应该称之为"相识"，或者是"联络"。在Facebook上是某个人的朋友并不意味着你和对方有着很深的、情感上很亲密的关系。它象征的意义更多的是你"认识"多少人，或者多少人想说他们"认识"你。拥有更多的朋友是一种社会地位的象征，如果在MySpace或者Facebook上仅有5名好友，那会是一件很尴尬的事情。当然，在现实生活中如果你能有5个真正亲密的朋友，那你实在是一个非常幸运的人。但是在MySpace上，这却是一件可悲的事情——因为在MySapce上，一切都是由数量而不是质量说了算。对于自恋者来说，谁的好友数量最多，谁能交到"最火辣"的好友就是一场竞争，而自恋者非常喜欢竞争。

社交网站进一步巩固了自恋在文化中的地位，使其得以无休止地传播下去。与其他人相比，自恋者在这些网站上拥有更多的"好友"和联系人，他们所表现出的自恋行为和上传的自恋照片也会收到更多的评论，而且会有更多人申请"加他们为好友"。由此一来，用户们就更愿意与自恋的人建立联系，而不是一般人。因此，除了这些网站本身的结构设置就在鼓励自恋者的自我推销之外，用户们在这些网站上交友的方式，也在让人们的行为和自我呈现基准慢慢向自恋靠拢。倘若外星人登陆我们的星球，并且不得不通过这些社交网站来判断人们的生活状况的话，他们肯定会认为人类比实际上表现得还要自恋。

即使你在MySpace上的好友是你在现实生活中真正的朋友，网上交流与面对面，甚至电话交流的感觉也是不一样的。社交网站的到来，为自恋者推崇的肤浅、情感疏远的人际关系提供了便利。卡内基梅隆大学的一项研究发现，在网上论坛中，人们会接受一个人频繁地发表意见，但实际上帮助他人或询问问题则会遭到拒绝。研究人员得出的结论是，互联网社区建立在"肤浅的交流，而不是有意义的谈话"基础之上。21岁的艾希莉对我们的网上调查给出的回答是，她并不确定社交网站是否真的是用来社交的。她说道："Facebook和MySpace称它们自己为社交网站，但是我认为它们实际上做得更多的是使人与人之间变得更加疏远，而不是将人们联系在一起。既然可以在朋友的主页上留言，何必还要给他们打电话呢？如今已经没有必要为了了解朋友的生活而去拜访他们，因为你可以查看他们的个人动态，看看有什么新的事情发生。"23岁的乔什非常赞成这一说法："我觉得这些网站就像那些可以帮你照顾好宠物的机器一样。从某种程度上讲，如果你没有必要与朋友见面或者说话，交朋友就变得毫无意义了。"

几乎每一个有MySpace或者Facebook主页的人都可以准确地告诉你，自己拥有多少好友。如果你的好友数量不足50，那你肯定非常可怜。如果好友数量超过300，那你或许是一个"MySpace上的婊子"，为了添加好友可以不择手段，从上传裸露的照片到在博客上说一些充满挑逗性的话都有可能。在社交网站上，好友数量才是重点。就像凯尔西所说的那样："在社交网站上，我们很少看到两个人互加好友是因为诚心诚意地想建立联系、培养感情、加强彼此间的关系……多数添加好友的信息都饱含着攀高结贵、装腔作势、自我膨胀或者积累的恶臭味。"有些足够聪明的青少年非常了解这一点。17岁的格雷森告诉凯尔西："你不可能仅仅通过互留'哥们，很喜欢你的主页布局，非常炫'这样的愚蠢评论和别人联系，而不给他们打电话，不一起出去玩。这样的交流毫无意义，所以由此形成的关系也毫无意义。"

此外，从本质上讲，加好友也是充满竞争性的，因为每个用户都必须决定把谁加入到自己的"前8位"（从2007年开始变成了"前24位"）好友之中。你必须对好友进行排序，但是不管怎样排，这都是一种在社交上拒绝他人的行为。如今，交友已经变成了一项竞技运动。24岁的J. D.告诉凯尔西，他的"前8位"中的两个位置会一直留给"照片最吸引人的女性好友"。J. D.确实说中了一点：一项研究发现，如果一个人的Facebook主页上的好友更加吸引人的话，人们也会认为这个人本身很吸引人。在当今这个崇尚自我宣传的时代，像J. D.这样经过一番盘算选出外表最为吸引人的好友是值得的。

如今，大多数青少年会将自己的个人资料设置为仅好友可见，这也就意味着那些随机的互联网用户是无法看到他们的个人资料的。然而，许多高中生有300个甚至更多"好友"，这些人都可以看到他们的个人资料。因此，虽然大多数人并没有大肆地向全世界炫耀自己，却在向同龄人展示自己的财产。

在社交网站上发照片的目的，是让自己看起来受欢迎，看起来很重要。"如果拍完照片之后不把它们发到MySpace上，那你和自己的朋友合影还有什么意义？"16岁的卡琳娜在《MySpace一代》中这样问道。26岁的杰西卡是新泽西州的一位老师，她在我们的网上调查中写道："我的大多数高中同学都有自己的MySpace主页，那些在MySpace上'好友'最多的孩子通常也是博客故事最疯狂、发布照片最多，或者主页壁纸最色情的人。不论在现实生活中真实与否，你看上去越酷，就会有越多的人浏览你的个人资料，'申请'添加你为好友。在 MySpace 上大家看重的是受到认可，以及拥有崇拜你的粉丝。"

即使是电子邮件地址也可以帮助自恋的人炫耀自己。有一项研究发现，与普通人相比，自恋者更愿意选择那些在别人看来属于"自我标榜"和"色情"的邮件地址。因此，观察人员甚至可以通过人们的邮件地址来判断其是否更可能是一个自恋的人。每发一封邮件，那些以自我为中心的人都在向世人宣布他们有多伟大。就像研究人员所说的那样："把 thefascinatingking@gmx.com（迷人王者）的使用者判断为自恋者，应该八九不离十。"

MySpace 人格

社交网站鼓励用户只在网站上突出展示自己生活中的几个特定方面。首先，用户可以选择只展示那些最吸引人或者最酷的照片——有些人将其称为"正确的角度"（比如，只展示自己好看的一面，或者如果你已经超重了，可以选择只展示自己的脸）。"MySapce 上的绝大多数女性用户都在想尽一切办法让自己看上去更加性感。"25 岁的布兰参与我们的网上调查时这样写道。此外，你还可以只向好友展示那些让自己看起来更好的人生大事，并删除负面的评论。"我的 MySpace 档案只包含生活中发生的好事。不知怎么，那些坏的事情都被忽略了。"23 岁的布列塔尼承认道。在互联网上，自我展示通常意味着让自己看起来更好、更酷，就像《纽约时报》上的一篇文章总结的那样："通过与社会地位较高的朋友建立联系来提高自己的地位；在现实生活中更像奥斯汀·鲍尔斯（Austin Powers）[01]，却要用'蝙蝠侠'或者'007'作为用户名；把闪闪发光的头说成是'剃光的'而不是'秃头'；说自己差点当上 DJ 或者模特，而不是还得缴账单；绞尽脑汁地推敲要列出哪些有兴趣或者喜欢的书籍。"换句话说，社交网站使得拉大幻想和现实之间的距离成为可能。

其次，社交网站只强调人们生活和个性中的某些特定方面。而且，几乎不变的是，这些都是非常符合自恋特征的行为和特质，比如喜欢参加派对、让自己看起来性感、找一个好看的男朋友或女朋友，或者赢得一项比赛（尤其是模特选拔赛或者歌唱比赛）。很少有人会在 MySpace 上提到自己有多么喜欢历史课。从没有人把"本杰明·富兰克林"（Benjamin Franklin）列入"我想见的人"之中。在 MySpace 上，青少年通过将"火辣"的明星、受欢迎的运动员，或者甚至是艳星列为自己最想见的人，来努力让自己看上去更酷。由于许多青少年的 MySpace 主页非常令人震惊，因此凯尔西建议父母还是不要马上去看自己孩子的主页为好。相反，她建议父母们先花上一周的时间去浏览一下其他青少年的主页。之后，他们就不会被那些在社交网站上非常常见的啤酒瓶、暴露的衣着，以及其他一些试图吸引他人注意的图片吓到了。

但是，使用社交网站真的会导致自恋吗？由于证明自恋者在 Facebook 上拥有更多好友的这项研究是相关性研究，所以我们并不能判断是自恋的人更擅长在 Facebook 上结交好友，还是在

---

01 喜剧电影《王牌大贱谍》（*Austin Powers: International Man of Mystery*）中的主人公。

Facebook 上拥有较多好友会使人们自恋。此外，也可能会是第三个变量引发了上述两种情况，比如外向的性格或者家庭背景。

因此，在最近的一项研究中，我们和研究生伊莉斯·弗里曼（Elise Freeman）转而借助科学研究的黄金准则——真正的实验方法来研究这一问题。我们随机分配给大学生两项任务其中的一项：编辑他们的 MySpace 主页并将过程记录下来，或者在 Google 地图上标出自己去学校教学楼要走哪条路并将这一过程记录下来（这是一项控制任务）。随机分配任务意味着学生们最后做哪项任务就像抛硬币一样，出现正面和反面都是有可能的，这实际上也消除了个体性格差异对结果的影响。这样一来，两组实验结果的任何不同，都只会是由花时间编辑 MySpace 主页，和做一件不那么专注于自我的事情（比如查看地图）二者的不同所导致的。最后，学生们要填写一份自恋人格量表。

毫无疑问，与控制任务组的学生相比，那些刚刚花了 35 分钟编辑自己的 MySpace 主页的学生对于量表中比较自恋的表述认可度要大得多。花时间在 MySpace 上的学生中，74% 的人在自恋测试中的得分要比那些查看地图的普通学生高。MySpace 组学生在"我喜欢成为人们关注的焦点""我喜欢控制别人""我一直都知道自己在做什么""大家都喜欢听我的故事"，以及"我天生就是个领袖"这些问题上的得分尤其高。此外，在大部分问题上选择了自恋倾向答案的 MySpace 组学生数量，是控制组学生的两倍多。

不过，我们需要注意的是，这只是一项初步实验。未来，我们希望能看到更多的研究人员通过实验，检测使用社交网站和自恋之间的因果关系，因为我们需要更多的研究，才能确定地说这些社交网站会助长自恋趋势。

　　社交网站塑造了青少年和20岁左右的年轻人看待世界的方式，也塑造了年轻人如黏土般充满可能性的个性。就像动物为了适应环境会慢慢演化和改变一样，为了满足新型数字化世界的要求，年轻人也在变得更加自恋。正如凯尔西所说的那样："由于影视文化……的根源在于固定于影像之上的躲猫猫心态，如今的青少年变成了专业的暴露狂、警惕性颇高的偷窥狂，和新式的自恋狂。"想要完全融入这些社交网站中，让自己的页面得到很多评论，你必须不断地更新自己的主页，并发布"新的动态"让别人知道你发了新照片或者状态。此外，这些网站也鼓励人们在网上想尽一切办法来吸引他人的关注。比如，一位年轻的女孩便在她的Facebook主页上传了257张自己的照片，其中有一张拍的是她充满厌恶的微笑，还附上了"可恶的狗仔队"几个字作为说明。

　　《MySpace一代》把讲述如何创建MySpace主页的一章取名为"过分装饰"，因为青少年就是这样形容那些很酷的页面的。凯尔西向我们展示了她见过的一个典型的高中女孩的"关于我"页面。"我超喜欢和朋友在周末去玩耍，逛派对！！！！……哈哈，我喜欢吃鲜奶油，喜欢享受快乐，喜欢愚蠢和疯狂的感觉！！我喜欢购物，也许你们中有人可以什么时候带我去购物！好吧，如果你真想和我谈谈有关我的事……我很乐意告诉你！"这一"调查"的回复包括"左撇子还是右撇子：都是，哈哈""你睡觉的时间：你什么时候让我上床，就什么时候睡""你说脏话吗：天哪，不会"。就像凯尔西所解释的那样："看到上面这些，你应该会注意到当前人们过分夸大自我欲望和人格特质的趋势。但是在其他人看来，听起来越炫，你在网络上也会越有趣。"当然，"炫"只不过是自恋一词在MySpace上的另外一种别称罢了。

2008年春天，简的研究生莉娅·邦兹（Leah Bonds）分析了圣地亚哥州立大学200名学生的 MySpace 主页。我们只想说这些学生可是一点儿也不谦虚。有一位这样说："去她的公主！我是女王。"另外一位把21张摆出撩人姿势的照片上传到了自己的 MySpace 主页上。还有一位学生写道："是的，我很聪明。是的，我很有趣。是的，我很疯狂！是的，我喜欢参加派对。你认为自己舞跳得比我好……你错了！"对于"我想见谁"这一问题，一位学生的回答是："我想见那些能带我去纽约的人。"（当然，你是谁并不重要——重要的只是你可以为我做什么。）即使是那些在 MySpace 主页上谈论自己的朋友的人，也开始莫名其妙地互相竞争起来。一位年轻的女孩这样写道："我的朋友比你的朋友好，我愿意为他们做任何事情。"在这些主页之中，简最喜欢的是一个男孩子的，其上的标题是"我每天早上醒来，优秀地撒上一泡尿"。这句话甚至都不是他的原创，而是出自电影《塔拉迪加之夜》（*Talladega Nights*）。

一些年轻人表示他们的 MySpace 页面"并不是真实的我"（他们经常跟自己的父母，而不是朋友这样讲）。但是，对于年轻人来说，青春期就是一个尝试不同身份的时期，由于他们在社交网站上的自恋形象会受到奖励，所以他们在 MySpace 上表现出来的"自我"很容易就会变成"真实自我"的一部分。寻求关注、打击报复和外表性感这些自恋特质能够带来成功——更多的好友和更多的评论，因此人们也更倾向于重复这些可以得到回报的行为。

《MySpace 一代》中，15岁的科林跟许多青少年的想法一样，认为他们的 MySpace 主页就该以自我表达（自恋流行病的先兆之一）为中心。"这是我花时间打理过的自己的页面，是关于自我的一种展示,也是对于'我是谁'的回答。谁也不能让我放弃它。"他说道。

去你的,但还是谢谢加我

MySpace 与性有关的方面吸引了很多人的注意,但那里时常表现出来的攻击性和反社会态度几乎同样令人感到震惊——而且与自恋文化的特质非常相符。当然,也有很多 MySpace 用户会谈论他们有多爱自己的朋友,然而"别惹我"这种态度也非常常见。"棒球就是我的生命。如果你不喜欢运动,那我很可能不会喜欢你。如果你认为棒球很容易、很无聊,那就给我滚蛋。"马特这样写道。一位年轻人的 MySpace 用户名是"向我敬礼,婊子",另一个人的则是"$ 你做你的,我做我的 $"。此外,一位小女孩写道:"如果你不喜欢我,那就去你妈的,不要浪费我的时间。"(两句话之后,她又自相矛盾地补充:"我很容易相处。")

就连人们在 MySpace 用户名中使用的符号和单词,也在传递着自恋的价值观,比如明星崇拜("****"的意思是追星族),或者对金钱很感兴趣(代表符号是"$")。互联网上的一些俚语常常代表着"冒险"的意思,比如"crunk"(crazy drunk,疯狂醉酒)、"blazed"(嗑药之后很兴奋),或"fade"(打架)。"26Y4U"的意思是"对你来说太性感了"(Too Sexy for You);"%\"指的是"宿醉";">U"代表"去你妈的";":-d~"是"兴奋起来"。"BOHICA"是"弯下腰,来啦"(Bend Over, Here It Comes);"GYPO"是"把你的裤子脱下来"(Get Your Pants Off);"GNOC"是"在镜头前脱光"(Get

Naked On Cam）。2006 年，凯尔西在 MySpace 上检索 "fuck" 一词的出现频率时发现，其总点击量达到 1370 万次，而 "Porn"（色情）一词的点击量则是 240 万次。

另外，粗暴的商业主义在社交网站上非常猖獗，经常会扼杀刚开始时还存在的真正友谊。最初，MySpace 只是乐队建立粉丝基础的平台，许多乐队发布新专辑时会在 MySpace 上发出很多 "好友" 评论——实际上这只不过是一种广告形式。后来，随着 MySpace 慢慢发展，各种各样的商业机构发布的垃圾信息变得非常普遍。几乎所有的 MySpace 页面都曾经遭受过广告铃声、色情网站、处方药，以及任何能够赚钱的垃圾信息的攻击。

所谓的 MySpace 女王提拉·特基拉（Tila Tequila），便是社交网站所鼓励的那些价值观和人格特质的完美化身。由于上传了大量展示自己火辣身材的照片，她的 MySpace 主页很快变成了一个自我推销的阵地，而这也让她在 2007 年得到了回报，促使其在 MTV 频道上开办了自己的节目。在《同提拉·特基拉来场约会》(*A Shot at Love with Tila Tequila*) 节目中，32 位男女为了获得提拉的青睐而展开竞争（她是双性恋）。此外，提拉也会在其他网站上推销自己，大多数时候是通过发布全裸或者近乎全裸照片的方式。2005 年，她的服装品牌网站 Tilafashion.com 正式上线，其打出的标语是："火辣到你只想把它们全部脱掉！"

此外，提拉为人著称的还有她自信甚至充满攻击性的态度。"虽然我讨厌这么说，但是如果你想上我的话，我他妈非抽你不可。你尊重我，我也会尊重你……懂吗？" 她在自己的 MySpace 主页上这样写道。她也会在自己的个人网页和节目中表达对于真爱的渴望，尽管目前看来，这种做法不太可能奏效。在《我爱你》(*I*

Love You）这首歌中，她说唱道："我认为自己爱上了你……但如果你伤害到我，我他妈的肯定会杀了你。"此外，她也有《上你的男人》（*Fuck Ya Man*）和《脱衣舞者朋友》（*Stripper Friends*）等相对较为谦逊、低调的歌名。

博客、评论栏，以及评估每个人的意见
（即使是愚蠢的意见）

新型的网络自恋文化所带来的影响绝不仅仅局限在社交网站上。如今在许多地方，将个人想法发表在博客中变得非常流行。与现在各个年龄段数以百万计的人在博客上将自己的想法传递给全世界相比，20世纪70年代的自我表现狂热根本算不上什么。当然，有些博客上写的东西还是很好的——不仅非常有趣，而且富有知识性，甚至会让人看上瘾（基斯目前最喜欢的博客叫作"Surfysurfy"——手工制作冲浪板博客）。然而，大多数博客事实上非常乏味，充斥着自我表达，以及一些想要寻求他人注意的言论。过去，如果想记录自己的想法，你会采用记日记的方式，也许就写在一个线圈笔记本上。现在，很多人已经习惯了在网上详细记录自己生活中的一举一动。很显然，他们的想法是这样的："我所写的都是关于自己的事情，所以当然很有趣！"针对《时代周刊》的"年度人物：你"封面，政治评论家乔治·威尔（George Will）这样写道："这纯粹说的是自恋，要不他们怎么会认为一面镜子就是最好的封面呢？人们在互联网上做的大多数事情是写日记，就好像大家都应该关心他人内心世界的波澜一样。"35岁的

凯文在我们的网上调查中甚至更加直截了当地说："博客让我感到受不了的地方在于：你可以写博客并不意味着你就应该写。突然之间，大家仿佛都成为了无所不知的专家，觉得自己有必要让全世界的人都知道自己的观点。在这种情况下，再谈可信度已经变得毫无意义了。"

许多博客只是在朋友之间彼此分享——这样很方便，只需要发布一条博文便可以告诉别人自己最近在干些什么，不用再像以前一样打上15分钟的电话。在这一方面，博客确实做得非常漂亮。但是，其中的评论体系、评论回复和其他一些功能，却都在鼓励争论——而且往往是片面的争论。它并不像平常的口语交谈一样是一场真正的对话，而是一段对骂。此外，所有的交流都在电脑屏幕上完成，也使其缺少了共鸣、细微表情变化以及面对面交流中所包含的人性元素。

同样的问题也出现在如今无处不在的报纸、视频和其他网站的评论栏中。理论上讲，报纸的评论栏是用来让人们就某一话题交流想法的。但实际上，它常常会沦为缺乏知识性的三手信息集散地，令人回想起都市传闻开始流传的情形："那不可能是真的，因为我朋友的发型师听说……"是的，记者们也不总是对的，但他们至少受过专业的训练，能够在一定程度上客观地考虑问题。可是，我们的现代文化却认为"每个人的意见都一样可靠"，并正在网络上用大量出现的博客和评论栏来支持这一观点。问题的关键是评论者本身并不知道自己在说些什么。虽然他们以为自己知道——这点在具有自恋倾向的人身上十分常见——但实际上他们什么都不知道。而且，那些言之有物的评论也往往会淹没在无知的大海中。

此外，评论也会引发冲突。正如我们将会在第十三章中详细讲述的那样，YouTube 等网站的评论栏很快便沦为了充满敌意的战场。也许是因为可以匿名发表评论，所以人们会在这些网站上说出那些他们当着别人的面时绝不会说的话。报纸评论栏中的政治辩论很快便会演变成争吵，以至于我们很难从众多的意见中分辨出哪些才是真正的事实。在《网民的狂欢》（*The Cult of the Amateur*）一书中，安德鲁·基恩表示网络 2.0 时代就是一个"无知、利己主义、糟糕品味和暴民统治相互交融的时代"。

从某种意义上讲，同其他所有交流方式一样，博客也面临着"判断是信号，还是噪音"这一难题。在工程学领域，信号所传递的是一种重要信息；噪音则是干扰信息，是一种静态的、毫不相关的声音。互联网上有很多好东西（"信号"），但同时也充满了大量没用的"噪音"。博客本身的最小过滤规则让大量信息得以混入进来——其中有很多"噪音"，也有一些有趣的"信号"。但是，这种缺乏过滤的特性恰恰为大量自恋"噪音"伪装成"信号"提供了便利。在某些情况下，博客会实行一种自我管理机制，那些妄自尊大、引发冲突的发帖人会被贴上"网络暴民"的标签而被封锁。但是，博客世界的本质让这一机制实施起来非常困难，因为这些网络暴民往往可以很容易地改换身份，然后再次发布帖子。

在"第二人生"中我变得更加迷人

像"第二人生"这样的虚拟世界也在自恋流行病的传播过程中发挥了一定的作用。虚拟世界指的是一些完全在线上运行的网络社区，社区中的人可以挑选身份，也就是虚拟化身，然后与他人互动。虚拟化身（Avatar）在这里是一个有趣的单词——它最初用来形容神的人形化身，尤其是常常会化为各种凡间形态的印度教神祇。这些虚拟社区使得人们可以自由地改换身份——你可以挑选自己的名字、性别以及外貌。而且，只要你想要，你甚至可以变成一种非人的形态。此外，你还可以自由地改变这些。如果你的虚拟人生变成了一场灾难，你可以改换一个新的身份，重新开始。当然，在现实生活中，我们也可以抛弃家人、改名换姓，然后跑到哥斯达黎加的海滩上生活，但是我们很难做出这样的选择——因为你不想毁掉自己孩子的生活。但在虚拟世界中，成为自己想要成为的人则容易很多。

在虚拟世界中，人们倾向于选择那些比现实生活中更好的身份，这一点儿也不奇怪。比如，"第二人生"的虚拟化身就鲜少出现丑陋、衰老，或者肥胖的人。人们穿的衣服通常都很迷人，看起来非常整吉、合身。然而，虚拟世界中的这些改变会影响人们的虚拟行为吗？一项有趣的研究将虚拟世界中的虚拟化身随机分配给了不同的人。在第一项实验中，有些人分到的虚拟化身长相很迷人，有些人的则没那么迷人。结果发现，那些被分到迷人虚拟化身的人在社交场合会表现得更加自信，他们会主动接近他人，而且会更多地谈到自己。在第二项实验中，人们被分配到或高或矮的虚拟化身，然后去完成一项谈判任务。结果发现，那些分到身高较高的虚拟化身的人在谈判中会表现得更具竞争性。由此，研究人员得出的结论是，人们所使用的虚拟化身类型实际上会影响其在虚拟世界中的社交行为，他们将这种现象称之为"普罗透斯效应"（proteus effect）。值得注意的是，迷人的虚拟化身所表现出来的行为非常符合自恋的特质——他们会更多地谈论自己，在社交场合更加自信，而且也更具竞争性。

另一个重要的问题是，虚拟世界中的行为会改变人们在真实世界中的行为吗？看上去似乎是这样的。比如，人们可以用虚拟世界来治疗现实生活中的各种恐惧症。那些害怕坐飞机、患有社交恐惧症，或者害怕蜘蛛的人可以在虚拟环境中学会克服这些恐惧。人们在虚拟世界中学到的一般性社会行为和自信心，也许会延伸到现实生活之中，不论是更加自恋，还是对不同的人更加宽容。

就像互联网的很多其他方面一样，虚拟世界在给社会带来益处的同时，也会助长自恋行为。借助于"第二人生"，那些因为疾病而足不出户、患有社交恐惧症，或者由于自身实际情况而在社会上被孤立的人，都可以真实体验一下各种不同的积极的社会生活。这似乎非常有用，而且对于害羞的人来说，如果他们从"第二人生"中获得的自信能让他们的"第一人生"变得更好，这或许还会起到治疗作用。同样地，那些努力想要搞清楚自身特性问题（比如性取向）的人，也可以在一个相对安全的环境下探究这些问题。然而与此同时，"第二人生"对于外表以及肤浅人际关系的重视，也可能会助长自恋之风。

传播自我

YouTube 的创始人最初只是想让它成为一个分享视频的便捷渠道——比如，你可以把孩子学习走路的视频上传上去，这样你的亲戚便可以看到这些视频。（简确实这么做过，督促她的弟弟到 YouTube 上观看他 1 岁大的小侄女蹒跚学步的视频。"她看上去有点喝醉了。"他看完后说。）不过，YouTube 上大多数被反复观看的视频，不是电视节目片段，就是人们想要推销自己或者吸引他人注意的视频。其中很多是少女为了被人发掘，而将自己在卧室里唱歌的场景录下来。还有很多是人们为了引人注意或出名，做一些非常愚蠢的事的视频。在一个痴迷于成名的文化里，YouTube 只不过是一种新的成名方式罢了。

安迪·沃霍尔（Andy Warhol）[01] 提出的"未来，所有人都可以出名 15 分钟"的想法，在某种程度上——因为有些人建议应该将其改成"出名 15 秒"，或者甚至是"对于 15 个人来说很出名"——已经成为了现实。任何人只要手中有一台能上网的电脑，便可以搞出点名声来。比如，你可以在亚马逊网站上写书评，在博客上发评论，创建自己的网站，或者把自己做的一些愚蠢、暴力、搞笑或色情的事拍成视频上传到网站上。

对于许多想要成名的人来说，YouTube 就是他们的"原爆点"。在 2007 年，一天当中就有 264244 人观看过一个某人将电话簿唱出来的视频，256450 人观赏了一个名为"太空人"（Cosmonauty）的跳舞视频，787151 人浏览了一个关于杀手龟的视频。截至 2008 年 9 月，已经有 210353 人观看过"我爱秘密引诱我"（My Love Secrets to Seduce Me）这一视频，其标题虽然有趣，但是语法非常混乱。相比之下，CNN 每日的收视人数大约是 50 万人——比盯着邪恶爬行动物视频的人少了 50%，同时仅比看"太空人"舞蹈

01 波普艺术的倡导者和领袖，也是电影制片人、作家、摇滚乐作曲者、出版商。

视频的人多了一倍。然而，与一般的新闻周期相比，YouTube上的出名要更短暂。今天你穿着熊猫装跳"小鸡舞"的视频在YouTube网站上随处可见；第二天，一个人在篮球上玩倒立的视频就可能取代你的位置。沃霍尔显然是料事如神的天才。

还有人将YouTube当作闯进好莱坞的捷径——不用像往常一样必须通过制片人和工作室老板们的引荐。有时候，这确实能给有真才实学的人带来回报，比如迈尔斯·贝克特（Miles Beckett）。因为想成为一名制片人，他在2005年放弃了外科住院医师的工作。正如他所说的那样，他在YouTube上放了一系列有关"一位在家接受教育的小女孩——'Lonelygirl15'为一个神秘仪式做准备"的视频。如今，贝克特的系列网剧（事实上都是虚构的）仍然能够比许多电视节目获得更多的浏览量。每出现一集"Lonelygirl15"，几乎都能在YouTube上催生出成百上千个视频，这一数字几乎等同于《美国偶像》预选赛被淘汰的歌手总数。新技术所带来的远不只是大众化娱乐，它也使得数以百万的人可以有机会去追寻自己梦寐以求的关注和名声。正如YouTube的创始人之一查德·赫利（Chad Hurley）所说的那样："在内心深处，我们每个人都想成为明星。"

至少他们现在想。"成为明星"和"变得出名"如今已经成为了一种机会均等的梦想；既然你可以通过在网络上传视频来让自己变得出名，为什么还要只在杂志上看那些名人八卦呢？"归结起来，网络2.0时代最大的成功在于满足了我们渴望被重视、被崇拜，尤其是被认识的需要，"拉克希米·乔杜里（Lakshmi Chaudhry）[01]在《国家》（*The Nation*）杂志上写道，"数字民主的更

---

01 网站编辑兼杂志撰稿人。

迭确实带来了一种新型的追求名声的民主，（使得）我们比以往任何时候都要着迷于明星，只不过，如今我们自己也更有机会受到别人的崇拜。"

最后的几个想法

在讨论互联网时，我们不想妄下一些过于简单或者消极的判断。互联网在社会中扮演着很多角色，而且绝大多数都是正面的角色。比如，电子邮件的出现使得我们可以时常与来自世界各地、从未谋面的研究人员进行沟通。在互联网出现之前，这种国际合作是根本不可能实现的。对于一个生活在佐治亚州、一个生活在加利福尼亚州的我们来说，如果没有电子邮件，这本书的创作过程将变得非常艰难。同样地，互联网也使得我们可以与老朋友、老同事一直保持联系。尽管我们读研究生时的朋友们散落在世界各地不同的工作岗位之上，但我们仍然可以通过电子邮件（如果我们再年轻一点的话，可能是Facebook）保持联系。此外，网上可获得的大量信息也是非常有用的（这些信息只在正确的时候才有用，但那完全是另外一回事了）。

但是，自恋却通过很多方式偷偷地溜了进来。首先，在互联网中，幻想原则战胜了现实原则。这使得变换身份变得非常容易，而且可选的角色通常要比现实中更好、更酷或者更迷人。其次，互联网上的沟通大多是通过影像和一些简要介绍完成的，导致人们的注意力都放在个人比较肤浅的层面上：你的（仔细挑选过的）照片、有趣的俏皮话，以及你的自夸。再次，借助于YouTube、博客、报纸评论栏以及照片评级网站，如今那些极度渴望被关注的人可以在网上拥有大量的潜在观众。以上这些都在鼓励自恋。尽管我们也像别人一样非常喜欢看YouTube上那些愚蠢的视频，但一个没有猖獗的自恋现象的网络会比现在好得多。

第八章

我应该得到18%的最优年利率——宽松的信贷及对现实原则的否定

广告中的主人公一边笑着，一边这样描述自己的生活方式：住在一座有四间卧室的大房子里，开着一辆全新的汽车，甚至还有一辆坐骑式割草机。那他是怎样过上这种生活的呢？"我如今已经负债累累了。"他勉强笑着说道。

这支短短的广告阐明了非常重要的一点：发端于20世纪90年代、在2007—2008年以一种引人注目的方式而结束（至少对房贷来说是）的宽松信贷狂潮，使得人们可以假装自己过着一种比实际上更好的生活。信贷膨胀带来的是自我膨胀，这为自恋流行病的广泛传播提供了便利。只要有一个鼓励自我欣赏和物质财富的文化，再加上通过购买那些实际上买不起的东西来实现这种自我欣赏的能力，许多人就会生活在自恋的幻想中，认为自己很富有、很成功、很特别。尽管如今房屋贷款标准变得更加严格，使得人们难以继续通过购买自己负担不起的房子来维系这一幻想，但申请到信用卡还是非常容易。

就像自恋带来的很多后果一样，消费热潮所产生的溢出效应也会给他人带来负面影响。宽松信贷导致商品价格——最为明显的当属房价——急剧上涨，所有人都不得不比之前支付更高的价钱。2003年，无须征信记录的贷款形式使得自恋者可以贷款100

万美元，购买一座洁白无瑕的花岗岩城堡，但同时也推高了普通民众买房子的成本和老年人的房产税。很快，所有想在较好的学区购买房产的人都不得不"负债累累"。要是没有宽松信贷，根本不可能出现引发这一过程的自恋狂潮。

即使在体会到宽松信贷所带来的恶果之后，开始收紧抵押贷款，人们仍然很容易陷入信用卡债务。2005年，美国人自20世纪30年代的"大萧条"以来，第一次花的钱比挣的还多。然而事实并非一直如此——在20世纪80年代初，美国人把自己收入的12%都积攒了下来。然而现在，35岁以下的人的花费却比收入要高出16%。自1977年以来，消费性债务便开始每年上涨7.5%，增长率几乎是过去10年间的两倍。如今，美国人的人均信用卡债务已经超过1.1万美元，是1990年的三倍。这使得美国人所欠的债务总和达到了2.5万亿美元（是的，是万亿）。其中，有100亿美元是像信用卡债务这样，通常被看作"坏账"的循环债务。剩下的则大多是住房抵押贷款，即传统意义上的"良性债务"。然而，2008年的高风险房贷崩盘以及止赎率激增证明，即使是这些"良性债务"，也并不那么"良性"。2006年房地产泡沫破裂之前，美国的申请破产率已经达到了"大萧条"时期的十倍。当然，这其中的许多人是被意料之外的基本支出（常常是医药费）打了个措手不及。但是，还有很多人则是被卷进了消费文化和宽松信贷的旋涡之中。

无论从哪个角度来看，如今的信贷形势都很糟糕。图10显示的是过去几十年间美国未偿消费信贷（单位：100万美元）的变化趋势。尽管这些数字并未根据人口增长加以调整，但很显然，消费信贷的增长速度比人口增长速度要更快。

美国未偿消费信贷，1968—2007 年

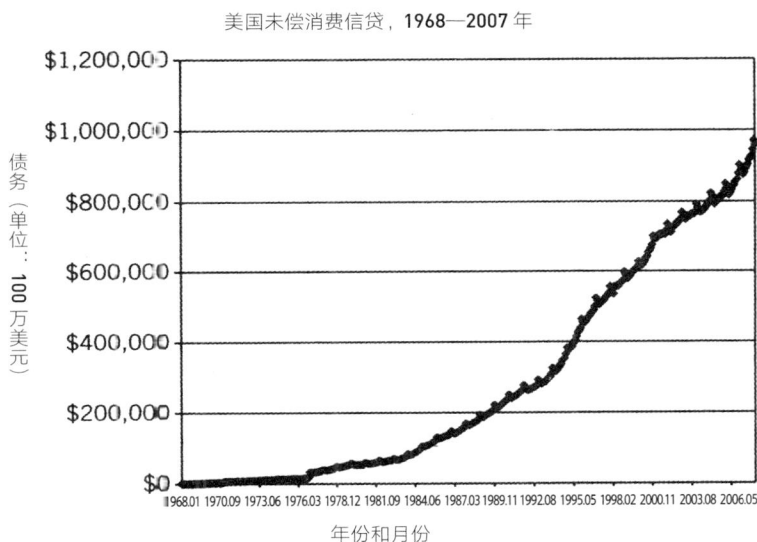

图 10

一样的情况也出现在个人债务比率的变化上，即偿债支出占个人可支配收入的百分比。同样地，这一比率几十年间的增长也是显而易见的。

哈佛大学法学教授伊丽莎白·沃伦（Elizabeth Warren）是信贷和破产研究方面的专家，几年前她曾在花旗集团做过一场演讲。她在演讲中强调，如果银行想要减少由于人们停止偿还信用卡账单而带来的损失，它们所能做的只有停止把钱借给那些没有偿还能力的人。听到这些，一位高管站起来说："如果我们不再借钱给这些人，那将是砍掉我们的核心利润来源。我们挣的所有钱可都是从这些人身上来的。"换句话说，在人们无法偿还信用卡账单的时候，靠收取大量的滞纳金和利息，银行是有利润可赚的。这

可支配收入用以偿债的百分比，**1978—2008** 年

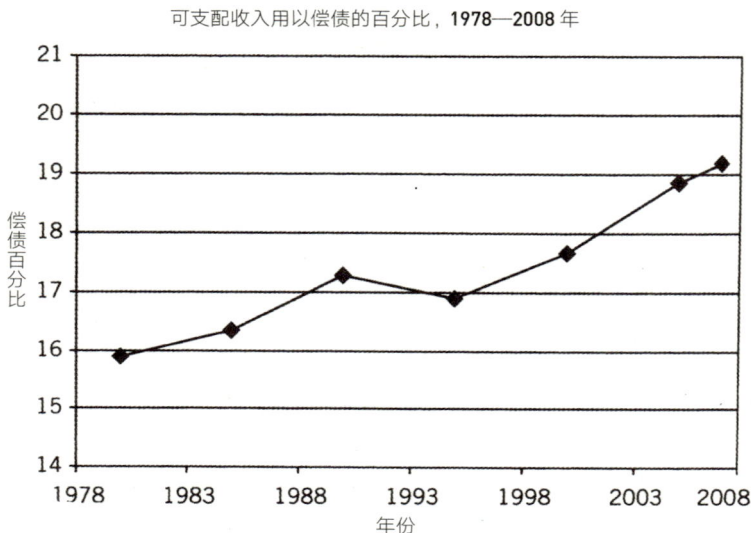

图 11

便是自恋现象具有文化性和宏观性本质的另一个例子。人们并不是某一天醒来，就突然决定买下所有的东西，好让自己看上去更富有——银行已经意识到如果让人们更容易获得贷款，它们就可以赚进更多钱。

当然，欠债也并不总是件坏事，尤其是从短期来看。有那么几年时间，经济债务带来的效果还是很好的——消费者在花钱，银行也因为赚了很多钱而非常高兴。人们觉得自己是赢家，开始以"投资人"自居，在鸡尾酒会上大谈自己的房子值多少钱。但是，后来信贷开始失控，物价猛然飞涨。紧接着，抵押贷款危机的爆发使得房价开始大跌，抵押品赎回权取消的情况骤增，整个经济突然间便陷入了困境。

回到几十年前，这种情况是根本不可能发生的。那时，人们

很难获得像现在这样条件宽松的信用贷款和房屋贷款。如果你想买一座昂贵的房子，但是你的收入并不足以负担30年的房屋贷款，也无法支付20%的首付，那很遗憾——你就不能买这样的房子。如果你想买辆豪华轿车，但是没钱买，那就不要买了。你的生活方式以及在别人面前所呈现出来的形象，都受到实际财富的限制。

可是接下来，无本金贷款、零首付房贷、汽车贷款，以及人人都可以申请到的信用卡出现了。每个人都能得到他们一直想要的、觉得应该得到的所有昂贵玩具和房子，不必再继续漫长的等待，这看上去很棒。人们可以像自己以为的那样如皇亲贵族一般生活，即使他们并没有足够的钱来支持也没关系——至少不必立刻付款。下个月你就该还信用卡账单了。好吧，也许可以明年再还。"可是我真的想要那台电视，"你抗议道，"大家都有一台大屏幕的平板电视。"

宽松信贷的出现——换句话说，就是有些人愿意，而且也有能力欠下巨额债务——使得人们可以将夸大了的自我成功展示给自己和这个世界。当然，这也鼓励了其他人通过借债的方式"跟上别人的脚步"。不幸的是，为了让自己看起来和感觉上像一个赢家而赊账购买奢华的消费品，就好比是为了改善心情而吸食可卡因一样。这两者初期的代价都很低，而且效果也很好——但只能维持一段非常短的时间。长远来讲，两者都会让你落得身无分文且情绪低落。现在，即使是宣告破产也不再能减轻多少负担——2005年，美国国会通过了破产法修正案，使得债务清偿变得更加困难。申请贷款越来越容易，我们最终所要面对的现实却变得越来越惨痛。

从本质上讲，2008年的那场经济危机很大程度上就是由自负和贪婪——自恋的两个主要症状——所造成的。在高额回报的诱惑下，出借方变得过于自信，开始放出一些超出人们偿还能力的高额房屋贷款，而购房者由于过度自信，也会选择这些房屋贷款——另外，他们也确实非常想要豪宅。开发商大举借债，建造了一片又一片的住宅区和公寓大楼，其中很多至今还空着无人居住。投资银行借贷了高达自己可用资产30至40倍的钱，并将相当于房屋所有者收入10倍的贷款当作所谓的可靠担保。每个人都陷入了自恋式的冒险狂欢中，却没能预料到其所带来的负面后果。就像我们在第三章中讨论的那样，由于敢于冒险的人会得到回报（银行靠房屋贷款挣了很多钱，人们也得到了自己想要的房子），因此在市场上涨时，自恋的想法能够带来很好的效果。但自恋在本质上还是一种不稳定的短期策略。一旦行情急转直下，因为风险更高，其所带来的灾难也会比往常更加严重，这最终表明自恋的想法是大错特错的。再见，幻想；你好，现实！简而言之，这便是2008年的真实写照。

快乐原则

身为心理学家，我们两个人在求学时都读过很多弗洛伊德的著作。如今，人们认为弗洛伊德太过于保守了——他对很多事情的看法都是错的。然而，弗洛伊德却是很多有用的心理学原则的首批提出人之一，比如潜意识的运作方式。在早期的一些作品中，弗洛伊德把心理学描述为婴幼儿时的愿望（称为"快乐原则"）

和成人世界的要求（称为"现实原则"）之间的战争。快乐原则会出现在梦境、幻想和人们的行为当中，但是一个人如果想在社会上发挥作用、茁壮成长，就必须留心现实所带来的影响。弗洛伊德并不认为现实原则要比快乐原则更好，而是仅仅把它当作现实。人们必须遵守现实原则。尽管一个人可以幻想过上奢华的生活，但现实往往不会让这些幻想真的发生。

作家兼讽刺家F. J. 奥罗克（P. J. O' Rourke）用一段关于上帝和圣诞老人的描述幽默地阐述了这一冲突。根据传说，如果你很乖，圣诞老人便会给你买礼物。但是，很显然大家都很乖（因为每个人都收到了礼物），因此，圣诞老人并没有给人的行为设定较高的标准。此外，圣诞老人送出去的礼物也不图任何回报。另一方面，上帝，尤其是《旧约》中的上帝则制定了一套信念和行为准则。如果你不遵守这些准则，就会一生遭受痛苦或者被扔进地狱里烧死。（即使你不相信上帝或者来生，也常常可以看到那些糟糕或者愚蠢的行为——也许频率不够高，但是经常能看到——在世俗生活中得到惩罚。）上帝和世俗的现实并不总是像圣诞老人那般容易相处。很显然，无论从哪个方面来看，圣诞老人都要比上帝好得多。最后，奥罗克一针见血地指出，其中的差别在于圣诞老人根本就不存在。

同样的情况也适用于快乐原则。如果我们能永远像孩子一样活着，所有的需求都能得到满足，所有的愿望都能实现，那当然很棒。但不幸的是，这种情况并不会——更重要的是，也不可能发生。

虽然我们因为沉迷于快乐原则而塑造出的自我形象并不是真的，但这并未阻止我们相信它是真的。在近期的一则广告中，一个小孩驾驶着一辆由肥皂盒做成的悍马造型的赛车。在其他赛车手出发后，驾驶着冒牌悍马的小男孩通过作弊手段，从赛道之外的野地穿过，最终赢得了比赛。这则广告唤起了观众内心的快乐原则，勾起了他们对自己儿时在肥皂箱赛车中战胜对手的幻想。如果在现实生活中尝试这样的作弊方法，最后你一定会被大家当面羞辱。但是在幻想世界中，这种行为是说得通的——你赢了，而且没被抓到作弊。对于悍马这样的汽车来说，这则广告很合适，它们那巨大的体积符合快乐原则，而在现实中，其巨大的耗油量则压瘪了人们的钱包（和整个地球）。

我们并不是说人们不该有梦想和幻想。毕竟想象是使一件事成为现实的第一步。我们确实经常达成想象中的目标，不过通常得经过大量的努力工作。然而，如今幻想和现实之间的距离已经被缩短了。现实原则已经被否定，至少暂时来讲是这样的，人们如今不必怎么努力便可以让幻想成为现实。宽松信贷就是让这种事成为可能的秘密"万能药"。

豪宅里的"忍者"

现在，你不必支付大量的现金，便可以开上自己想要的宝马车。只需要一路溜达到当地的宝马经销商门店，便可以花几百美元租到一个月的宝马使用权，甚至可以用信用卡支付首付款。如今，人们不再只想着如何挣钱，而是可以借钱，然后在自己和他人面前假装这些钱是自己挣来的。这种对物质商品和"打败邻居一家"的生活方式的追求与自恋密切相关。对于自恋者来说，物质商品（比如昂贵手表、豪车和有花岗岩流理台的巨大厨房等）就是社会地位的象征。不幸的是，这种物质主义最终带来的是自我毁灭；那些将变得富有作为人生终极目标（而不是把财富当作实现其他人生目标的结果）的人会更加不快乐，也更容易陷入抑郁。

就像2007—2008年的次贷危机所显示的那样，宽松信贷最大的增长发生在房屋贷款领域。过去，买房子往往是一项难以负担的责任，需要攒钱付首付，并说服银行你有足够多的钱偿还30年期的固定利率贷款。不久前，住房抵押贷款还与亨利·福特公司T型车的广告语相类似："你想要任何颜色都可以，只要它的底色是黑色。"你可以申请到任何形式的房屋贷款，只要它是30年期固定利率。过去几十年间，这种情况发生了变化，自2000年以来，出现了各种各样更有创意的贷款产品。首先，首付从20%降到了10%，然后又降到0%，以及我们最喜欢的-2%（你不仅不需要付首付，而且还可以立刻拿到部分现金——常常是为了支付贷款服务费）。许多房屋贷款出借方开始放出一些超出房屋所有者还款能力（按照传统方法计算）的贷款。2005年，简和她的丈夫打算买房时，圣地亚哥的一位房屋贷款出借方告诉她，只要她"觉得可以接受"，想借多少钱都可以。

在纪录片《信贷时代》（*Maxed Out*）中，詹姆斯·D.斯格劳克（James D. Scurlock）[01]讲述了这样一则故事：尽管每月的还款额度比自己月收入的两倍还多，但在家居连锁店工作的收银员仍然在洛杉矶贷款买了一间价值40万美元的公寓。这就是一种"自报收入"的贷款（或者可以称之为"骗子贷款"），即"在家居店

---

01 美国导演、制片人、撰稿人和财务顾问。

工作的这位收银员，可以在贷款申请表上填写从任何朋友口中所听说的银行想要看到的月收入（睁一只眼，闭一只眼），而且中介和银行都承诺不会去核实（轻轻推你一下，再推一下）"。直到2007年末次贷危机开始爆发之前，即便是信誉不好、收入证明文件不完善（无文件贷款）的人也可以申请到贷款，或者所谓的"忍者贷款"（NINJA loans，即 No Income，No Job，No Assets loans，意为无收入、无工作、无固定资产的人的贷款）。银行和购房者都自恋地认为房价永远不会下跌——但是，即便事实真的如此，这些贷款听起来也绝不是什么好主意。就像安迪·瑟沃尔（Andy Serwer）和艾伦·斯隆（Allan Sloan）2008年9月在《时代周刊》上所写的那样，银行家们抱怨道："我们怎么知道那些谎报了收入和资产的人会逃避偿还房贷，丢下贷款比实际金额还低的房屋？我们的电脑模型中可没有这点。"但是这是常识，如果一个人可以避开自负的话。

　　许多潜在的房屋所有者也会申请高风险、不规范的贷款。其中，较为常见的是浮动利率贷款——最初的3年、5年或者7年时间内的利率很低，之后利率会有所调整，而且通常是调得更高。另外还有无本金贷款——房屋所有者只需要支付利息，而不需要实际上偿还任何本金。接下来便出现了真正让人感到害怕的负摊销贷款，尽管首付款非常低，但是随着时间的推移，你所欠的债实际上是在增加的。2004年，简的丈夫调查了他的10位同事后发现，自己是唯一一个借有30年期固定利率房贷的人。其他人借的都是浮动利率或无本金贷款。这让简和她的丈夫觉得自己就像傻瓜一样。2005年，加州几乎有一半的新增房屋贷款是无本金贷款，而且平均首付率从20%降到了3%。简和她的丈夫是在2005年末房地产市场鼎盛时期买的房子，当时差一点就选择了无本金贷款。如果真的申请到，那将会是一场灾难，因为他们所在的社区房价在2005年到2008年之间下跌了10万美元。换句话说，即便是研究自恋的心理学家，在面对用花样繁多的房贷购买舒适、宽敞的房子这一现代欲望时，也无法保持免疫。

在南加州和其他一些房价较贵的市场，申请非常规贷款的常常是那些想要买房——即便是套非常小的公寓——的人。但是那些认为自己的房子一定要拥有3500平方英尺[01]的面积以及花岗岩流理台的中产阶级，也常常会利用宽松信贷来实现他们的物质梦想。而且，日常生活所必需的物质商品的标准也在年年升高。比如，独栋房屋的面积已经从1990年的1905平方英尺涨到了2005年的2227平方英尺。"我的父母在一座面积为1200平方英尺、仅有三间卧室和一个浴缸的房子里养活了我们六个孩子。"56岁的亚特兰大居民琳达在我们的网上调查中这样写道。如今，大多数坐落在郊区的房子都至少有两个卫生间（如果不是三个或者四个的话），而且许多只有两个孩子的家庭都认为1200平方英尺的房子对于他们来说太小了。只是拥有一座房子还不够好，还必须是座大房子，最好能超过2500平方英尺，大到每个孩子都能有自己的卧室——也许甚至是浴室。至少在大多数中产阶级家庭中，孩子们在房间中分割出一条线，或者冲姊妹大喊赶紧从卫生间里滚出来的日子早就一去不复返了。拥有更多的浴室和镀铬的卫浴洁具当然很好，但是自恋流行病已经让我们觉得这些都是自己应得的，而且马上就要得到——于是宽松信贷便让原本应该停留在美好而幼稚状态的幻想成为了现实。

---

01 1平方英尺约等于0.092903平方米。

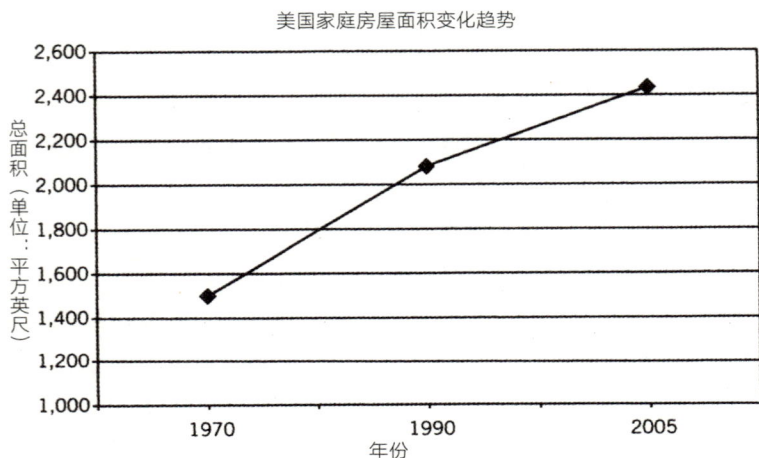

图 12

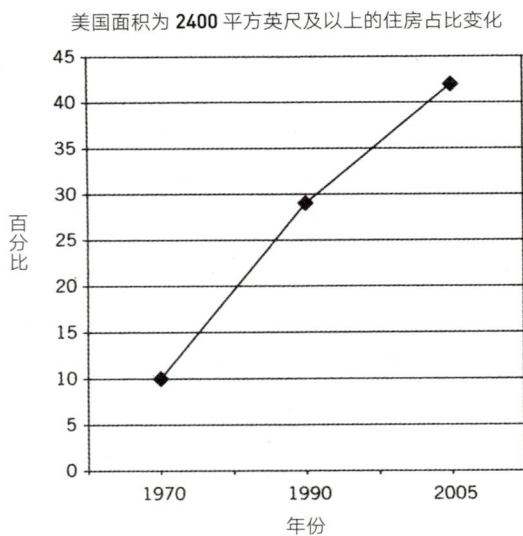

图 13

美国全国住房建筑商协会（National Association of Home Builders）的数据显示，过去35年间，尽管人们的家庭规模变得越来越小，但住房面积却增长了66%。

此外，兴建中的大型住房数量也在急剧增长。自1970年以来，面积超过2400平方英尺的住房数量已经是以前的四倍。如今，几乎有一半的新建住房的面积要大于2400平方英尺。

这一趋势很大程度上是由人们想要为每个家庭成员创造更多具有独立功能的房间所导致的。仅有一个浴室的房屋比率已经从1970年的52%降到了如今的5%以下。与之形成鲜明对比的是，拥有三个或四个浴室的住房数量从1970年的几乎没有，增长到了现在的25%以上。

在金字塔顶端的大型豪宅里，除了卧室和私人浴室之外，孩子们甚至有自己的游戏室或者媒体室。有些房子甚至配备了有体育场式的分层座椅的家庭电影院；另外还有许多房子的主卧实际上就相当于豪华套房。最近，基斯参观了一个朋友的新房子，赫然发现主卧套间竟然由六个房间组成（除了卧室本身，还有一间浴室、两间步入式衣帽间、一间办公室和一间健身房）。

不过，目前也出现了一些抵制建造豪宅的行为。尽管生活在这样的大房子里听上去很棒，但有些人认为这会加重家庭成员之间的疏离感，让人们感受到一种没有灵魂的痛苦。此外，它还会带来巨大的资源浪费。2007年秋，美国南部大部分地区都经历了一场严重的干旱。一连好几个月，基斯所居住的佐治亚州雅典市都完全禁止室外用水。然而，就在这场干旱危机中，居住在亚特兰大市郊区的一位市民却在一个月的时间内，用掉了足够60个家庭使用的 40 万加仑[01] 水。其中，大部分水都是用来维护大型房产的庭院造景。

对于豪宅的抵制导致有些人想要一些面积更小的房子，不过虽然面积小了，但价钱并不便宜。著名的建筑学畅销书《房子不用大》（*The Not So Big House*）是这样描述这一运动的，可以牺牲面积以换取更好的建筑作品和高档的成品。换句话说，它提倡的是生活在一个同大房子一样昂贵的小房子里。这种兴建住宅的方式更有利于环保，对邻居更好，也许对于我们的灵魂来说也更好，但并不能改善我们的债务状况。

如果你是因为无本金房屋贷款的诱惑而想要购买一座巨大的房子（或者甚至是一座非常温馨的小房子），随着偿还额度不断上涨，你会陷入麻烦。你买房时一分钱也没花，而且房价已经下跌，你无法靠抵押房子再融资，于是要购买食物放在那些壮观而光滑的花岗岩流理台上便变得越来越困难。

自恋式消费的连锁效应

以追求社会地位和奢华生活为目的的宽松信贷所带来的影响，已经渗透到了整个社会之中，影响到了追求地位的自恋者以外的人。自恋是一种会给他人带来痛苦的疾病。

2008 年的政府救助计划就是一个最好的例子。银行和购房者自恋地冒险，整个经济崩盘之后，却把纳税人留下来收拾烂摊子。

---

01 美制 1 加仑约等于 3.785 升。

甚至就连那些每月按时还信用卡、有一份负担得起的房屋贷款、鲜少会做出金融冒险行为的人，最终也不得不分担数十亿，或者可能是数百亿的税金，去救助贝尔斯登（Bear Stearns）、房利美（Fannie Mae）、房地美（Freddie Mac）和美国国际集团（AIG）等公司。或者，极有可能的是，他们的子孙后代也将继续分担。

我们并不是在将这场金融危机完全归咎于自恋；设计粗劣的金融模式和缺乏监管也是这场危机的帮凶。然而，自恋流行病却在不断促使人们过度消费，购买那些不断贬值的资产，塑造了一种接受、甚至是鼓励通过出售冒险性和投机性金融产品而迅速获利的文化。大众在了解这场金融风暴时，忽略了社会性自恋所发挥的作用。

《新闻周刊》（Newsweek）特约撰稿人伊芙·科南特（Eve Conant）在最近发表的一篇文章中描述了她的祖父——一位二战时期的难民——将面包屑装在塑料袋中，然后储藏在衣柜里的故事。"我的衣柜里也有一些塑料袋，"科南特写道，"但不同的是，其中装满了打算捐赠的漂亮衣服，因为我的衣柜太满了。"36岁的科南特承认："我们这一代不知道怎样节俭。在现在的谈话中，人们多长时间才会提到'俭朴'或者'节约'这些词，尤其是作为夸奖之意呢？对于我们而言，这些词有一种20世纪30年代的遥远气息。"如今，生活节俭已经不再是一件看上去很酷的事。

借助于信贷以及一些其他手段，别人看起来似乎比你更有钱，即使他们实际上可能像你一样，甚至比你生活得更艰难。希拉·博斯（Shira Boss）在其《非常嫉妒》（Green with Envy）一书中这样描述与新邻居见面时的感受："他们怎么可能有钱买得起这套公寓呢？哇——他们竟然雇人每周清理一次房子。我希望我们也可以承担得起这笔费用。"博斯表示，我们经常会被卷入这样的对比之中，因为金钱是最后的禁忌。尽管从你的房子、衣服、汽车、假期等一切都可以显示出你有多有钱，但是公开谈论金钱却是不礼貌的。问别人欠有多少房屋贷款，或者确切地问怎么买得起某样东西也是不礼貌的。人们把自己的债务隐藏得很深，但是从来不会对自己有多少财产遮遮掩掩。因此从外表上看，一切都显得很轻松。但是接着，"抵押出售"的牌子就挂上了。

此外，靠借贷支撑的过度消费也可能超出追求社会地位的范围，慢慢靠近真正的疾病。花钱购买物质商品在给人带来快感的同时，也有可能演变成一种让人上瘾的疾病。心理学家保罗·罗斯（Paul Rose）发现，与普通人相比，自恋者更可能变成购物狂，这种行为现在被看作一种瘾。购物成瘾与物质主义（自恋所造成的后果）有关。此外，其与冲动性也有着密不可分的关系，这种特质和自恋一样，靠牺牲长远利益来换取短期的愉悦。在万事达卡最近的一条广告中，一位刚刚修完脚趾甲的女士"必须"买双新鞋来炫耀自己的脚趾甲，然后又"必须"买条红色的裙子来搭配新买的鞋子。这条广告结尾是一句自恋陷阱式的标语："活在当下是最无价的。"实际上，更符合事实的说法应该是："靠20年期、年利率为18%的贷款修脚趾甲、买新鞋子，实际上是一种非常、非常昂贵的消费选择。"

就像所有的上瘾症状一样，购物成瘾除了伤害自身之外，也会给他人带来伤害，而且耗光的不仅是个人资源，还有整个家庭的资源。一对上瘾于购买时髦衣服和酷炫电子产品的夫妇可以毁掉整个家庭。除了经济损失之外，这些上瘾也会给人带来一些其他损失。由于认为满足成瘾性要比充满温情的人际关系更加重要，因此上瘾者会曼慢疏远他人。此外，因为上瘾者经常为了掩盖自己的花钱习惯而不断撒谎，久而久之人们便不再会信任他们。据估计，全美大概有6000万名购物狂，购物成瘾已经毁掉了很多家庭。

然而，如昊宽松信贷没有出现，购物成瘾的情况将大大减少。喝醉了的水手在登岸假期间最多也只能花光自己身上所带的钱，但购物狂会直到花尽自己的信用额度才肯罢休。在今天的美国，信贷这口"井"非常深，除非整个人完全没入水中，否则没有人或事可以阻止购物狂们继续挥霍。

山姆大叔也是如此

事实上，美国消费者只不过是在追随政府的步伐，如今美国所欠的外债已经超过9万亿美元，也就是说每位公民大约欠有3万美元的外债。而且，这一数字还是美国政府在2008年救助各大金融公司之前计算得出的，也就是说总数实际上还要在某个地方加上2万亿美元。糟糕，那样的话每个人欠的钱差不多就有3.7万美元了。

山姆大叔仿佛开了一个免费的午餐站。选民们免费获得一些钱，来源包括人为制定的低税制、入不敷出的社会保障福利，以及一大堆政客才好选民的方案，因此，选民会一次又一次地选出那些政客担任公职。这就好比是从根本上否定了现实原则，人们想要什么就可以得到什么。理论上讲，没有人必须为此买单。除了克林顿第二任期结束前有过短暂的减缓之外，美国政府的超支情况已经持续了数十年。而且，几乎有10%的国家债务是政府之前所欠债务需要支付的利息。

其中，大约有一半的钱是从美国的海外朋友那儿借的。比如中国和日本，这两个友好国家借给美国的钱加起来已经有1万亿美元。反过来，他们又会把全新的平板电视（大多数都是中国制造）卖给你，再把借给你的钱中的一部分挣回来。也就是说，你买平板电视的钱有一部分落到了中国人手里，然后他们又会把这些钱借给美国政府，让政府用来支付社会保障福利，以及偿还去年借款的利息。2008年，政府由于救助金融公司而进一步深陷债务危机时，政客们看起来就像是英雄一样。当然，那只是假象。也正是这些政客让我们陷入了这场金融危机的泥潭（不，等等，应该是另一党派！），所有的钱都是借来的。现实是，美国已经破产了。但是，嘿，我们可都有漂亮的平板电视，而且依旧可以把自己的问题归咎于别人。

联邦政府已经让美国人"不劳而获"的想法达到了非常高的程度，而民众对于直面这一现实，或者说为其承担责任，一点儿也不感兴趣。他们关心的只是自己所能得到的权益和好处，任何人只要挡了他们的路就会被赶下台。短期来讲，大家都会感觉很棒——可以得到免费的钱，可以大肆赞扬美国是一个多么富饶和繁荣的国度。但长远来看，后果却不可能那么好看。从这种意义上讲，联邦政府的债务就像通过喝血腥玛丽[01]来解酒一样——短期内也许会有效，却不能长久地发挥作用。现在的美国已经见证到了债台高筑所造成的一些后果：许多经济学家表示，美元贬值

---

01 Bloody Mary，一种含番茄汁的鸡尾酒。

的部分原因就在于我们所欠的巨额国债。2008 年，美元兑欧元的汇率达到历史新低，并且自 1977 年以来，首次出现几乎和加元等值的情况。

富人是怎样变富的？

如果一个国家里有很大一部分人——和联邦政府一样——生活在自己是挥金如土的富人的幻想中，那么，那些真正富有的人在做些什么呢？他们也会陷入借债的狂热中吗？事实并非如此。积累资产的秘诀在于建立有价值的东西，比如事业、投资组合，或者直接将收入存起来。那些百万富翁之所以成为百万富翁，靠的可不是贷款购买iPod和宝马。与立即看上去很富有的欲望相比，那些最为成功的人往往更看重财富积累这一更长远的目标。换句话说，他们选择遵循现实原则，而不是快乐原则。

《邻家的百万富翁》（*The Millionaire Next Door*）一书的作者托马斯·斯坦利（Thomas Stanley）和威廉·丹科（William Danko）最初也认为，百万富翁都应该有一些昂贵的品味和习惯。然而经过一番研究后，他们发现这种想法是错误的。在一次与会者的身家都至少在 1000 万美元的会议上，两位作者准备了一桌精美的酒菜，认为这些百万富翁们应该会喜欢。但是，当他们把一杯高档的葡萄酒递给其中一人时，对方却直接拒绝了。"我只喝两种啤酒，"他说，"免费的和百威。"

简而言之，斯坦利和丹科所研究的百万富翁都很节俭。许多人开二手车，很少花钱，把大部分钱都攒了下来。他们发现，百万富翁身上的七大关键特质中，至少有两点是直接与自恋相悖的。首先，百万富翁的生活水平远低于他们的收入水平。其次，他们"认为经济独立要比向别人炫耀崇高的社会地位更加重要"。斯坦利和丹科所采访的百万富翁不追求社会地位，而是想要获得真正的财富和独立。我们目前的自恋文化也许会问："如果不能炫耀，那为什么还要当富人呢？"面对这一问题，许多百万富翁会说，拥有财富给他们带来了一种自由感，这种感觉要比"看上去"很富有的短暂快乐重要得多。

《邻家的百万富翁》当中的发现与我们的直觉是相反的。美国人看到那些开着豪车、穿着奢华衣服的人就会假定他们一定很有钱。但实际上，更安全的说法是他们肯定欠了不少债。21世纪最初10年后期使整个经济陷入瘫痪的信贷危机，本质上就是快乐原则和现实原则二者冲突的结果。对于快乐原则来说，自恋会发挥作用——它看起来很棒，而且人们也可以得到自己想要的东西——但是会伤害到他人，长远来看甚至会伤害到自己。与之相反，现实原则既没有那么光鲜也无法起到自我推销作用，但是能带来真正的财富。至少在2008年之前，大多数美国人仍然生活在自恋的快乐原则之下。愈发宽松的信贷使他们可以实现浮华的物质主义幻想——直至账单到期。

如今，信贷的收紧，至少房屋贷款是这样，也许会减缓自恋流行病的蔓延速度。不过，由于类似无本金贷款的奇特贷款最常让银行赚到钱，因此这类贷款形式很可能会继续存在下去。而且，现在我们仍然可以很容易地申请到信用卡——基斯的两个女儿（都还不到6岁）一直在被推销办信用卡。当婴儿都可以在自己的信用卡上糊口水时，我们担心的事就来临了。

第三部分

自恋的症状

section 3

Symptoms of
Narcissism

第九章

废话，我当然很火辣！——爱慕虚荣

广告中的女士咧着大嘴笑得前仰后合。一个女性声音大声说道："头不要往后仰！表现自己，向医生咨询肉毒杆菌美容方面的事情！总之，最重要的是拥有表现的自由。"仅2006年一年时间里，肉毒杆菌的注射数量就达到320万次，是1997年的49倍。按照肉毒杆菌网站上的说法，这种美容方法"可以减少肌肉活动，抚平由于长时间肌肉活动而在额头上产生的皱纹"。换句话说，注射了肉毒杆菌之后，实际上你的自我表现力降低了很多。但是这并未阻止大规模的肉毒杆菌宣传活动，这些广告恰恰抓住了自恋流行病的命脉，承诺不仅可以赋予你自我表现的个人主义价值，而且可以满足你想看起来更年轻的虚荣心。尽管实际上这二者不可能同时兼得，但我们都想一起拥有，因此广告策略便会迎合我们，做出承诺。

美国人对于外表的日益痴迷，显然是爱上了自己倒影的自恋文化的明显症状。正如希腊神话所说的那样，自恋的人认为他们比别人长得更迷人（尽管从客观上讲并非如此）。与较为谦虚的学生相比，自恋的大学生会在Facebook上放更性感的个人照片。仅仅是观察某个人或者他的照片，我们就能判断出他是否可能是自恋者。心理学家斯明·瓦兹（Simine Vazire）和她的同事开展的一项有趣研究发现，自恋者更喜欢穿昂贵的、引人注意的衣服。自恋的女性更常化浓妆，而且也会更多地显露自己的乳沟。此外，不管是男性自恋者，还是女性自恋者，都倾向于花很多时间来使自己看起来"神采奕奕"。换句话说，自恋者把他们的外表当成了一种追求社会地位和吸引他人注目的方式。

在《你真自负》（*You Are So Vain*）这首著名的歌中，卡莉·赛门（Carly Simon）这样唱道："你看着镜子，欣赏跳着加沃特舞的自己。"自恋的人喜欢看自己出现在录影带中，并声称看着镜子中的自己可以帮助他们提升自信心。自恋人格量表中也包含一些类似的表述，比如"我喜欢看着镜子中的自己""在公共场合如果人们注意不到我长什么样，我会感到很沮丧"以及"我喜欢炫耀自己的身体"。爱慕虚荣看上去并没有什么坏处，而且常常也确实是如此，但这种心理常常会导致自我中心主义，引发很多与自恋相关的消极行为。被指控谋杀室友的阿曼达·诺克斯（Amanda Knox）在狱中日记里写道："如果能有一小时的外出时间，我想面朝太阳坐在地上，这样我就能把皮肤晒成古铜色了。我收到了很多狱友和仰慕者写来的信，他们在信中说我很性感，想和我做爱。"

我们并不是说所有做过整形手术、注射过肉毒杆菌、穿昂贵衣服，或者显露乳沟的人都是自恋狂。自恋流行病不仅让这些改善外表的方法更容易被人接受，而且在某些社群中，甚至令人期盼。就像自恋流行病的其他方面一样，这一趋势也是由自恋的人最先引发，然后又慢慢将其他不那么自我中心的人拖下水的。简单点说，我们的标准已经变了。在几十年前，当了妈妈的人肚子上有点脂肪这很正常；到了一定的年龄（之前的标准是40岁，甚至是30岁）看起来有点发福也在所难免。现在，40岁左右甚至是50左右的女士也开始穿比基尼和镂空衬衣——至少明星们是如此，而在如今的文化中，那意味着我们其他人也非常渴望这点。但是你必须有一片平坦的腹部才能穿得好看，于是你躺在了手术刀之下。或者你放弃手术，直接穿上镂空装，让肚子上的赘肉就那么垂着，将自恋的另一面展示给别人——完全无视自己在他人面前的实际样子（无论怎样，都觉得"我看起来真火辣！"）。

美貌一直以来都是一种美德，只不过人们最近对于美貌的追求达到了一个全新的高度。如今的虚荣有了一个全新的标准，单单长得漂亮是不够的；你还必须很火辣。歌手艾薇儿·拉维妮(Avril Lavigne）显然深谙这点——她几乎是光着上身出现在杂志封面上，身后还用黄色字体写着"废话，我当然很火辣！"甚至还有一个非常受欢迎的网站——hotornot.com（辣不辣），供人们把自己的照片上传到网站上让陌生人打分。满分为10分(10分代表"火辣"，1分代表"不火辣"）。据该网站数据显示，截至目前，其已经收集到了120亿份对于人们火辣程度的评分。

身为将"火辣"当作根本美德的倡导者之一，帕丽斯·希尔顿简直就是这种新式美德的象征。她2004年被盗的手机中几乎全是自己的照片。在好莱坞家中沙发上部，她也挂了一张自己的巨幅照片。既然花了这么多时间和金钱来完善自己的外表，那么干吗不这样做呢？帕里斯会定期涂抹晒黑乳液、接长头发、美白牙齿，甚至给自己的棕色眼睛配了一副蓝色的隐形眼镜，将所有最近的美容新方法都尝试了个遍。"芭比娃娃是我心目中的一位英雄，"帕里斯这样说道，"她也许什么都没做，但是她做事时总是看起来非常漂亮。"

追求火辣

　　许多人正在想尽一切办法让自己看上去更火辣。即使对于那些不选择做整形手术（或者注射肉毒杆菌）的人来说，改善外表也变得越来越流行。在20世纪90年代，几乎没有人真正关心你的牙齿是否有点黄。而如今，泛黄的牙齿则成为了一个明显标志，代表你放任自流，或者承担不起牙医诊所（或者甚至是佳洁士净白牙贴）的牙齿美白费用。20世纪90年代的人买牙膏时担心的是牙垢增长和对于牙龈的损伤；到了21世纪，我们担心的则是自己的牙齿是否足够白。

　　尽管你的牙齿应该是白色的，但你的肤色却并不尽然。现在，日光浴床变得非常受欢迎，以至于父母们开始担心青少年会过度使用。在10年前几乎没人听说过的晒黑喷雾如今一下子流行了起来，人们只需喷一喷这种色素便可以拥有一身看上去像自然形成一样的古铜色肌肤。当然，在喷晒黑喷雾之前，可要确保你的体毛是完美的——尤其是你的眉毛。很显然，眉形师伊丽莎·佩特雷斯库（Eliza Petrescu）引领了这一潮流；她将自己称为"最初的拱形艺术家"。她的网站上提供的信息显示，是伊丽莎"将眉毛造型带到了美容界，并将其变成一个美容惯例。它不是一种趋势，而是男人和女人美容时所'必需'的程序"。仅仅花上120美元，伊丽莎便可以为你设计一款完美的眉毛造型。就像牙齿美白一样，修眉之风开始蔓延开来：一开始是明星们修眉，接着是你的老板，你的孩子也想试试，之后为了不让自己看起来像个原始人，你也想要修修自己的眉毛。再接下来的事情我们都知道了，"拱形艺术家"会登上《芝麻街》，然后我们就再也认不出伯特（Bert）[01]了。

20年前，大多数美国人认为SPA就是在一个大大的圆形浴盆中装满飘着气泡的热水。现在，"SPA度假日"变得很常见，人们经常会选择到一个配备足疗、美甲、泥浆美肤、按摩、瑜伽，甚至整形手术（比如注射肉毒杆菌）的场所泡上一天。自1997年以来，美国的SPA数量增加了一倍，顾客数量增加了两倍。越来越多的酒店和度假村开始提供SPA疗法，而且其服务类型还在不断增加。

尽管上面所说的很多改善外表的方法在好莱坞以及演员中间一直都很常见，但是以往只适用于华纳兄弟公司旗下演员的外表美标准，却慢慢开始向其他人群扩散。就像一款减肥产品所承诺的那样："武夷乌龙茶疗法能让你看上去像好莱坞明星一样苗条！"在我们的网上调查中，很多参与者也提到与父母一代相比，现今的人们对待外表美的标准发生了怎样的变化。"我比以往任何时候都感受到更大的压力，这种压力促使我想尽一切办法来改善自己的外表，"来自俄克拉荷马州塔尔萨市、35岁的詹妮弗说道，"我不仅染头发，也会修眉毛。我的父母之前从没做过这些，但是在社交方面也一直能被人们接受，甚至受到赞赏。如今，染发和脱毛成为了主流，为了满足社会对于外表美的标准，所有人都'必须'这样做。"

其中的一些标准也透露出，我们的文化正在朝着持续年轻化的方向发展。不久以前，看上去老成一点儿被认为是惹人注目、受人尊敬的，尤其是对于男性来说。人们认为有白头发很正常，

---

01 儿童教育电视节目《芝麻街》中的主要角色之一。

有体毛也是可以接受的。20世纪70年代时，大众认为有体毛的男性很迷人——想想伯特·雷诺兹（Burt Reynolds）[01]。体毛是一种男子气概的象征：只有男人才有胸毛，小男孩是没有的。但如今已经不再如此，从10岁的小孩子到50岁的老人，大家都想让自己看起来像青少年或者20岁左右的样子。小女孩们渴望更早蜕变成少女；许多刚上三年级的小女孩现在会化妆出门，做专业的足疗，过生日时还会收到美容培训之类的礼物。有些20岁左右的年轻人开始喷晒黑喷雾，修整眉毛。各个年龄段的人都争相模仿的青少年时期，恰恰也是人这一生中最为自恋、最注重外表的时期，这显然并非偶然因素所致。

也许是因为注重年轻，卖弄身体变得比以往常见许多。一直到90年代中期，对于女性来说，肥大的衬衣和宽松的高腰式裙子还被认为是时尚的象征。但如今，更时髦的打扮是一条低到足以炫耀丁字裤的低腰裤，外加一件可以露出大部分乳沟的低胸衬衣。曾经高中毕业舞会上略带脂粉气、色彩柔和的蓬蓬裙如今也变成了紧身抹胸款式，而且许多裙子还有低胸的紧身胸衣和可以露出腹部的开口。最近，简在观看一集1988年的电视剧《蓝色月光侦探社》（Moonlighting）时惊讶地发现，尽管剧中布鲁斯·威利斯（Bruce Willis）[02]在酒吧遇见的那个泼妇看上去非常迷人（这点是不可否认的），但是她所穿的高领外套却几乎覆盖了从下巴到膝盖的整个身体。实际上，简原本不必这样吃惊，因为她自己1989年在高中毕业舞会上穿的裙子看上去就像是一顶薄荷绿色的帐篷。

现在，人们没有任何借口不展露自己的身体。27岁的艾米丽

01 20世纪70年代的美国演员、导演。
02 美国演员、制片人、歌手。

在我们的网上调查中写道："如今的社会再也不能接受'我生完孩子后胖了，那又怎样'的说法了。明星们也都有自己的孩子，但是生完孩子两周后却能看上去像是得了厌食症一样苗条。"随便翻阅一下《人物》《我们周刊》或者《生活时尚》（Life & Style）等杂志，你就会明白艾米丽话语中的含义。几乎每本杂志都开设有"产后身材"专栏，来展示那些由于基因较好（或者是有不错的私人教练）而在生产后身材依然保持得很好的人，这明显在暗示，你在抱着4个月大的孩子时，也应该要能穿上比基尼，而且看上去身材健美才对。如今的女性渴望成为"MILF"（"mother I'd like to fuck"，意思是"有性诱惑力的母亲"，现代社会的人们非常直接）。托蕊·斯培林听说《飞越比弗利》（Beverly Hills, 90210）可能拍摄新版之后，这样说道："他们应该给我打个电话。每部青春偶像剧都需要一位'MILF'式的母亲不是吗？"一位博主在回复她的评论中写道："有种东西叫尊严，各位。它源自其他地方，而不是生完孩子之后，在那些沉迷于淫秽影视作品的男人眼中保持性诱惑力，毕竟那些家伙可以对任何事物产生欲望。"

现在，在"有就要炫耀"的幌子下，展示自己紧绷的腹部变得非常流行。人们认为炫耀是一种正确的做法。在简所任教的圣地亚哥州立大学，学生们每年秋季学期末都要举行一场"内衣跑"比赛（说是为了做慈善，然而……）。2007年的"内衣跑"比赛照片被上传到了一个公共网站上，线条优美的大学生在相机前摆出各种姿势炫耀自己的身材，其中还包括3名女学生身穿屁股上印有"给我拍照"字样的三角裤的照片。在照片中，她们一边用手指着这句标语，一边冲相机摆出撅屁股的造型。

不过，与高中生们现在的行为比起来，大学生穿着内衣拍照则显得乏味多了。2008年的一项问卷调查惊人地发现，有四分之一的少女曾经通过互联网或者手机发送自己的裸照或者近乎全裸的照片给他人。尽管这些照片有时只是打算发给某个人看，但最终常常会在数百位青少年之间广泛传播。

文化上重视外表带来的阴暗面之一是饮食障碍患者数量增长。许多患有饮食障碍的人同时也在经受着"易受伤害"型自恋（常常伴有焦虑和抑郁）所带来的痛苦。自我欣赏和外表上看起来更迷人的社会压力——这二者表现在当今文化的方方面面之中——叠加在一起诱发了饮食障碍。

在某些情况下，追求虚荣充斥着更加自恋的竞争意味，那首流行的嘻哈歌曲也许是这方面最好的例证，歌词中问道："你难道不希望你的女朋友像我一样火辣吗？"如今在有些社群里，一些高中女孩开始用发裸照的方式来跟喜欢的男孩子"调情"。比如，俄亥俄州哥伦布市的一位女孩就将这样的一张照片发了出去，然后打电话给自己喜欢的男孩，问他："我的身材是不是比你女朋友的要好啊？"正如我们将会在第十三章中谈到的那样，从感情关系角度来讲，这样的行为不可能造就出稳定的、情感上非常亲密的恋爱关系（尽管它确实有可能带来短暂的交往）。大多数情况下，追逐虚荣的目的并不是建立长久的恋爱关系，而是尽可能吸引更多人的注意。

现在，让自己死后看上去很棒甚至也变得非常重要。一项研究发现，近来报纸上刊登的讣告将死去的人塑造得更加年轻——至少要年轻15岁，而且这样的比例是20世纪60年代的两倍。"讣告和其中的照片本身就反映了某个特定时期的社会状况，"这项研究的作者基斯·安德森（Keith Anderson）说道。在他看来，这项研究表明我们的文化已经变得越来越抵触老龄化。与男性相比，女性的讣告照片采用较年轻容貌的概率要高得多。

在这种外貌的新式高标准面前，男性也没能幸免。如今，拥有"雕塑般"的胸肌和"六块"腹肌对于男性来说非常重要。时代变了：潘奇（Ponch）[01]曾被认为是个猛男，即使他没有结实的腹肌。可是现在的都市美男不仅有腹肌，而且还知道什么是保湿乳液。即使在《粉雄救兵》（Queer Eye for the Straight Guy）之类的电视节目出现之前，对于男性而言，打扮自己也已经变得更加重要。在产值达数十亿美元的美容产业内，男士护肤是增长最为迅猛的一块业务，仅在 2005 年的一年时间里，男士护肤品的销量就几乎增加了 50%。对于年轻一代来说尤其如此，他们"比他们的长辈更经常脱毛、锻炼身体、做发型，以及光顾日光浴沙龙"，一家男士时尚公关公司的创始人埃迪娜·苏塔尼克-席尔瓦（Edina Sultanik-Silver）这样说道。那么，他们为什么要这样做呢？"因为他们成长在 MTV、互联网和真人秀节目诞生的时代。他们生命的每一分钟几乎都是拍照时间，（因此）他们总希望自己随时看起来都像是准备好出名 15 分钟一样。"她进一步解释道。

这一点在女性身上反映更加明显。25 岁的艾比（Abby）在 Lifetime 电视台的一部纪录片中讲述自己的故事时，实际上已经身负 3 万多美元的债务。这绝非偶然，其中部分原因是为了上电视，她"不得不"去做美甲，去做专业染发，购买最好的衣服。当她和朋友出去购物时，他们都会把衣服描述成"这件穿上去像是詹妮弗·安妮斯顿（Jennifer Aniston）[02]"，或者"我在一本杂志里看到

---

01 80 年代早期电视剧《加州巡警》（ChiPs）中的主角。
02 美国影视演员、制片人、导演、监制。

杰西卡·阿尔芭（Jessica Alba）[01]穿过这件衣服"，就仿佛狗仔队随时都会偷拍她们一样。如果真有人偷拍——即便所谓的狗仔实际上就是你所爱的人——让自己看上去很棒也是一件非常重要的事。31岁的梅丽莎生完第一个孩子之后，将去医院生产时的一些"窍门"传授给了自己怀孕的朋友，其中包括备好梳子和化妆品，以便于在用力分娩之前的片刻停歇时间里可以梳妆打扮一下。这么做的目的是什么？当然是使你在产后和宝宝的合照上看起来更加光鲜靓丽。

动刀：整形手术变得更加平常

如果照完了那些光彩夺目的产后照片之后，你的肚子仍然没有缩回去，那就动手术吧。"妈妈大变身"——生完几个孩子之后做乳房提拉手术、腹部整形手术、隆胸手术——正慢慢变成热门趋势，仅在2006年就有32.5万名年龄在20到39岁之间的女性做了这些手术。"我认识的所有人都说生完孩子之后要做胸部整形手术，但从未听说我妈妈那一代人有做这种手术的！"来自丹佛、27岁的凯蒂说道。

如今，向孩子们解释什么是整形手术是一个非常常见的难题，以至于整形外科医生迈克尔·苏兹豪尔（Michael Salzhauer）专门在2008年出版了《我的漂亮妈妈》一书，向孩子们讲述妈妈做完隆鼻、隆胸和腹部整形手术后会发生什么。书的封面是一位身材瘦削但

---

01 美国影视演员。

胸部丰满的年轻妈妈，她穿着一件衬衫，展露着自己平坦的小腹，围绕在身边的是一些仙尘、星星和蝴蝶。小女儿踮着脚站在她身边，一只小手拿着泰迪熊的同时，还崇拜地张开双臂，对着妈妈开心微笑着，仿佛在说："我为妈妈平坦的小腹感到非常骄傲！"在书中，我们看到这位妈妈去看医生（小女孩所听到的细节只有"等等，等等，等等"），接着妈妈躺在床上，鼻子和腹部缠满了绷带。当然，最后看到妈妈"更漂亮"的鼻子以及听到她说"感觉更好了"时，小女孩感到非常高兴。书中的文字故意避谈隆胸环节，但"手术后"的插图却在有意展示妈妈更丰满、更挺拔的胸部。

美国整形手术量，1997—2007 年

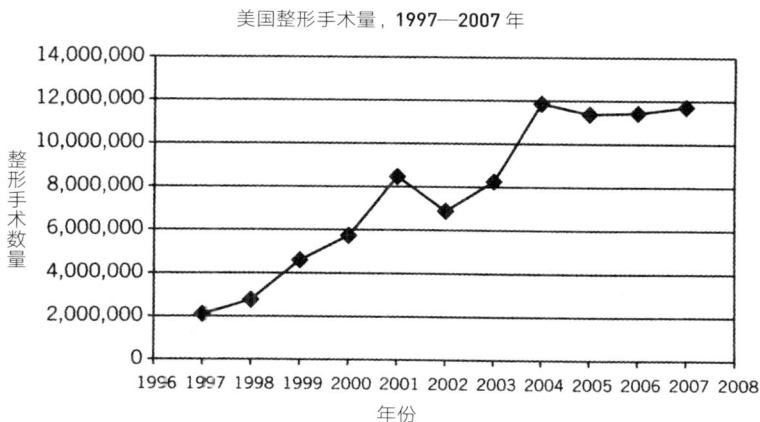

图 14

整形手术，这一曾经只有生活在曼哈顿或者好莱坞的妇女到了一定年龄段才会选择去做的事情，如今正在变得越来越年轻化、普遍化。仅在2006年到2007年的一年时间内，美国年轻女性做隆胸手术的人数就上涨了55%。总体来讲，有1170万美国人在2007年做过整形手术，这一数字较2006年增加了8%，是1997年的5倍多。

其中，注射肉毒杆菌是一种最为常见的整容方法，占据着增加手术量的大部分（在1997年只有65157人选择注射肉毒杆菌，而到2007年这一数字则增加了42倍，达到280万人。）"我曾经注射过肉毒杆菌。所有人都这么干过！"演员大卫·哈塞尔霍夫（David Hasselhoff）如此声称。

不同类型整形手术的增长速率,1997—2007年

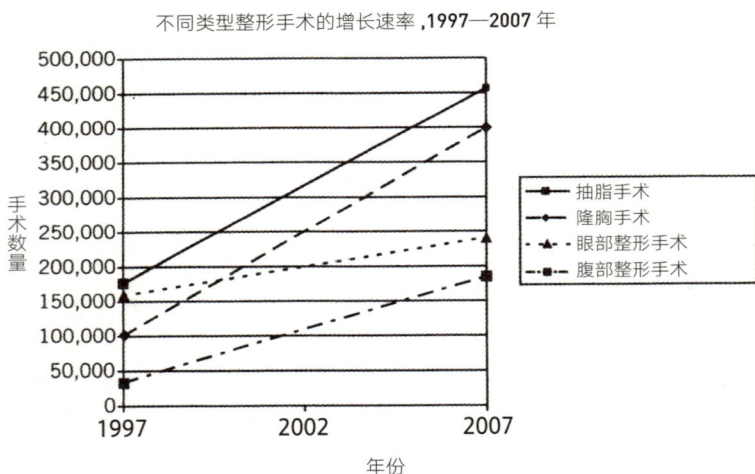

图 **15**

此外，有创性手术也变得越来越流行。与1997年相比，2007年接受隆胸手术的女性人数增加了三倍（将近有40万人），接受抽脂手术的人数也增加了一倍多（几乎有50万人）。虽然我们可以将这一增长的部分原因归结于"婴儿潮"一代逐渐步入老龄化阶段，但不可否认的是越来越多的年轻人也开始为整形手术而着迷，并且更加赞同这种行为。2008年的一项民意调查发现，18到24岁的人中有69%赞成整形手术。与之相比，65岁以上的人中只有41%对此表示赞同。越来越年轻的好莱坞明星开始认可用整形

手术来延长演艺生涯的做法。"哦，我绝对相信整容。我可不想看起来像个丑老太婆，那一点儿都不好玩。"演员斯嘉丽·约翰逊（Scarlett Johansson）说。她说这句话时只有21岁。

"说年轻人最赞成做整形手术有一定的道理，"美国整形外科学会（American Society for Aesthetic Plastic Surgery）会长福德·纳哈（Foad Nahai）博士表示，"20年前，人们认为只有电影明星和富有的女人才会做整形手术。而如今，大家在成长过程中就有亲友公开谈论他们做过的，或者未来将要去做的整形手术。"此外，人们选择做整形手术的理由也发生了转变：不久以前，整形手术主要还是用来帮助那些先天性身体畸形、烧伤，或者面部受伤的患者，让他们看上去和别人一样——而不是让他们看上去比别人更好看，或者更年轻。

就像《纽约时报》刊登的一篇题为《亲爱的伴娘，你需要注射肉毒杆菌》（It's Botox for You, Dear Bridesmaids）的文章所解释的那样，现在有些新娘开始要求伴娘接受皮肤整形手术。一位居住在比弗利山的整形外科医生表示，自从他在2006年推出"婚礼美容套餐"以来，业绩上涨了40%。伟大婚礼展览集团（Great Bridal Expo Group）总裁威廉·F.希顿（William F. Heaton）也表示，仅在5年时间里，整形外科医生、皮肤科医生和牙齿美白的展位数量便由近乎为零变得非常常见。贝琪的朋友就要求她和其他五位伴娘在婚礼前去做隆胸手术——那位医生甚至愿意让她们享受"团体价"。结果，她断然拒绝了这一要求。

在某些圈子里，美化过的身体部位还带上了昂贵奢侈品的烙印。《美丽瘾君子》（Beauty Junkies）一书的作者亚丽克斯·库钦斯基（Alex Kuczynski）有天晚上在芭蕾舞剧场见到了一位熟人，对方一见面就立刻扯开自己的衬衣，展示出掩盖在蕾丝胸罩下的大卫·伊达尔戈（David Hidalgo）医生的隆胸手术成果。"亲爱的，"她说道，"看看伊达尔戈医生给我做的隆胸手术！我两周前才做的！"

不过，许多承受不起伊达尔戈的隆胸手术的人，也在尝试其他的整形手术。然而，大多数对整形手术感兴趣的人年收入却不足6万美元。2008年6月，《人物》杂志报道了一个邮局员工、一个士兵、一个牙医助手和一个警察分别花费5500～15200美元做隆胸、颈部拉皮等整形手术的经历。其中，那位邮局员工以9.9%的利率，刷卡支付了7000美元去做腹部整形手术。

电视节目让整形手术看上去更酷。美国MTV频道的《我想要张明星脸》（*I Want a Famous Face*）就是一档展示年轻人为了变得更像他们最喜欢的明星而做整形手术的节目。其官网上是这样解释的："《我想要张明星脸》会全程追踪12位年轻人，记录他们为了变得更像自己最喜欢的明星，而接受整形手术的整个过程。不管是想要变成帕米拉·安德森（Pamela Anderson）[01]，还是希望变得更像珍妮·杰克逊（Janet Jackson）[02]，他们的目标并不是让自己看上去与众不同，而是想要看上去和他们最喜欢的明星一模一样。"比如，20岁的双胞胎兄弟马特（Matt）和迈克（Mike）就想变得像布拉德·皮特（Brad Pitt）[03]，因为这样他们才可以成为著名演员。（事实经常如此，自恋文化中的几个表征往往是相互交织在一起的。在这儿，对名声和明星的追逐便同虚荣心交汇在一起，而且还加入

01 美国演员、模特，多次成为《花花公子》封面女郎。
02 美国歌手、演员，与兄长迈克尔·杰克逊同为美国流行音乐史上的重要人物。
03 美国电影演员、制片人。

了自我欣赏。这一集在网络上的片段就取名为"小伙子们找到了自信"。）整容服务型真人秀节目《改头换面》（*Extreme Makeover*）通过下巴植入、牙齿镶饰、腹部整形、隆胸手术，以及一些传统的美容方式（如新的发型、化妆和更好看的衣服），使人们在原本的基础上变得更加好看。与之相似的另一档节目《天鹅》（*The Swan*）则通过大量的整形手术，将人们改造成他们理想中的模样。

这些节目已经完全超出了娱乐层面——很显然，它们已经影响了很多人，让人们开始选择去咨询整形外科医生。一项发表在医学期刊《整形与再造外科》（*Plastic and Reconstructive Surgery*）上的研究发现，有五分之四的整形手术接受者表示，他们是在这些电视节目的影响下选择去做整形手术的，这简直令人难以置信。那些经常观看这些节目的人不仅觉得自己更加了解什么是整形手术，而且也相信节目中所呈现出的就是整形手术在现实生活中的真实样子。

2008年的一项民意调查发现，有79%的美国人表示，别人知道自己做过整形手术并不会让他们感到尴尬。三分之一的女性表示，她们在未来将会考虑去做整形手术，而这一比例在男性中只有五分之一。"毫无疑问，如今许多美国人感觉到，让自己看上去完美的压力更大了，"一位整形外科医生指出，"不可否认的是，人们现在更加重视年轻……和自我完善。对于某些人来说，这可能意味着一套崭新的西装或者是化妆品。整形手术只不过是一种延伸，让人们多了一种选择而已。"

最近，一本主流杂志刊登的广告平静地说道："你知道拥有完美的那一双是种怎样的感觉。我们说的当然不是鞋子。"然后，它进一步详细介绍了"娜琦丽丰胸系列"，有硅胶丰胸和盐水丰胸两种方法"供你和你的外科医生选择"。另外一则广告展示的则是全身仅穿着轻薄泳装、线条很好的三位女性和一位男性。其中两位女性身上画着一些黑色的虚线、箭头和叉，表示她们即将进行整形手术（其中包括在一位女性极度挺拔，可能已经做过隆胸手术的胸部上所画的虚线）。"从此幸福快乐……你在追寻什么？"这则伊克纳斯的广告如此问道——它不是一种整形手术，而是一家健身俱乐部。这则广告想当然地认为，大多数人都能认出那两位女性身上的虚线代表着什么，然后就会发现尽管去健身俱乐部锻炼身体需要付出更多努力，却能在少花钱的情况下，达到和整形手术同样的效果（事实确实如此，但是隆胸效果除外）。

在美国，少数族裔群体做整形手术也正变得越来越普遍。与2000年相比，2007年亚裔美国人做整形手术的数量增加了两倍多，这其中主要是眼部整形、隆鼻和隆胸手术。非裔美国人做整形手术的数量则翻了一倍，其中最常见的是隆鼻、抽脂和缩胸手术。另外，西班牙裔美国人的整形手术人数增长到将近三倍，其中大多数是隆胸、隆鼻和抽脂手术。尽管以上这些整形手术类型在白人中也非常常见，但数字表明，少数族裔群体正越来越希望向白人理想中的审美标准靠拢，比如亚裔人想改变自己的眼睑。在2006—2007年，少数族裔群体整容率的增加量几乎是白人群体的两倍。

此外，越来越多的男性也开始选择做整形手术或者注射肉毒杆菌。仅在2006年到2007年这一年时间里，男性的整形手术案例就增加了17%。与1997年相比，2007年选择注射肉毒杆菌等无创性手术的男性人数几乎增加了九倍多。"现今，许多出生于'婴儿潮'时期的男性正步入老年阶段，岁月给他们带来的改变越来越明显，而且人们对整形手术的接受度也增高了许多。"美国整形外科学会副主席迈克尔·麦圭尔（Michael McGuire）博士说道。他还表示，如今在他的病人中，男性占到了20%，占比是几年前的两倍。现在，男人们觉得自己没有必要再找借口了。"我不否认自己有一些虚荣，"刚刚做完面部拉皮和隆鼻手术的史蒂文说，"我只是想让自己看上去更好看一点儿。"

人们现在甚至可以给宠物做整形手术。比如，小狗"小南瓜"做过抽脂手术，"波德"做过面部拉皮手术（"我也刚刚做完整形手术。"它的主人用手指着自己的脸跟别人解释道）。有些小狗甚至会做缩胸手术。其中，最流行的整形手术是给那些已经被阉割的公狗的阴囊植入假睾丸（称为"犬用人工睾丸"）。实际上，这些狗并不知道自己整形手术前后到底有什么不同，这只不过是它们主人的想法。就像报道这则故事的记者所问的那样："如今的整容风靡现象还有任何底线吗？还是我们所有人都疯了？"

新式虚荣背后的原因

我们为什么越来越痴迷于外表美呢？今天对于美貌的欲望，大部分都源于我们的文化对于自我欣赏的重视。对于自恋的人来说，美貌只不过是另一种吸引他人注意、获取更好的社会地位，以及增加自身受欢迎程度的方式。拥有洁白无瑕的牙齿、漂亮的发型、新式的跑车或者长相迷人的女友，这一切都会起到相同的心理影响作用——让别人认为你很酷、很特别、很受欢迎，或者是一位很重要的人物。倘若你把自恋者的实际照片同他们挑选出的让公众欣赏的照片加以比较，这种让自己看上去吸引人的欲望会表现得更加明显——自恋者更可能挑选一些自己好看的照片给别人看。我们所有人在某个时候都做过这种事。比如，基斯为自己的个人网页挑选的一张照片就运用了大量阴影效果来掩饰他的双下巴和苍白的肤色，侧边射出一道蓝光使他看起来像是在探索频道（Discovery Channel）上讨论外星人的超感官知觉，并且在旁边的电脑屏幕上放置了大量的大脑图片，这让他看上去很聪明——最终的照片确实很讨大家喜欢，但是不太能代表真实的他。

许多人打着"提高自尊心"的名义，鼓励这种自恋式的虚荣。也许是由于人们更加渴望拥有棕褐色的皮肤，15 ～ 34 岁的女性患上皮肤癌的数量在过去10年间增加了20%。但是，如果问问年轻女性，既然这么危险，为什么还要想方设法地晒黑皮肤，我们得到的经常是像18 岁的杰姬·哈里斯（Jackie Harris）一样的答复："棕褐色的皮肤会让我自我感觉更好。现在，我一点儿也不关心这是否会让我患上皮肤癌。"许多人把"自尊心"或者自我欣赏的一些其他说法当成是选择做整形手术的原因（尽管在我们的文化中，自尊心实际上常常就是自恋）。按照这种观点，我们值得冒着罹患皮肤癌或者手术并发症的风险去追求自我欣赏。就像库钦斯基在《美丽瘾君子》中所写的那样，在整形手术真人秀节目中，"自尊心一词就像是一个不断重复的咒语"。一个做过颈部拉皮和眼部整形手术的人解释说："我想要自我感觉更好一些。"

我们很早之前便学会了找这种理由。一个专门为考虑进行整形手术的青少年开设的网站建议："如果你正在考虑做整形手术，那么请问问自己，这么做是因为你自己想做，还是想让某个人感到高兴。"其给出的暗示是，如果你是自己想这么做，那就没什么问题。美国著名歌手阿什莉·辛普森（Ashlee Simpson）也是这样认为的。她在2006年做完隆鼻手术之后表示，做整形手术"应该是为了你自己"。《人物》杂志上一篇题为《从无聊到兴奋！》（*From Drab to Fab!*）的文章也非常支持这种观点，其中有一张面容憔悴的妇女照片，它下面的说明是"缺乏保养的头发说明你对自己缺乏关爱"。

《改头换面》节目的网站则将以上全部观点网罗在了一起。"穿上合适的衣服意味着……拥有某样东西，并且把它变成了自我的一部分。这是一种态度问题。看看红毯上的那些明星……你真正应该从他们身上学到的……是他们那种十足的自信，因为那样的自信心可以将你也变成一位明星……除非感觉自己能够抓住观众的注意力，否则明星们是不会在公开场合露面的，甚至在休息日也是如此。就算在最邋遢的时候，他们依然是有明星相的。他们得到的掌声、奉承，以及唯我独尊的态度塑造出了他们的风格、个性，以及穿衣服的样子。"

马特和迈克，那对在《我想要张明星脸》节目中想要变得更像布拉德·皮特的双胞胎，也同意人们做整形手术的目的是实现自我欣赏。在MTV网站上的一项问答测试中，对于"你想对那些正在浏览网站并且考虑有选择性地进行整形手术的青少年说些什么？"这一问题，马特的回答是："你为什么还在等待？如果你身体上有任何一个部分毁掉了你所有的自尊，那么为什么还要这样生活呢？"他的弟弟迈克赞同地说道："那些因为外表的某一缺点而对自己感到失望的人，如果你已经知道整形手术可以让自己变得快乐起来，那就大胆去做吧。"

既然有这么多自恋者花了如此多的努力让自己看上去更"火辣",而且也有很多其他人觉得为了实现自我欣赏,有必要改善一下自己的外表,那么那些并没有花费这么多心思让自己变好看的人该怎么办呢?没过多久,所有人都被拖进了"注重外表"的游戏当中。由此而形成的一种观念是,如果你的牙齿不够白、不经常去做美容,或者没有腹肌,那你应该感到非常尴尬。而且,缺乏以上这些东西甚至还可能给你带来潜在的财务危机。如今,有些人做下巴植入或者面部拉皮手术是为了让自己看上去更年轻、更有活力,从而顺利赢得某项工作。有报道称,某些好莱坞演员和说唱歌手(运动员就更不用说了)为了保持吸引力,甚至在使用生长激素和类固醇。

重视虚荣之风几乎渗透到了社会的方方面面:媒体、互联网、商业圈,甚至是父母对子女的教养过程。似乎只有教育界相对之下还对强调外表这件事保有抵抗力,这也许是因为长久以来,人们一直都刻板地认为聪明的人都有点不修边幅。比如你通常不会将"火辣"同"书呆子"联系在一起。不过,对于那个可以穿着两只不同的鞋出现在学生们面前的年代,基斯仍然感到非常自豪。然而,现在就连教育界也开始被拖下水。在ratemyprofessors.com(给我的教授评分)这一十分受欢迎的网站上,被学生们评为"火辣"的大学教授会得到一个红辣椒标志。这个网站甚至列出了全美最火辣的大学教授排行榜。

在美国和世界各地,电视都是让外表长相变得更加重要的主要力量之一。自从更年轻的约翰·肯尼迪在电视辩论中战胜了满脸倦容的理查德·尼克松之后,美国文化就变得一年比一年更重视外表长相[01]。出现在电视上的所有人都长得更好看，这不仅让人们更加重视外表，而且也提高了公众对于长相的评判标准。甚至连那些扮演技术高超的脑外科医生的演员也都必须长得很养眼，由此便出现了《实习医生格蕾》（Grey's Anatomy）这部由众多俊男美女出演的电视剧。尽管"真人"秀节目中所谓的美极度背离现实，但是像《恐怖因素》（Fear Factor）或者《幸存者》这样描绘人们生吃巨型昆虫或者长时间不洗澡的电视节目，依然是靠大量长相迷人的参与者而备受欢迎。新闻记者和主持人显然不是从那些表现最好的新闻学毕业生中随机挑选出来的。人们通常认为，为了让观众关注新闻节目，挑选一些长得更养眼的主持人是必需的。其中，最为典型的例子便是格莱塔·范·苏斯泰瑞（Greta Van Susteren），福克斯新闻频道一档法律节目的主持人。尽管大家都认为她是一位非常聪明的律师和激进的记者，但自从有了属于自己的这档节目之后，她便做过多次整形手术。范·苏斯泰瑞的行为看上去似乎并不是一种高度个人自恋主义的表现，而是我们的文化中那种不论你有多聪明，都要看上去更加迷人的压力所造成的结果。

同样的外表压力也出现在了互联网上。随着数码摄影技术和网上约会形式的出现，"盲目约会"便不再那么盲目了（尽管照片有可能是经过PS处理过的）。50年以前，生活在小镇上的人们彼此都认识，因此并不存在这样的事情。人们只是有很多潜在的约会对象，不过由于大家彼此都非常熟悉，所以没有人可以靠剪

---

01 1960年，总统候选人理查德·尼克松和约翰·肯尼迪进行了美国总统竞选历史上第一次电视辩论。当时，时任副总统的尼克松刚做完膝盖手术，虚弱苍白，因此输给了自信、充满活力的肯尼迪。

个新发型或者换身新衣服来带给别人一种完全不同的新印象，更别提什么整形手术了。如今，大多数人都居住在城市里，几乎每天都在结识新的人，外表长相显然就成了给人的第一印象，而且有时候可能是别人所记住的唯一东西。找对象靠的不只是家庭介绍，还有自己的长相。这点甚至更适用于一夜情——一种被现在的年轻人认为非常正常的短期性关系，而且已经差不多取代了约会和男女朋友间的恋爱关系。当你每次都得找一个不同的性伴侣时，外貌长相便会成为关键。"只有长得很丑的人才会选择约会。"一档电视节目中的角色如此说道。因此，你最好还是去买点牙齿美白贴片。

在其他媒体形式中，低俗文化正在变得司空见惯，这一趋势也推动了人们对于外表长相的重视。就像美国文化学者艾瑞尔·利维（Ariel Levy）在《女性沙文主义猪》（*Female Chauvinist Pigs*）一书中所记录的那样，如今一些普通女大学生开始在真人秀《狂野女孩》（*Girls Gone Wild*）中撩起衬衫，展示自己的乳房。人们开始把色情片当作普通影片一样接受，曾经被认为下流低贱的色情片演员罗恩·杰里米（Ron Jeremy）和珍娜·詹姆森（Jenna Jameson）也开始进入主流文化，并为人们所欢迎。比如，詹姆森的著作《如何像色情影星一样做爱》（*How to Make Love Like A Porn Star*）甚至成为了2004年的畅销书。

现在，人们不仅接受了色情影星这一角色，而且甚至愿意让自己看上去像是名色情影星。对于女性而言，那意味着你要去做隆胸手术、不断把自己的皮肤晒成棕褐色，以及故意修剪阴毛。"最近，我所认识的人都在想方设法除去身上的体毛——比基尼除毛、眉周除毛，以及唇周除毛等都成为了我们固定的'日常美容护理'部分。我妈妈说，在她像我这个年龄时，没有人会去尝试比基尼除毛，但现在我所认识的所有人，包括我自己都会定期这样做，就仿佛长有阴毛或者其他东西是不可接受的一样！"27岁的凯特在我们的在线调查中这样写道。正如亚丽克斯·库钦斯基在书中所写的："那些20年前甚至连比基尼除毛这个词都说不出口的女性，如今却开始给自己的阴毛做造型、修剪、清理，模仿巴西比基尼美女的风格，也就是完全无毛，即使有的话，也只是留下极少的一部分，用来象征她们已经成年。"此外，库钦斯基还表示，可能是因为大多数女性的阴部看上去并不像色情影星那般完美，越来越多的女性开始要求整形外科医生对自己的阴唇进行整形。"为了让身体的其他部分变得像桃莉·巴顿（Dolly Parton）[01]一样，我已经花了很多钱，"库钦斯基采访过的一位女性说，"为什么我的下体却要像威利·尼尔森（Willie Nelson）[02]那样呢？"她低头看着自己的下体说道。

有人希望父母可以对这种趋势起到抑制作用。不论自己的孩子长得漂亮还是平凡，大多数父母都依然会爱他们。从某种程度上讲，父母所给予的无条件的爱可以减少部分追求漂亮外表的压力。然而，如今父母们的注意力也逐渐更多地放在了让自己的孩子看起来更好看上。越来越多的父母开始为孩子们的整形手术买单，有些父母甚至会把隆胸手术当作送给孩子的毕业礼物。尽管很多时候是青少年自己想要做这些整形手术，但也有父母逼迫青少年去做这些手术的情况发生。某些时候这纯粹是为了满足父母

---

01 美国乡村女歌手，以丰胸细腰著称。
02 美国乡村男歌手。女性外唇整形的目的在于光滑平整，此处的意思是不希望下体像男性一样隆起。

自己的虚荣心（"我不想因为孩子长相丑陋而让自己感到难堪"），但有时也是出于对孩子的关心。父母也希望他们的孩子能够融入当今这个更加注重外表长相的文化之中。

治疗流行病

在这个被媒体包围的社会里，外表正在变得越来越重要。美国人需要从这种狂热中试着抽离，认清几个事实。首先，这种对于外貌长相的重视并没有让我们变得更健康。在患有厌食症的女演员在电视节目中占据主导地位的同时，美国的肥胖症水平也已经达到了普遍程度。这两种极端都不是什么好事。现在，人们越来越重视健康饮食，而不是追求过度纤瘦的身材，我们应该将这种趋势持续下去。然而，它必须以正确的方式来实现。我们经常能听到一些善意的人说："除非我们每天早晨醒来，都对自己说'我爱我自己'，否则我们还是会继续失去控制。"教导人们无条件自我接受也不是什么好主意，在越来越多的人体重严重超标的情况下，他们需要做的恰恰是减少一点儿自我接受。尽管我们很难做到恰到好处的平衡，但是我们需要的是将更多的注意力放在现实和健康上。大多数人并不像明星那样瘦，这没关系。与看上去极度瘦削的身材相比，我们还可以做很多更有意义的事。接受自己并不像好莱坞明星一样好看是一种较好的自我接受方式，但是如果做过了头，爱自己就会演变成自恋，它不仅会带来饮食障碍的风险，而且甚至可能导致某些人变得更加肥胖（"我很好——我不需要减肥"）。最好的方法是找到一种让自己快乐的方式，更加重视健康而不是外表，不再相信那些让人感到困惑的自我欣赏信息。电视剧《新飞越比弗利》中的演员安娜丽尼·麦考德(AnnaLynne McCord) 表示："我可以让自己吃得像谷仓那样庞大——重要的是做自己让我感到快乐。""做自己"难道比避免患上糖尿病和心脏病还要重要吗？

面对这种过度虚荣的趋势，最佳的抵制方法是从我们的孩子着手。现在，小女孩从5岁甚至更早开始就应该看上去很性感的想法，已经渗透进了我们的主流文化之中，这一点需要被改变。现在你可以买到给婴儿穿的高跟鞋，它们放在用人造钻石做纽扣的"长款手提包"里，被命名为"滑稽高跟鞋"，但是很多人并不认为给一个体重只有10磅[01]的婴儿穿上性感的高跟鞋很有趣。一旦父母拒绝妥协，那些为8岁小女孩制作性感衣服的厂商便不得不停止生产。与小女孩们就身材问题展开坦诚交流也是必需的，因为她们很好奇为什么现实生活中的女人很少会像各种各样的媒体所宣传的那样，在拥有纤细身材的同时，还有丰满的胸部。小女孩们需要明白这些都是整形手术的结果。隐藏在整形手术下的浅薄价值观则是另一个值得讨论的话题。

人们对于为什么选择做整形手术，给出的答案常常是"我想要自我感觉更好一些"，我们也需要同孩子坦诚地讨论一下这一点。在某些方面有所作为、结交一位密友，或者帮助他人，这些难道不是提升自我感觉的更好的方法吗？我们要帮助青少年意识到，外表长相只不过是吸引异性的一小部分因素。令人惊艳的外表也许可以帮你勾搭到很多人，却不会让你进入真正长久的恋

---

01 1磅约等于0.45359公斤。

爱关系。若是想要得到大多数女性最终期盼的稳定恋爱关系，外表长相只能起到一部分作用。这一建议不仅仅适用于青少年的父母——对于其他成年人而言也非常重要。想让自己感觉良好、遇见生命中对的人，除了去做整形手术，我们还可以选择其他一些更好的方法。

男孩子们的父母过得相对轻松一点儿，尤其是在如今许多运动员都公开承认使用类固醇的情况下。男孩子们不用再冥思苦想为何他们花几个月时间才能练出一点点肌肉，而他们的棒球偶像却很快便能锻炼成大块头。他们已经知道这些都是假的。然而，父母仍然需要当心男孩子们的爱慕虚荣问题，现在很多男性身上的外貌长相问题也开始像在女性之间一样普遍。痴迷于外表越来越不分性别，现在的年轻男孩子也许是第一代开始相信胸肌植入手术没什么大不了、人人都需要修眉毛的男性。

就像往常一样，密切注意儿童和青少年所关注的媒体类型与数量是非常重要的。电视上那些精心打扮的完美造型、通过整形手术变大的某些身体部位，与现实生活中的情形一点儿也不一样，即使在当今这个整形手术和美容护理数量增加了450%的世界中也是如此。过多的媒体报道以及过度关注Facebook上那些精心挑选甚至经过PS处理的照片，让年轻人对正常的外表长相形成了一种歪曲的认识。简的那些已经身为人母的朋友感到非常意外，她们的身体为什么不能像杂志上看到的明星那样，生完孩子后轻轻松松回复到之前的身材呢？总体上讲，杂志和电视节目所呈现出的世界会诱使我们形成一种肤浅的世界观，进而对家庭、朋友，和真正的学习等无价的事物产生危害。慢慢地，生活在现实世界中的人开始模仿他们在屏幕上看到的一切。"媒体为我们呈现的是一个表面上很光鲜，但实际很空虚的世界，"57岁的芝加哥市市民苏珊在我们的网上调查中写道，"但不幸的是，人们正在朝着这一趋势发展，也许是因为大家没有意识到，非常漂亮的外表下掩盖着的是一个空虚的灵魂。"

第十章

消费大爆炸及其给环境带来的影响——物质主义

在美国 Lifetime 电视台的纪录片中，25 岁的艾比整体看上去非常完美。但还是那句话，她看上去一直都是这副样子：专业的法式美甲、挑染的头发和一身酷酷的衣服。她承认维持这身打扮每个月至少要花费 600 美元。她刚刚为自己位于堪萨斯市城郊的公寓购置了一套漂亮的新客厅家具，而这只是她想让房子看上去更像"模特公寓"这一目标之中的一部分。对她来说，幸运的是大学期间没有欠下任何债务，因为学费都是父母缴的。但现在她表示："我不得不完全靠自己的努力生活，而且每年都必须借款 3.8 万美元来维持现在这种生活方式。"

艾比的选词很有意思：她"必须"借 3.8 万美元来让自己的公寓看上去更加完美，每个月"必须"花 600 美元打理自己的造型。美国自恋现象中最为明显的例子之一就是物质主义。自恋的人想要更多东西——但并不是任何旧的东西都可以满足他们。自恋的人不会去收集邮票，或者是糖果盒，又或者是把受到深夜电视购物节目诱惑而购买的一箱箱废物积攒起来。相反，他们所关注的是购买、使用那些会彰显社会地位和重要性的物品——昂贵的跑车、珠宝、衣服、高级的房子，或是其他任何可以展示社会地位、权力与高雅教养的物品。其中，最典型的例子便是唐纳德·特朗普在《学徒》节目中的开场场景。先是印有特朗普名字的大型飞机降落在机场，紧接着一辆昂贵得令人咋舌的梅赛德斯跑车呼啸着从跑道上驶来，伴随着轮胎与地面的巨大摩擦声突然停下。然后唐纳德从车里走了出来。这个画面所传递出的信息是：我是一个握有权势、社会地位崇高的人，你们就在我面前颤抖吧。为了以防别人看不出其中的用意，节目方还为这一场景配上了欧杰斯合唱团（The O'Jays）的《金钱之爱》（*For the Love of Money*）这首歌，一遍又一遍地重复着"金钱！金钱！金钱！金钱！"。"如果你跟不上别人的步伐，就会有种落伍的感觉，并且有可能因此而被人瞧不起。"艾比说道。

自恋者喜欢跟别人谈论那些能够彰显他们较高的社会地位的东西。比如，在一项研究中，参与者听说他们即将见到一位陌生人。面对"选择跟陌生人谈论什么话题？"的问题时，自恋者更可能谈论他们的物质财产，尤其是在对方社会地位较高而且是位异性时。正如我们将在第十四章中探讨的那样，高人一等的特权感也会助长物质主义之风。63岁的玛丽在我们的网上调查中写道："我的孩子认为，如果他们的邻居'过得好'到可以拥有某样东西，那么他们自己也应该有——并且值得拥有。因此，他们也会去买这样东西，即使这意味着不得不为此借债。"畅销书《流行性物欲症》（*Affluenza: The All-Consuming Epidemic*）详细讲述了过去几十年间美国人的消费大爆炸，并把无休止地积攒新物品的行为比喻成一种疾病。在此我们得出相似的结论，但认为导致"物欲症"的根源之一是自恋。

新式的物质主义已经将很多本质上并不那么自恋的人拖下了水。正如迈克尔·西尔弗斯坦（Michael Silverstein）和尼尔·菲斯克

(Neil Fiske）在《奢华，正在流行》（*Trading Up*）一书中所讲的那样，由于人们越来越重视"享受最好的生活"和奖励自己（实际上这就是一种文化性自恋），美国人心里曾经那种因为想要奢侈品而产生的罪恶感减少了很多。"渐渐地，消费者开始清楚地意识到，现在他们可以比过去花钱更积极一点儿，"他们在书中写道，"而在最后推波助澜的一幕中，一些有影响力的人物，比如'家政女王'玛莎·斯图尔特（Martha Stewart），甚至给观众们呈现出了他们可以效仿的生活方式，并且列出了一些需要购买的商品清单。"奢侈品革命使得各大公司开始将注意力放在生产全新的高端产品上，从食品到家电都是如此——和平价的神奇面包（Wonder Bread）说"再见"，对昂贵的帕纳拉面包（Panera Bread）说"你好"吧；肯摩尔（Kenmore）家电已经过时了，像维金（Viking）这样的专业级厨房家电才流行。

如今的广告语甚至不知羞耻地将崇尚物质主义的特权感说成是一种美德。特权感量表（entitlement scale）测量的是类似于抢走小孩子糖果的行为，然而其中许多陈述却与那些督促人们购买实际上并不需要或者不健康的商品的广告惊人地相像。就像是特权感很强的人会认为"像我这样的人不时地就应该多休息一会儿"一样，麦当劳的广告语也在告诉美国人"你今天应该休息一下"。与"因为我值得拥有，所以我需要得到最好的"这一特权感量表中的陈述类似，为吸引女性购买，欧莱雅（L'Oréal）为自己的染发剂打出的广告语是"你值得拥有"。快速在 Google 上搜索一下便会发现，"你值得拥有最棒的人生"这句带有浓厚特权感的话被用到了很多产品的销售中，有按摩服务、科罗拉多大峡谷航空观光、住房贷款、手机电信服务、吉他课程、搬家服务、健身俱乐部会员、减肥补充剂、DJ服务，甚至一位坚持认为"你值得过上最棒的生活"的"生活策略教练"也在利用这条广告语兜售自己的课程。一家游泳池公司的广告语是："你真的认为自己值得拥有最棒的游泳池吗？许多人并不这么认为。但是只要相信自己值得拥有最棒的游泳池，你便会得到它。"（只要你手里有8万美元，这当然不是问题。）一首说唱歌曲甚至更加直截了当地道出了崇尚物质主义的价值观。"金钱让我得到高潮。"一位女性一边合着节拍，一边仁声唱道。人们甚至在幼年时期，便开始给孩子灌输这种金钱至上的价值观。有一系列为小孩子们设计的零钱包就充分地利用了崇尚物质主义的陈词滥调，并取得了成功：其中一款上面的企鹅说"冷硬的现金"，另外一款海豚图案的宣称"在钱海中游泳"，鲨鱼图案的则毫不吝惜地承认自己"视钱如命"。美国人也是如此。现在，美国已经变成了一个人人都像《查理与巧克力工厂》中的维露卡·索尔特一样，高喊着"我现在就想要！"的国度。

自恋现象发展过程中的涓滴效应

一个社会的物质主义风气要兴盛起来，并不需要所有人，甚或是大部分人都变得自恋才可以。与爱慕虚荣之风的发展趋势相类似，自恋者引发的物质主义浪潮也提高了其他人对于物质水平的评判标准。他们不断地炫耀自己的财富，并凭借着迷人的外表和外向的性格让物质崇拜看上去很酷。这导致年轻人越来越看重物质财富。比如在1976年，只有16%的美国高中生表示"拥有很多钱极为重要";而到了2006年,这一比例则激增到了26%。与"道德和荣誉感"相比,高中生们认为"找到一份待遇优厚的工作"更加重要。皮尤研究中心（Pew Research Center）[01]近期在18～25岁的人群中展开了一项调查,要求参与者说出他们这一代人最重要的几个目标是什么,结果有81%的回答包括"变得富有",这一比例是选择"帮助有需要的人"的两倍多,"成为社区领导人"的四倍多,以及"寻求心灵成长"的八倍多（"变得出名"排在第二位,比例为51%）。1967年,表示"经济富裕"非常重要的大学新生比例还只有45%;到了2006年,这一数字则猛增到了75%。

在被指责对待年轻人太过苛刻之前,我们必须指出,大学生希望自己变得"富有"的现象已经持续了一段时间。自1985年以来,将经济上的安逸、富足当作重要目标的年轻人的比例一直都维持在70%以上,这个时间点恰好就是歌手麦当娜·西科尼（Madonna Ciccone）唱着"我们都生活在一个拜金世界里,我自己就是一个拜金女孩"、《富人和名人的生活方式》成为热门电视节目的时候。由此造成的结果便是,所有出生在1967年以后的人都属于在高度崇尚物质主义的文化中长大的世代。甚至就连那些在物质主义色彩稍淡的20世纪60年代度过大学时光的"婴儿潮"一代,也慢慢地在内心发生了改变。于是,60年代的"嬉皮士"到了80年代,就变成了"雅皮士",开始享受开宝马车、使用美膳雅（Cuisinart）厨具所带来的乐趣。大卫·布鲁克斯（David Brooks）[02]在《布波族[03]:

---

01 美国的一家独立性民调机构。

02 保守派政治、文化评论家。

03 指综合了"嬉皮士"与"雅皮士"的特点,在拥有较高学历、收入丰厚、追求生活享受的同时,也崇尚自由解放、具有较强独立意识的一类人。

一个社会新阶层的崛起》(*Bobos in Paradise:The New Upper Class and How They Got There*) 一书中幽默地指出,"婴儿潮"一代大把大把地花钱是正确的,而不是有罪的——只要是把钱花在购买昂贵厨具、石板淋浴间和"专业级"徒步装备等"高端"商品上面就好。炫耀性消费也已经盛行了一段时间。20世纪90年代末,美国人花在鞋子、珠宝和手表上的钱(总额达800亿美元)要比花在高等教育上的钱(总额为650亿美元)还多。更令人难以置信的是,有93%的少女表示购物是她们最喜欢的活动。

很显然,金钱在很多方面都很重要。在当今这个生活必需品支出比之前更高的时代,人们无法抵御金钱的诱惑是可以被理解的。医疗保健费用昂贵得令人吃惊;大学学费的增长速度已经远远超过了通货膨胀速度;汽油价格飞涨;在美国的许多地区,即使在近期房价有所回落的情况下,中产阶级甚至也买不起一座面积较小的房子。对于许多夫妻来说,如今不得不靠两个人的收入来维持家庭的稳定开支,而过去他们的父母仅靠一个人的薪水便可以做到这点。让人比较不明白的是,我们为什么要通过花钱购买物质商品的方式来告诉全世界——有时甚至是告诉自己——你是个重要人物或者你很成功呢?

这还不够,我想要更多

物质主义最大的变化是,人们的评判标准在不可阻挡地逐步提高。10年前,只有富人们才会给自己的厨房安装上花岗岩流理台。而现在,就像拥有一口超白的牙齿一样,花岗岩流理台变成了向别人展示你不是穷人的必需品，尽管在90年代早期还根本没有人关心这些事情。40岁的莎拉是一位生活在阿拉巴马州的单亲妈妈，她在我们的网上调查中说，她8岁的女儿和小朋友们"非常痴迷于金钱，令人苦恼"。她听到过他们说："所有人都有这个和那个，还有一座大房子。我希望我们能像正常人一样，也拥有这些。"

正如经济学家罗伯特·H.弗兰克（Robert H. Frank）在《奢侈病》（*Luxury Fever*）一书中所指出的那样，富人的消费行为已经设立了一套中产阶级家庭只有靠借债才能达到的新标准。弗兰克在书中提到了一次最近出去购物的经历。他想要买个新的烧烤架，来淘汰放置在后院的那个在20世纪80年代花90美元买来的烧烤架，结果吃惊地发现，一款7英尺长的维金牌专业烧烤架售价竟然高达5000美元。他表示，这种昂贵物品存在的真正意义也许是"让你觉得花上1000美元买个烧烤架，就已经很节俭了。随着越来越多的人选择购买这些高端的烧烤架，剩下的人心中可以接受的参考价格标准也将不可避免地跟着变化"。

即使在经济困难时期，拥有一些看上去很酷的东西依然非常流行。《我们周刊》过去常常把那些十分在意自我风格的明星称为"时尚达人"（fashionista）。2008年，它开始将那些用低成本打造时髦造型的人称为"危机时尚达人"（recessionista）。人们依然很看重物质——只不过是稍微不那么昂贵的物质，比如一个仅有500美元而不是5000美元的包。经济学家发现，与更加富裕的区域相比，那些较为贫穷的社区中的炫耀性消费欲望实际上要更加强烈。比如，尽管南卡罗来纳州的人平均收入要比加州人少1万美元，但他们花在汽车、珠宝、衣服、个人护理等所有可以彰显社会地位、让自己看上去更富有（即使事实并非如此）的"有形商品"上的钱要比加州人多13%。因此，即使在富裕地区以外，物质消费也非常重要——于是出现了浮夸的豪华轿车。甚至还有一个流行的俚语来描述这一现象——"贫民区奢华风"（ghetto fabulous）。此外，这一研究还揭示出，近期的经济衰退可能并不意味着目恋式消费行为的终结——如果我们都很贫穷，那么就会有更多的人借由购买各种物质商品，来让自己看上去过得很好。

当然，那些更财大气粗的人也没能幸免——只不过他们炫耀的不是珠宝，而是房产。比如，生活在达拉斯、亚特兰大和圣地亚哥的中产阶级夫妇常常会在城郊刚刚兴建的全新住宅区中选购房产。这些房产通常都是由专业设计师用高端装饰品精心布置的样板间，包含可能让房价增加数万美元的配置。简和她的丈夫曾经在圣地亚哥看过一个样板间，入口处和起居室里都铺上了漂亮的深色木地板。但是，当简向销售代理问起这些高端装饰的花费时，得到的回答是5万美元——而这还仅仅是两个小空间的费用。（这件事的背景是：就在几年前，简的祖父母位于明尼苏达州威尔马市的房子才仅仅卖出了5万美元的价钱。那可是一整套房子啊。）结果发现，这一住宅区的房子采用的所谓标准地板，只不过是市面上的一种仁质量地板，而且总共只有三种难看的颜色可选。因此，即使许多人没有加购那种价格相当于一年年薪的深色木地板，他们最终还是额外花了很多钱在购置地板上。谁会在自己花费近百万美元购买的房子里铺上糟糕的地板呢？

必须花费大量金钱购买的东西永远都买不完，即便你是中产阶级也一样。开着一辆老式的汽车是一件令人尴尬的事。（关于这点可以问问简，直到最近她开的还是她祖父1993年购买的别克马刀，这在圣地亚哥引来了大量惊讶的目光。）此外，人们也越来越看重品牌服装——像许多自恋趋势一样，这一趋势也是在80年代才真正流行开来。在那之前，你的衣服、钱包，或者鞋子上通常并不会显示品牌名字。当电影《回到未来》（*Back to the Future*）中的主角马丁·麦克弗莱（Marty McFly）从20世纪80年代穿越回1955年时，所有人都想当然地认为他的名字是卡尔文·克莱恩（Calvin Klein），因为他的内裤上就是这么印的。在50年代，尽管衣服上并没有用明确的标签表明，但也许会有那么几个人可以从裁剪风格上认出你穿的是香奈儿（Chanel）套装，这就已经足够了。但如今人们认为，明确地告诉别人你可以买得起象征社会地位的最新款服装，是一件非常重要的事。比如，妈妈和女儿一起去买太阳眼镜时，"妈妈希望镜腿上的商标不要太显眼，但是女儿想让商标比镜片还大"。市场调研公司NPD集团的分析师马歇尔·柯汉（Marshal Cohen）如此表示。

即使不那么明显地要求品牌，这种对于奢侈品或者只是比别人稍微好一点儿的物品的渴望，也慢慢地渗透进了许多中产阶级的幻想中。对于追求时尚的中产阶级来说，Crate & Barrel、Williams-Sonoma和Pottery Barn这样的家居用品商店的出现，提高了他们购买此类用品的标准。人们不再能够接受老式的普通厨具和家电；所有的东西都必须达到专业级水准才可以。按照2002年的美元币值计算，一个普通厨房在1955年的花费为0.9万美元，如今却已经涨到了5.7万美元以上——即使将维金牌厨具或高档花岗岩流理台刨除在外也是一样。人们要求露台家具不仅要是柚木制成的，而且还要配上一些搭配完美的靠垫。打开Pottery Barn的婴儿产品目录，你便会进入一个完美的世界：所有东西都设计得很可爱、很时髦，颜色搭配也非常协调，孩子们总是全神贯注地做着自己的事情，最后还会自己清理干净。简在怀孕时，便花了数小时仔细阅读这份目录，梦想着自己的完美育儿体验。这些产品就像是"霹雳可卡因"一样，非常让人上瘾。但最终，她还是抵制住了婴儿产业的诱惑，只购买了一款普通的婴儿床单。她最终还是考虑回了实用性：被子不安全，婴儿床围可能也不安全，尿布收纳袋似乎没什么必要，所以大多数婴儿床上用品都是没用的。即使是唯一有用的床单也会被孩子吐奶在上面。但是老兄，花300美元买一套也许仅值20美元的婴儿床上用品真的很诱人——因为它们看上去确实更漂亮，更能让人产生用心布置的感情。如果你这样觉得，你刚刚出生的孩子也会这样认为。

富人国里的居民

格雷戈·伊斯特布鲁克（Gregg Easterbrook）的《美国人何以如此郁闷：进步的悖论》（*The Progress Paradox*）一书开篇便向人们介绍了一条坐落于俄克拉荷马乡间某家高档餐厅旁边的飞机跑道。书中提到，因为这条跑道是专为私人飞机设置的，所以直到不久之前，都没有几个人可以负担得起这种享受。而如今，这家餐厅几乎夜夜爆满。到2007年，有近50万户美国家庭的身家在1000万美元以上。过去10年间，美国的百万富翁人数增加了一倍。尽管这一数字只占到美国总人口的一小部分，但是就像罗伯特·弗兰克（Robert Frank）在《富人国》（*Richistan*）一书中所指出的那样，个人财富超过1000万美元的那些人已经足以组成一个小国——一个大家都争相购买最长的游艇、觉得拥有一辆价值5万美元的汽车非常尴尬的国度。尽管部分人的财富在2008年有所缩水，但新富阶层仍然占有大量的资金，这其中很多人是靠出售公司赚到的钱，因此相对之下不那么受经济周期的影响。所以，有钱的人依然很有钱。

对于那些有钱人来说，光花钱显然是不够的——你必须以一种独特的方式肆意挥霍才行。"现在的富人所面临的一项挑战是如何将自己与仅仅是富裕的人区分开来，"《富人国》的作者弗兰克说，"你想要的都得是一些别人买不起或者没有能力去体验的东西。这当中的挑战是如何始终保持领先地位。"这是一种典型的自恋式思维——如果你不知道怎样用钱来显示自己很独特、比别人过得好，那钱对于你来说还有什么用呢？比如，你也许想要一块百达翡丽（Patek Philippe）的手表，但是由于市面上很少有售，等着买表的名单也许已经排了一长串。所以这些"宇宙新主宰"便开始在拍卖会上竞拍这种手表，并付出比实际定价高出好几千美元的价钱。最近，一块百达翡丽卖出了120万美元的天价。"多出来的30万美元算是为了享受抢先拥有的快乐而支付的一点儿小钱。"《时代周刊》报道说。劳斯莱斯的销量在2007年实现了两位数增长（尽管大多数增长都来源于美国以外的其他地方）。有些款型的劳斯莱斯售价为43万美元。"当今的人们更加接受特立独行，"劳斯莱斯发言人鲍勃·奥斯丁（Bob Austin）表示，"有钱人恢复了一定的自信。突然之间，如果你想要与众不同，有点特别的东西是非常必要的，比如一辆豪华气派的车。"

尽管随着经济紧缩，以上部分趋势开始减缓或者逆转，但仍有许多依然持续着。当华尔街在2008年9月崩溃时，纽约市的爱马仕（Hermès）样品特卖会门口排起的长队一直延伸到了整个街区的尽头。这些可不是什么二手店的便宜货，其中包括售价900美元的靴子、2000美元的夹克和200美元的幼儿睡袍。队伍中的很多女性都在投资公司或者银行工作，但是她们却表示自己"只是需要休息一下"，暂时抛开那些糟糕的新闻，或者"即使经济开始下行，她们也有更多的理由在促销期间购买一些好东西"。一位女性甚至从未考虑过要空手而归。"那不可能。"她这样说道。其他人则表示购买这些昂贵的商品是为了让自己看上去更好，进而感觉舒坦，仿佛忘了自己可能很快就会失去工作和打扮的机会。"我只买真正需要的东西。"一位相对更加理性的女性表示。不过，正如《纽约时报》的一位记者所指出的那样，爱马仕似乎不大可能会卖灯泡和厕纸这样的物品。

这些昂贵的品味也在慢慢扩散到20岁左右的年轻人——这一最不可能买得起奢侈品的群体身上。最近，《时代周刊》的副刊《风格与设计》（*Style & Design*）的话题是"下一代的奢侈"。杂志目录背景是一位穿着印有自己头像的T恤衫的20岁左右的模特。"你觉得'婴儿潮'一代是炫耀性消费者？"杂志标题这样问道，"小心。"——显然，"我一代"更加青出于蓝。

紧接着，这篇文章便像描述一件正常的事情那样，开始继续平淡无奇（如果不是非常兴奋的话）地描绘20岁左右的年轻人身上那种纯粹的自恋主义。"大学停车场里停满了奥迪、萨博和宝马，这证明这一代不愿等待自己'赚得'这些奢侈品和豪华服务；他们觉得这些都是自己应得的。"文章中这么写道。"人们期盼他们现在就拥有这些奢侈品——那不是靠等待和自身努力挣来的，"瑞奇市场顾问公司（Reach Advisors）总裁詹姆斯·钟（James Chung）表示，"我把这些人称为提前富裕的一代。"在"奢侈品消费主力军"中，有93%的人承认"对于自我感觉良好来说，看上去时髦是非常重要的要件"。当然，这背后的原因是他们觉得自己值得拥有这些：92%的人认为"我工作很努力，所以我会通过挥霍金钱来犒赏自己"。

在这一人群中，18～27岁的人里有54%表示对拥有私人游艇很感兴趣，而这一比例在45～62岁的人之中仅为31%。此外，想要拥有私人飞机或者豪华运动装备的年轻人也是年长者的两倍。通篇文章对于那些关键的问题都避而不答。比如，人们怎样才能筹到购买游艇的钱？为什么有这么多年轻人渴望拥有自己的游艇？第二个问题的答案很简单：纵观一生，他们一直都对过高的物质主义持一种完全接受的态度。与之相比，他们怎样才能承担得起的答案则不那么明显。父母也许会买辆奥迪车让他们开去上大学，却不太可能给他们买艘游艇。

广告也对物质标准的上涨起到了推动作用。松下笔记本电脑的一则广告上说道："它不仅是一台笔记本电脑。它可以使你在司机驾车绕着办公楼多转几圈的同时，还可以多发几封电子邮件。"当然，如今我们也都应该有自己的专职司机。"MyJet"（我的喷气机）的一则广告宣称，就像食物、衣服和住所一样，"在当今世界，私人飞机已经成为了一种生活必需品"，难道不是这样吗？

老一辈美国人身上那种古雅的低物质标准

如果现在连私人飞机都成了生活必需品，那么过去几代人的物质标准又是怎样的呢？一直以来，对于某些特定人群来说，变得更加富有都是一个颇具吸引力的目标。就连"新镀金时代"（New Gilded Age）一词也在暗示19世纪晚期还有一个旧"镀金时代"[01]——想想卡内基[02]、洛克菲勒[03]和范德比尔特[04]（尽管我们不应该忘记，以上这几位都拿出了一部分财产捐建一所大学）。然而，那时的大多数人都欣然接受了自己没有多少钱，而且将来也绝不可能变得很富有的事实。

为了从第一人称的视角来了解这点，简选择去翻阅一下她祖母记录自己童年生活的日记。出生于1911年的阿尔文娜是在明尼苏达州的一个乡村地区长大的。冬天，她会和兄弟姐妹们一起在冰雪覆盖的牧场上滑雪，但是（用她的话说）"我们没有滑雪板，只能直接穿着鞋滑"。由于当时家里孩子多，又没多少钱，因此并不是年年都有生日派对。然而，即使过上了生日，得到的生日礼物也与现在孩子们所期待的不一样。"一个小女孩没有买生日礼物，"阿尔文娜写道，"于是她的妈妈将一个盐罐和一个胡椒罐包起来送给了我。"有时候阿尔文娜甚至都想跑到某个地方躲起来，因为像其他的孩子一样，父母也要求她做家务，比如"在花园里除草、挤牛奶、照顾年幼的兄弟姐妹、洗盘子、熨衣服、帮忙做饭"。她们住的房子没有室内自来水。因为没钱去旅行，她第一次走出小镇是14岁时搭火车去明尼阿波利斯，看望她的姐姐以及姐姐刚出生的孩子。（她在日记中写道，到了姐姐那儿之后，"我一连做了三天的家务"。）在家里，她和自己的兄弟姐妹一块

---

01 镀金时代（Gilded Age）指美国从南北战争结束至19世纪末的经济飞速发展时期。

02 安德鲁·卡内基（Andrew Carnegie），美国"钢铁大王"，曾为世界首富。

03 约翰·D.洛克菲勒（John D. Rockefeller），美国实业家、超级资本家、标准石油公司创办人。

04 科尼利尔斯·范德比尔特（Cornelius Vanderbilt），美国航运、铁路巨头。

儿睡,两个人一张床。圣诞节时,每个孩子最多只能收到两份礼物,常常是衣服或者彩色画图本。她所就读的学校,一位老师要教50个孩子,而且都在一间教室里上课。尽管如此,她仍然非常喜欢上学。在日记中她说自己从不"逃学",因为那样做的后果是不得不去农场干活。(相反的是,现在如果一个孩子待在家里没去上学,那他这一天的时间可能就都花在玩乐上了,比如打电子游戏、看电影等。)

当然,简的祖母的经历并不是一种普遍现象。那个时代的有些孩子家里还是很有钱的——尽管有的孩子家甚至比简的祖母家还要穷。但即使是那些家里比较有钱的人也依然非常崇尚节俭。简的祖母也是一位来自美国中西部的农场女孩。她在一家小型学校教书,婚后和自己的丈夫一起创业。最后,他们住进了加州布伦特伍德市的一座大房子里,周围住的都是一些大明星。但即便是那时,他们依然在后院里建有自己的鸡舍,在窗户上挂着二战时期为了提防日本人可能对洛杉矶发动的攻击而购买的遮光窗帘。后来,尽管二战已经结束了很长时间,但简的祖母却觉得没必要花钱换新窗帘。

当时的世界与现在有着很多不同。那时,因为大多数孩子常常都完不成学业,所以人们希望他们可以努力工作,有时可能都到了太过辛苦的地步。他们从未听到过别人说他们很特别,自然也并不认为自己要比别人好。那时的孩子有很多兄弟姐妹,其中有些人死于现在可以治好的疾病。当时的物质标准要远比现在低得多。孩子们想要的礼物是漂亮的洋娃娃,而不是价值400美元的iPod音乐播放器。父母能够为他们举办上一次生日派对就已经很幸运了,更不必说现在这么多的娱乐活动和奢侈礼物。另外,部分差异还在于，那时几乎没有广告。由于阿尔文娜小时候还没有出现电视机或者收音机，所以她并没有不断地接触到所有人都应该有生日派对，而且要得到一些比盐罐和胡椒罐更好的生日礼物的观念。在她的女儿，也就是简的母亲戎长的20世纪50年代，虽然已经有了电视机，但是当时的电视节目宣扬的理念通常都是中产阶级家庭就该买中产阶级负担得起的东西。但是到了简成长的70与80年代，各类电视节目开始经常性地报道富人们的生活。除非我们的文化突然发生一场180度的转变，否则出生于2006年的凯特（简的女儿）便永远也不会了解，那种并非时刻都在描述富人象征的电视文化是什么样的。对于凯特来说，曾祖母那种努力工作、几乎没有什么个人财产的人生，看起来就像是另外一个星球的故事一样。

我们为什么想要？

当然，推销和广告自打物品买卖活动出现之后便已存在，只不过如今人们更容易受到它们的诱惑罢了。说得更直白一点儿，现在容易上当受骗的人更多了。但这是为什么呢？正如我们在第八章中所探讨的那样，宽松信贷的出现使得更多人可以实现物质主义梦想，而这肯定是导致上述现象出现的原因之一。但除此之外，也有一些心理层面上的原因，否则人们不会做出大量借债这种愚蠢的决定。

其中的一个原因是个体层面的自恋：越来越多的人变得更加注重物质。另外一个原因是我们的文化中愈发自恋的价值观。纵观整个美国历史，美国人向来都非常渴望发家致富，只不过如今财富看上去更容易获得罢了。毕竟，只要足够聪明，现在任何人都可以进入哈佛大学学习——这与几十年前可是完全不同，那时进入常春藤盟校的大部分学生都是来自东海岸、家中很有关系背景的白人男性。以前的时代肯定也不乏一些白手起家的故事，但当时人们更加普遍的观点是这样的事情并不多见。不久前，出身低收入家庭的青少年还渴望着实现中产阶级梦想，比如在郊区买一套三居室的房子。而如今，那些贫穷的年轻人更可能说，他们想要一座在MTV频道《名人豪宅秀》(Cribs) 节目中看到过的豪宅。

　　此外，随着现代媒体的出现，财富也比以往更加明显可见。在19世纪70年代，电视上播放的都是像住在纽约皇后区复式公寓里的邦克一家人[01]，和从自己经营的废品回收场里捡东西装饰房子的弗雷德·桑福德（Fred Sanford）[02]一样的穷人家庭的故事。现在的电视节目则开始讲述富人们的曲折故事。电视剧编剧乔希·施瓦茨（Josh Schwartz）先是创作了讲述加州富家子弟生活的《橘子郡男孩》(The O.C.)，之后又创作了以纽约富家子弟为中心的《绯闻女孩》。在他看来，《绯闻女孩》是"一部完全与众不同的电视剧。橘子郡代表着新晋富豪——住在豪宅里。而《绯闻女孩》里的有钱人都是含着金汤匙出生的"。换句话说，如今的电视上充斥着讲述富人生活的节目，以至于人们开始需要区分有钱人是哪一类富豪。与《绯闻女孩》在同一天晚上播出的《黑金诱惑》(Dirty Sexy Money) 仿佛就用片名中的短短几个词总结出了现代社会的全貌。《新飞越比弗利》里的孩子要比1990年旧版里的主角们更有

01　电视剧《全家福》(All in the Family) 中的劳工家庭。

02　电视剧《桑福德和儿子》(Sanford and Son) 中的主人公。

钱。对此，《纽约时报》在一篇有关这一节目的评论文章中写道："那些没有海滨别墅和管家的人也许都在靠救济金过活。"在这些电视节目中，男孩子不再凭着开着跑车带女孩兜风来给她们留下好印象，而是开始靠私人飞机。《绯闻女孩》里的丹（Dan）和珍妮（Jenny）的父亲是位摇滚明星，兄妹俩上的是贵族预科学校，但是在这部电视剧中，他们还只能算是"穷"孩子。

此外，真人秀节目也开始将富豪和明星们的私生活搬上荧屏。《名人豪宅秀》使得我们可以游览一下富豪们奢华的大房子，《我甜蜜的16岁花季》让我们可以看到一些富家子弟的生日派对。除了几个吵吵闹闹的日间脱口秀节目之外，穷人们只有在"卡特里娜"飓风（Hurricane Katrina）这样的自然灾害发生时才会出现在电视上。飓风受害者的贫困状况令观众们感到非常震惊，尽管在美国，穷人的数量实际上要远远超过《新飞越比弗利》或者《绯闻女孩》中所描述的富人。然而，没有人会对出现在电视上的富人感到震惊。

儿童生日派对这种简单庆祝活动的标准也达到了一个全新的高度。那些脸上沾满蛋糕的孩子们满屋子跑闹的日子已经一去不复返了。中产阶级父母开始争论小丑和大象各自的优点。尽管租金高达几百美元，但是为孩子们租体积巨大的充气游戏垫，现在几乎成为了一项强制性工作。就像我们在第五章中所讨论的那样，由于父母养育孩子的方式发生了变化，孩子们如今在自己的生日派对上拥有着更多的发言权，而这导致的后果常常是：孩子们要求父母为他们操办奢华的生日派对，就像《我甜蜜的16岁花季》中那些由著名说唱歌手的现场音乐会、盛大的红毯入场仪式，以及价值5万美元的豪车生日礼物所组成的生日派对一样。为生活在罗德岛州普罗维登斯市的中产阶级家庭服务的《犹太之声先驱报》（*Jewish Voice & Herald*）建议，父母们应该为孩子的成人礼派对想出些有创意的主题。创建一个属于自己的有瀑布、热带植物和活鱼的热带雨林怎么样？又或者举办一场好莱坞式的派对，让"狗仔队"把所有的客人都抓拍下来？你可以忘掉单调的派对食物了：目前最热门的新式饮食潮流是寿司（不要介意寿司比较贵这件事）。尽管在经济衰退时期，能够办得起这种昂贵派对的人减少了，但家长们想要给孩子最好物质享受的欲望却并没有完全消失。

此外，人们也开始像崇拜成功人士一样崇拜富人——就像希腊人非常崇拜诸神一样，唯一不同的是很多人热切地希望自己也能尽快加入富人的行列。《福布斯》（*Forbes*）杂志近期的封面故事就详细讲述了"富豪的生活"，其中两个部分的标题分别是"宇宙的主宰"和"嫁入豪门"。当然，名人杂志基本上每周都会以这样的主题做封面故事，窥探富人和明星的生活，报道范围从他们的孩子一直到他们的精神问题。

对于自恋者来说，成为有钱人就像是进入了梦想的天堂。当我们最珍视的希望都是为了自己时，便极容易变得渴望成为有钱人。首先，你可以买得起所有最好的东西（毕竟你值得拥有这些）。由于每次付账时大部分账单都是你来付，所以大家都会对你非常友好，而且金钱也能换来更好的服务。也许你还会甩手给那些最卑躬屈膝的人一笔可观的小费或者很好的赠品。如果足够富裕，你可以自己做老板，想做什么就做什么。另外，金钱还可以买来个人的舒适自在。你可以把那些空间小到脚都很难挪动、需要中转3个小时，并且时常让人饿肚子的现代航空普通座抛到脑后，转而乘坐自己的私人飞机出行。就算负担不起私人飞机，但至少你也可以搭乘头等舱，让自己享受更大的空间和热乎乎的餐食。就像史蒂夫·拉申（Steve Rushin）[01] 在《时代周刊》上所写的："现在的机场与大革命前的法国非常相似。头等舱乘客享受着'精英级'的安全警戒线，有优先登机和下机的特权。经济舱的平民百姓则会被空乘人员限制放行，直到头等舱乘客都走下飞机后才可以下机。"

更大的房子意味着上厕所不用再等，而且以前那种朝弟妹大喊，让他们把音乐声关小点的情形再也不会出现了：因为他们有了自己的专属区域。最后很重要的一点是，金钱可以让你觉得自己比别人更好、更重要。不论在哪儿，你都可以用金钱换来队伍中更靠前的位置，拉申举的一个例子是这样的："倒霉的是，今年夏天我就在新英格兰的六旗游乐园（Six Flags）遇到了这样的情况：一些小孩用52美元的'黄金通行证'换来了插队资格。这给孩子们好好上了一课：有钱人比你更重要。"

然而与此同时，问题也出现了，因为并非所有人都能成为有钱人。就像我们在第八章看到的那样，宽松信贷使得更多的人可以更加容易地积累起财富的表象。但同时，它也会让更多人走向破产，导致抵押出售的房屋大量增加。虽然这些财务问题大多数都发生在那些渴望成为中产阶级的人身上，但还有少部分人（数字也相当庞大）是想要买更大的房子或者昂贵的汽车，从而欠债过多导致破产的。尽管有了比以往更加容易获得的贷款，但人们也并不是想要什么就可以得到什么。大多数美国人并不能，而且

01 美国记者、小说家。

可能永远也买不起他们在杂志和电视上看到的大部分商品。但是，我们仍然非常渴望得到它们，为此不惜花钱制订"快速富有计划"、参加理财研讨会，比如有一个研讨会就宣称："你成为百万富翁的时候到了！"甚至连美国政府也在这样做。2008年的"经济刺激"款项很多都用在了穷人和中产阶级身上，希望他们可以走出家门，把这些钱花掉。对于我们的孩子来说，这可是条重大喜讯：让我们尽情地从中国、日本和中东地区借上几十亿美元，然后把这些钱花在那些实际并不需要，但表面上却有助于刺激经济发展的东西上吧。我们的祖父母肯定会为此感到悲哀。

地球变暖：一生仅有一次的过度消费

一种颇为流行的观点认为，人们的大量购买可以让整个经济保持运转，同时也不会伤害到任何人。但不幸的是，物质主义确实会带来一些不良后果。其中最严重的便是对环境造成的影响。那些想要更多、一点儿也不为他人着想的人，将会给环境带来更多损害。

一个最好的例子便是美国人对汽车的热爱。自1969年到20世纪90年代末，美国人的汽车保有量增长了144%，增长幅度是司机人数上涨幅度（72%）的两倍。2003年，美国交通部数据显示，平均每户家庭的汽车保有量比家庭人数还要多。如果现在的汽车比以前更加节能，这也不至于太糟糕。但是自80年代以来，美国SUV、小卡车、迷你厢式车的销量已经增长为原来的三倍。2001年，这些大型汽车的销量超过了小轿车。当然，SUV的耗油量会比一般汽车大得多。80年代初的汽车广告结尾总是会强调低耗油量。但到了90年代，这些广告内容就都消失不见了，取而代之的是展示SUV在崎岖山地上的越野能力——即使大多数SUV都卖给了那些汽车绝对不会离开平坦路面的本地人。所谓的"越野"只意味着要把车停在施工中的5000平方英尺房子前面的沙土地上。

正如我们在第八章中所讨论的那样，尽管家庭规模变得越来越小，但在美国，房子的面积却越来越大。更大的房子在建造时势必会消耗更多的资源，建好之后也会耗用更多的能源。此外，比起以前，拥有第二套房子的人也在逐渐增加。

人们对于物质的需求导致卖东西的地方开始变多。目前，美国人的人均零售空间已经达到惊人的39.2平方英尺，比澳大利亚的20.4平方英尺、英国的14平方英尺或日本的10.8平方英尺都要高。"消费"甚至有了自己的专属节日，比如"黑色星期五"（Black Friday）——各大商店正式开始圣诞节购物季的感恩节后第一天。也就是说，花了一天时间感谢完上帝带给我们家庭、健康和朋友之后，接下来的一天我们便开始凌晨4点起床去买一些根本不需要的东西。

美国的人均能源消耗量比世界其他国家都要多，这代表在用电量大幅增加的同时，其他类似于天然气和煤炭的能源消耗也在慢慢改变。另外，美国人每天的卡路里摄入量甚至也从1979—1981年的3180大卡[01]提高到了3770大卡，增加了18%。要知道，种植、生产、运输和销售这些食物都需要消耗大量的能源。

当然，自恋现象并不是导致这些行为发生变化的唯一根源。

---

01 1大卡等于4 1868千焦。

比如，美国人更喜欢购买SUV和迷你厢式车的部分原因，便是受到了为汽车安装儿童安全座椅的硬性法律规定的意外影响。但是，很多家里没有孩子的人也会选择购买这些大型汽车，因为开什么样的车也关乎一个人的自我：开SUV会让你觉得自己的车比马路上的其他车都要高大，它们都应该为你让路。否则，你就会像拍死一只虫子（也许是一款大众车）一样把它们碾碎。

此外，美国人也喜欢紧紧抓住自己的东西不放，有的时候单纯是因为这些东西是"他们的"。一位智利人曾经满脸惊诧（或者是鄙视）地对基斯说："美国人是地球上唯一一个仅仅是为了保存自己的东西，而选择租套公寓的民族。"当然，他指的是那种公共储藏室。美国人目前已经占用了22亿平方英尺的公共储藏空间，这一面积相当于8000多个超级体育场。我们的耳朵里甚至都堆满了东西。

诚然，现在的整体环境并没有多么糟糕。从多项指标来看，自20世纪60年代以来，美国环境已得到了大幅改善。1969年，克里夫兰市的凯霍加河中，所有污染物燃起大火，轰动一时。而到了21世纪初，我们两个在克利夫兰居住时，整个五大湖地区的环境已经出现了大幅改观。简曾经在伊利湖中游过泳，我们的顾问也在那儿冲过浪。基斯在威斯康星州读研究生时也曾在密歇根湖中冲过浪（虽然并没有夏威夷那么适合冲浪，但是这儿没那么多人）。五大湖地区已经从过去的环境灾难中走了出来。20世纪70年代，南加州的孩子们经常怀念以前晴朗天气里的户外玩耍时光，因为当时的雾霾太严重了，以至于他们不能安全地在户外玩耍。如今，空气糟糕的日子已经很少了，即使有也是隔很久才出现一次。

乱扔垃圾和其他一些破坏环境的行为也减少了很多。例如，在60年代经常会见到有人从车窗往外丢垃圾。他们会把烟蒂从车窗里丢出来，让他们的孩子把快餐包装纸攒成一团，扔到高速公路上。幸运钓是，这样的情形已经有所改变。

然而，以上和其他的一些改变并不是出于个体的自愿行为，而是通过集体努力，制定并通过了更加严格的法律所导致的结果。《清洁水法》（*Clean Water Act*）通过议会审核之后，五大湖和其他水域的水质才出现了改善；《清洁空气法》（*Clean Air Act*）通过之后，汽车尾气的污染排放标准变得更加严格，空气污染状况才得到了缓解。针对乱扔垃圾行为的罚款开始提高，并且强制推广施行。想要遏制住全球变暖趋势，类似的集体或者政府行为很可能也是必需的。尽管买东西时考虑环境因素已经流行起来，但与此同时，文化中日益滋长的自恋现象却让得到所有自己想要的东西这件事变得更加流行。

物质主义带来的个人后果

就像许多其他与自恋有关的事物一样，物质主义不仅会给他人和社会带来伤害，从长远角度来讲也会伤害到自恋者自己。著有《物质主义的高昂代价》（*The High Price of Materialism*）的心理学家蒂姆·卡赛尔（Tim Kasser）致力于研究重视金钱与物质的后果。平均而言，崇尚物质的人更不快乐，意志也更加消沉。即使只是渴望拥有更多金钱的人，心理健康状况也比较差；他们也会出现较多的身体健康问题，比如喉咙疼痛、背痛、头痛等，而且更可能酗酒或者吸食毒品。很显然，刻意追求金钱上的成功会让人过得很痛苦。

其中的部分原因是，在物质主义的游戏中，长时间保持领先地位非常困难。时尚风格变化如此之快，以至于只有那些非常富有或者愿意背负巨额债务的人才能一直跟上潮流。除了刚刚买到热门新产品并将其炫耀给朋友时感受到的短暂兴奋以外，物质主义带给人的快乐转瞬即逝。很多东西在购买时很有趣，但是拥有之后真正能让人感到有趣的东西并不多。你从"打败邻居一家"中所获得的自恋心态的满足，只能持续到他们买来了新的宝马车或者家庭影院为止。

此外，对于自恋者的情感关系而言，物质主义也确实是块绊脚石。比如，自恋者的恋爱对象常常说，自恋者对于物质财富的兴趣干扰到了两个人的恋爱关系。男孩子们会说，她更感兴趣的是不锈钢厨具、酷炫的手包、莫罗·伯拉尼克（Manolo Blahnik）牌的鞋子，而不是我们的恋爱关系。对于男性，只要换成"巨大的平板电视、劳力士（Rolex）手表和昂贵西装"便可以了。他们也许说中了一点：如果可以用昂贵的手表或者花瓶般的恋爱对象来得到社会地位，那能说明什么呢？自恋者也会根据物质标准将朋友进行分类。34岁的凯伦在朋友们面前吹嘘自己买了蔻驰（Coach）牌的尿布包，而且是三个，还说自己是特意等到那几个不够时尚、不能欣赏她的品味的朋友离开之后，才和大家分享这一消息。她给那些尚未生孩子的朋友的建议是，一定要买些礼品来贿赂护士。

治疗自恋流行病

我们应该制定一些政策，限制自恋式物质主义失控的可能。想要控制住银行和购房者们危险的自负心态，从严调整住房抵押贷款法规显然是很有必要的。避免自恋式抵押贷款风险的唯一办法就是从法律上将其取缔。

加强对信用卡的管控也有助于抑制消费。从其本身来讲，信贷的出现并不是坏事；几乎所有的财富创造过程都不可避免地要用到信贷（看看任何一家公司的资产负债表就知道了）。但是，大多数消费信贷却并不能为借款人创造较高的回报，而且结果常常证明其是个错误。银行需要停止向那些没有偿还能力的人发放贷款。这些听起来很简单，但是当前没有任何一项监管措施已经落实到位。

许多能够展现社会地位的商品，比如汽车和衣服，贬值非常快。一个简单（但是并不容易做到）的阻止人们靠借债来换取社会地位的方法是，改变现有的社会准则，让借贷变成一种不被社会所接受的行为。仅仅在几代人之前，人们还觉得欠债是一种令人羞愧的行为。

我们也需要拿出更多的刺激性措施，鼓励人们储蓄。不管是通过媒体宣传还是其他方式，都要再次让人们觉得储蓄是一件很棒的事。这是一项很艰巨的任务，因为美国人很乐于吹嘘自己花了多少钱，却认为谈论自己存了多少钱是一件很不礼貌的事。如果可以改变这一点，使人们能够通过存钱而非花钱来得到社会地位，那也许会抵消一部分自恋式物质主义。让沃伦·巴菲特开办一档电视节目如何？

　　相似地，人们也应该试着将较低水平的物质主义和环保行为，同自恋与自我欣赏联系在一起。这种心理层面上的角力很困难，却并非没有可能。这意味着我们要将"更少就是更多"这一短语变成一种自我欣赏的陈述。其中的困难之处在于，炫耀自己物质上的东西很容易，比如一部全新的苹果手机或者一款新手包，但是想把没有什么东西当作一种炫耀则困难得多。一个可行的方法是把"非物质主义者的生活方式"打造成某种品牌象征。你需要对全世界说："虽然我既有钱，也有社会地位，但我的境界已经完全在物质商品之上，我不需要炫耀这些。"此外，我们也可以发起社会运动，就像所有的社会运动一样，推动某些风格的穿着和产品选择——这里指的当然是那些不那么昂贵的东西。关键是要使这样的选择看上去很酷。

　　父母也能够扮演重要的角色，使自己培养出的孩子不那么物质主义。当然，父母都想让自己的孩子感到快乐，而孩子们也肯定想要各种各样的东西。于是，父母便会给他们买各种各样的东西。得到这些东西之后，孩子们会很开心，但是这种开心只能持续很短的时间。然后，孩子们会想要更多的东西。如果我们每次打算给孩子买东西时，都在心里用"霹雳可卡因"一词来代替那样东西，可能会让我们的推理过程变得简单许多：我想让我的女儿感到快乐。既然"霹雳可卡因"会让她感到快乐，那么我就会给她买"霹雳可卡因"。这样她会开心一段时间，接着她会想要更多的"霹雳可卡因"。当我们把"霹雳可卡因"这样的词语加进思考时，给自己的孩子买更多玩具听上去就没那么好了。当然，我们并不是说那些东西就像"霹雳可卡因"一样糟糕，毕竟所有的孩子都需要有点儿自己的东西，但很显然，现在孩子们拥有的东西太多了。我们必须在某个时候遏制住这种趋势。

孩子们过生日或者遇到什么节日时，一种较好的方法是只送给他们一件玩具，但另外也送给他们几样拥有特殊意义的礼物，比如明信片或者自制的礼物。而且，我们也应该鼓励孩子将亲手制作的礼物送给别人。孩子们亲手画的写有"妈妈，我爱你"字样的画，要比任何买来的东西都更有价值。但是，这一过程必须是双向的——否则，孩子们会认为送给别人一些不花钱的礼物没什么问题，但是他们自己却不想收到这样的礼物。

教育本身也可以起到帮助作用。学校里的教育很少会告诉孩子们储蓄与花钱的区别，尤其是"以利生利"在储蓄或者花钱中所发挥的强大作用。如果学校教育可以教给学生们一些最基本的经济原则，我们的社会将会变得更好。随着个人寿命的延长以及养老金的减少，我们的孩子将不得不从很早便开始为退休之后的生活存钱。此外，学校教育也可以告诉孩子们，信用卡债务很容易发展到难以控制的地步，以及申请占收入80%的房屋贷款并不是个好主意。

尽管基斯通常很讨厌要求政府采取更多监管措施的言论，但是我们都赞成增强政府监管也许是少数几个能够减少过度消费，进而改善环境的方法之一。经济学家们在许多年前就已经指出，人们的行为是由激励性措施决定的。如果没有任何措施鼓励节约用水（也就是水费很低），那么很少会有人开始节水。其中的一个例子便发生在2007年佐治亚州那场严重的秋季干旱中。政府明令禁止室外用水，但是没有对室内用水量做任何限制。因此，即使在最为干旱的那段时间，基斯依旧可以仅仅花上几美分，洗个20分钟的热水澡。结果，在冬季降雨最终到来的时候，整个佐治亚州甚至都面临着再过几周就无水可用的境地。下一次，佐治亚州的居民们也许就没这么走运了。如果要阻止这种大肆浪费的情况发生，就必须让那些用水超过额定量的人付出更多的费用。

另外一个重要的改变方向是提升科技水平。如果美国人无论怎样都将继续大肆消费，那么一种有效的方法就是发展科技，减少物质欲望给环境带来的危害。所谓的"绿色科技"目前非常流行。其中的关键依然是刺激性措施。倘若燃气加热像10年前一样便宜，简可能就不会花费几千美元为自家的游泳池更换一套太阳能加热系统了。但是，由于燃气加热一个月的费用可能会高达1000美元，因此这样的做法是非常值得的。投入最初成本之后，太阳能加热系统不仅不需要再花一分钱，而且使用的还是可持续型环保资源。

幸运的是，环保主义正在变得越来越流行。当前的社会准则也在慢慢改变，各行各业都在探索"绿色"的选择，越来越多的明星开始选择购买丰田普锐斯这样的低油耗车型。不过，我们仍然有很长的路要走，因为那些明星还是拥有很多房子，并会选择乘坐自己的私人飞机出行——还有很多人在八卦杂志或电视上欣赏他们的奢华生活。一辆停在你的第六座房子前、保险杠贴纸上写着"拥有最多'玩具'死去的人才是人生赢家"的普锐斯，并不会对环境保护起到多大作用。

第十一章

七十亿种特别——独特性

父母的众多责任中，最令人胆战心惊的一项便是给孩子取名。因为一旦取好了名字，你的孩子一生都将背负着这个标签——除非你真的搞砸了，取了个很烂的名字，那么他也许会在后来选择改名。近来，最大的趋势并不是给孩子取独特的名字，而是取常见名字的孩子越来越少了。"另类"或"特立独行"的观点变得比以前批判性的主流观点更加受欢迎，其中一个典型的例子便是独特的名字开始盛行。美国社会保障总署（Social Security Administration）将1879年以来所有美国孩子的名字汇总成了一个数据库，这为我们验证这一假设提供了充足的数据。（也许你也想登录www.ssa.gov/OACT/babynames/查看一下自己的名字。）

1946年，有5%以上的男婴取名为詹姆斯（James），4%以上的女婴取名为玛丽（Mary）。因此，仅仅在两代人以前，大约二十分之一的婴儿还是会取当年最为流行的名字。同时，三分之一男孩子的名字在'10大最受欢迎的名字'之中，女孩子中这一比例则为四分之一。此外，1946年出生的男孩子中，一半人的名字在前23大最受欢迎的名字之内。那时候，父母给孩子取名时关心的是归属感以及融入社会，而不是独特性和与众不同。在许多家庭中，很多亲戚甚至会共用一个名字。比如基斯便和他的父亲、叔叔、祖父共用一个名字——威廉（William）。这一传统最远可以追溯到他们一家人有据可查之时。

但是近几十年，父母们厌倦了常见的名字，想要让他们的孩子变得更独特一点儿。起初，这一趋势进展很缓慢：一直到1987年，还有3%的男孩被取名为迈克尔（Michael），3%的女孩被取名为杰西卡（Jessica），五分之一的男孩子名字和六分之一的女孩子名字在"10大最受欢迎的名字"之中。接着，在20世纪90年代，独特的名字开始流行起来，取常见名字的孩子变得越来越少。到了2007年，只有1%的孩子取了最流行的名字艾米丽（Emily）或者雅各布（Jacob），仅有十二分之一的女孩名字和十一分之一的男孩名字在"10大最受欢迎的名字"之中。请试着想象一个30人的一年级班级。1952年时，你会发现平均每个一年级班级中至少可以找到一个名叫吉米（Jimmy）的男孩。到了1993年，每两个班中至少能找到一个迈克尔。而当2007年出生的孩子在2013年读

美国婴儿取常见名字的百分比，**1945—2007 年**

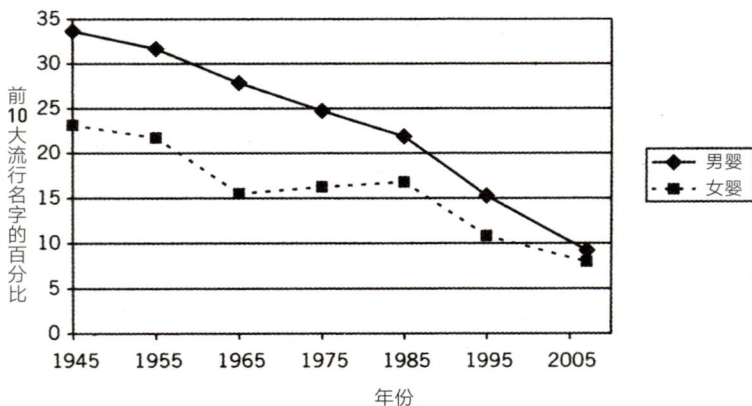

图 16

一年级时，你从六个班中才能找到一个名叫雅各布的孩子，即使这是最流行的男孩名字之一。我们并不能用种族构成变化来解释这一趋势，比如西班牙裔美国人数量增长——全美西班牙裔占比最小的六个州也出现了这种为孩子取独特名字的趋势。

父母给你取什么样的名字，只不过是你努力让自己与众不同、特立独行的人生的开始——这是最近才流行开来的美国人的中心目标之一。在过去，人们常常认为拥有一个常见的、流行的名字是件好事，这也许是因为一个奇怪的名字可能会招来一顿痛打。如今，人们认为，作为一个个体，最好能突出于人群，成为一个"独特的人"。事实上，在加州就有223名出生于20世纪90年代的婴儿被取名为尤妮克（Unique，意为独特），其中有些家长为了让自己的孩子更特别，更是将拼写方式改为了Uneek、Uneque或是Uneqqee。当今的父母会这样说："我从没听说过有人叫金橘（Kumquat）。"然后就给他们的孩子取这个名字。（早在社会保障署这样让人们可以更容易地确定哪些名字更独特，或者哪些名字更常见的网站出现之前，这一趋势便已经存在了。）独特的名字拼写方式也变得非常流行——既然可以将Michael写成Mychal，将Kevin写成Kevyn，那为什么还要把孩子的名字写成Michael或者Kevin呢？比如，非常受欢迎的女孩名字佳思敏（Jasmine）就至少有十种不同的拼写方式，包括Jazmine、Jazmyne、Jazzmin、Jazzmine、Jasmina、Jazmyn、Jasmin和Jasmyn等。"现在社会上认为，给孩子取名几乎就像是在给一件商品命名一样——全国范围内都涌现出了强调与众不同的巨大潮流。"《宝宝命名宝典》（*The Baby Name Wizard*）一书的作者劳拉·瓦滕伯格（Laura Wattenberg）说道。

　　我们经常可以看见一些准父母在像 babycenter.com（宝宝中心）这样的育儿网站留言板上，讨论给孩子取什么样的名字。其中，有位准妈妈正考虑用丈夫的名字来给自己的儿子命名。对此，一位网友回复道："我是坚决不会这样做的。每个人都值得拥有属于自己的名字和身份。"还有一些父母在讨论伊莎贝拉（Isabella）和索菲亚（Sophia）这两个受欢迎程度在前10名的名字哪个更好。"今天我弃权。这两个名字太常见了，不符合我的品位！每天我都能看见或者听见另外一个人也叫伊莎贝拉。"一位昵称为"布莱尔（Blair）与海莉（Haley）公主的妈妈"的妇女这样写道。另外，有几位父母想给自己的儿子取名为欧绅（Ocean）。一位网友说自己很喜欢这一想法，并且写道："我之所以喜欢这个名字，是因为它太不常见了。"另外一位网友则写道："我非常喜欢这个想法！这说明你们有想象力，不想随大流。"其他一些网友则不赞同这一想法。"如果你给自己的孩子取名为欧绅，那他肯定每天都得被别人打出鼻涕来，"其中一位网友这样写道，"如今的父母太想给孩子取个与众不同的名字了。尽管这并没有什么不对，但最好还是不要取会给他们造成困扰的名字。"就连这位网友也认为，只要不是太过独特，给自己的孩子取个特别的名字也没什么大不了的。

　　明星们再次在这一趋势的发展过程中起到了推波助澜的作用。无论你怎样看待艾波（Apple）、苏芮（Suri）、夏洛（Shiloh）、宾尼斯（Phinnaeas）或卡艾尔（Kal-el）这些名字，不可否认的一点是，这些名字的确很特别。如果你像简一样经常读《我们周刊》这样的杂志，那你肯定知道这些便是格温妮丝·帕特洛（Gwyneth Paltrow）、汤姆·克鲁斯（Tom Cruise）、布拉德·皮特、朱莉娅·罗伯茨（Julia Roberts）和尼古拉斯·凯奇（Nicolas Cage）等电影明星的孩子的名字。认为自己孩子的名字就应该与众不同的想法，本身就包含自恋成分在内。《婴儿取名圣经》（*The Baby Name Bible*）一书的作者琳达·罗森克兰兹（Linda Rosenkrantz）解释说："明星们不仅自己渴望成为人们关注的焦点，而且也想让自己的子孙后代享受这种独特性。"与近期的明星子女名字形成鲜明对比的是，本身名字很特别的"猫王"埃尔维斯（Elvis）给自己的女儿取名为丽萨·玛丽（Lisa Marie），而著名演员伊丽莎白·泰勒（Elizabeth Taylor）的两个儿子则分别叫作迈克尔（Michael）和克里斯托弗（Christopher）。

科技促进并支配着父母给孩子取独特名字的欲望。现在，有些准父母在给孩子取名字之前，会先去网络上搜索一番，以免糊里糊涂地给孩子取了个连环杀手或者糟糕音乐家的名字。电影《上班一条虫》（*Office Space*）的影迷们也许还记得迈克尔·波顿（Michael Bolton）这一角色，实际上他并不是歌星迈克尔·波顿。在电影中，人们一直在问："你和歌星迈克尔·波顿有亲戚关系吗？"每当这时，他总是很厌烦地回答："不，这只不过是个巧合。"当人们建议他应该改名为迈克（Mike）时，他会说："我为什么要改名？他才是那个很烂的人。"然而，许多父母并不想用任何人的名字来给自己的孩子命名，无论好坏与否，由此带来的结果便是他们会选择一个在网上根本找不到的名字。如果你的名字足够独特，别人很容易就能在网络上搜索到你。简的名字便在此列，这大部分是因为她的英语化挪威姓氏很难发音，但如果把基斯的名字（去掉 W.）输入到搜索框中，检索出来的第一条结果则是一个自称为"发型师"的家伙。不，这当然不是基斯的第二职业。除此之外，你还可以找到帮忙克隆出"克隆羊多莉"的科学家"基斯·坎贝尔"，基斯知道这个人，因为他收到过一封发给这位科学家基斯的充满恶意的邮件。

独特的名字并不一定是件坏事，我们也没打算妄下这样的结论。比如，基斯的大女儿麦金莉（McKinley）的名字就很特别，这是一个本身很不常见的姓氏。不过，强调孩子个体的独特性和与众不同正好符合自恋流行病的许多症状。测量一个人的自恋程度确实与独特性需求的标准评估有着密切的联系，因为自恋者很喜欢别具一格、与众不同的感觉。

更多孩子取独特的名字也有一些优点：对于学校来说，这样就不会再把一个班里同名的学生搞混了（比如Jessica R.和Jessica K.）。然而，随着给孩子取独特名字的趋势持续蔓延，老师们将会发现自己很难记住所有学生千奇百怪的名字，尤其是那些"很有趣"的拼法。

暂且将优缺点抛在一边，这一趋势在很大程度上就是我们文化的真实写照。命名仪式一直都是世界各国文化中最核心的一部分。我们为孩子们选择怎样的名字实际上也揭示出了自己最深的愿望和欲望。如今我们热切地希望自己的孩子可以鹤立鸡群，因此从一出生开始便给他们贴上了独特的标签。

我和你完全不一样

有一则尿布广告的开头是一个30岁左右的男子在蹒跚学步的女儿身边，随着70年代的音乐跳着约翰·特拉沃尔塔（John

Travolta)[01]的舞步。然后，一个女声愉快地说："这就是你爸爸，幸亏你跳得一点儿也不像他。你有自己独特的婴儿舞步……帮宝适（Pampers），让你找到自己舞动的自由。"

从我们用的第一款产品开始，广告业就在迎合我们想要变得独一无二、与众不同的愿望。这种广告策略从我们还穿尿布时就开始了，并在我们的青少年、成年人时期变得更加猛烈。想象一下在咖啡店点一杯加脱脂牛奶的无咖啡因卡布奇诺的场景吧。在美国，没人会质疑这样的要求，得到完全满足自己要求的产品也会让你感觉很棒。但是，如果你在韩国的咖啡店按这样的要求点单，服务员也许会因为你点的东西如此与众不同而恼火，你也会为自己不同寻常的要求而感到羞愧。在不久前的美国或许也是如此；想象一下在1975年的美国点一杯加脱脂牛奶的无咖啡因卡布奇诺——最终你得到的可能是一杯加奶精的普通咖啡。然而，自90年代开始，星巴克开始为顾客提供许多不同的选择组合，这1.9万多种不同的咖啡搭配方式使得至少有1.9万人可以点到独特的咖啡。三杯中杯的浓缩脱咖啡因豆奶冰摩卡，五勺糖，不加鲜奶油，这是哪位顾客的？

美国广告业对于独特性的强调已经到了近乎泛滥的地步。美国银行（Bank of America）邀请你"添加定制功能，让你的信用卡看上去像你一样独特"。第一资本金融公司（Capital One）在广告中宣称，它的"信用卡实验室"可以按照各种要求定制信用卡，包括给卡片选择背景图片等。现在人们购买汽车甚至都有数百种不同的选择组合。2006年，温蒂汉堡（Wendy's）以1.99美元的低

---

01 美国演员、制片人，舞技出众。

廉价格出售独特性，而且还额外附赠一个汉堡："保罗做的是自己专属的汉堡，而不是一般人的汉堡。不要妥协。个性化……做一个只属于你自己的汉堡"。马自达的一则广告热情地表示："终于有人生产出了一款可以根据你的个人需求进行调节的汽车，而不是让你去屈就车。"卖了几十年标准尺寸的衣服之后，Lands' End 这样的服装公司如今也开始提供定制版衬衫。儿童 CD《与埃尔莫和朋友们一起唱歌》（*Sing Along with Elmo and Friends*）目前已经推出了 100 多个版本，每个版本都针对不同的名字来设计，这样孩子们便可以听到埃尔莫说出他们的名字，并且只为他们歌唱。现在，你还可以买到定制版的 T 恤衫、M & M 巧克力豆、幸运饼、扑克牌和日历。

尽管做出"产品个性化是为了销售"的结论很诱人，但是这种广告策略只有在美国成效才最显著。社会心理学家金熙珍（Heejung Kim）和黑兹尔·马库斯（Hazel Markus）在 1999 年观察过美国和韩国杂志上的广告后发现，韩国广告普遍以产品的一致性和传统为诉求重点，比如"本公司致力于建设和谐社会""我们的人参饮品遵循 500 年传统工艺生产制造"。与之相反，美国广告则大力吹嘘产品的独特性，例如"比过你的邻居""互联网并不适合普通人。但还是那句话，你并不是普通人"。广告并不仅仅是一种娱乐方式——它们是向个体传递文化价值观的系统的一部分。正如金熙珍和马库斯所写的那样："美国广告中的信息试图说服美国人，让他们相信做一个独特的人是正确的生活方式；韩国广告则在力劝韩国人，让他们相信生活得与别人一样是正确的生活方式。由此，使这些文化价值观流传下去。"这份研究报告中还包括一个有趣的实验：在五支笔（其中四支颜色相同）中进行选择时，韩国人倾向于选择颜色相同的，美国人则更喜欢选择颜色不同的笔。

美国广告并非一直以来都这么强调独特性。曾有一段时间，团队和谐、人多力量大这些主题比现在要更加常见。1925年时，尽管可口可乐一直在用"让自己神清气爽"这一广告语鼓励消费者购买产品，但同时也在强调"每天有600万人"要喝这款"适合共饮的饮料"。到了1956年，它宣称自己是"世界上最友好的饮料"。1963年，可口可乐的广告标语变成了"可口可乐让一切更美好"，而且还配上了一则广告，承诺喝可口可乐会带来"女孩、团队、快乐、朋友"。百事可乐从1953年到1961年都沿用了"与朋友共享"这一标语。好彩（Lucky Strike）牌香烟1964年的一则广告说："这就是一支可以让你赢得朋友……或者失去朋友的香烟。一切都取决于品位……数百万好彩烟民们就是这样想的。"

如今，人们认为所有的东西都应该是独一无二的，包括我们的婚礼。usabride.com（美国婚礼）网站上的一篇文章指出："通过亲身参与到婚礼仪式的策划中，新婚夫妇可以确保将自己的个性完全融入进去。"其中甚至包括自己写结婚誓词，因为"他们常常认为自己写的誓词要比传统的誓词更有意义"。我们并不是说这样不好，这只不过是另外一种体现目前大众普遍重视独特性的例子。在70年代以前，人们从未听说过自己给自己写结婚誓词。

此外，作为"超级传播者"的明星也非常乐于向他人传授一些个性化的建议。好莱坞演员布莱特妮·墨菲（Brittany Murphy）就建议人们："培养个性。绝对不要变成别人想让你成为的样子。如果你觉得一头粉色的头发能让自己快乐，那就去把头发染成粉色。"当然，一头粉色的头发会给你带来很多约会、工作或者表演机会。

如果墨菲自己也采纳了自己的建议，那事情有可能是这样的："只要能让你快乐，那就继续像电影《独领风骚》（*Clueless*）里一样想吃多胖就吃多胖吧[01]。千万不要仅仅是因为别人（比如所有的好莱坞明星）想让你减肥就去减肥。"《人物》杂志形容德鲁·巴里摩尔（Drew Barrymore）[02]的风格是"随心所欲"和"打破常规"。巴里摩尔的建议是："保持冒险的精神，想做什么就去做，不要想着求稳……不要按照别人会喜欢的方式穿衣服。"以上内容被收录进了《人物》杂志"最好和最差着装"特刊中，那些被放到"最差着装"栏目中遭人奚落的明星冒了很大的风险，很显然，他们并没有按照别人喜欢的方式来穿衣服，选择了错误的随心所欲方向。

在美国文化中，人们很早便开始向孩子们讲授独特性的价值。比如，曼哈顿的一家幼儿园便将九月份指定为"关于我月"，并且将第一周的主题确定为"聚焦个人"。幼儿园给2岁小朋友安排的课程是："今天，我们每个人要'研究'镜子中的自己。"其目的是让每个学生意识到自己的个人特征。（"我的名字叫弗雷德。我有一头红头发。"）另外，人们也在积极地告诉孩子们个人独特性与产品偏好之间的关系。这些课程会"鼓励学生们认真思考一下自己拥有哪些个人偏好"，包括决定最喜欢的动物、颜色和食物。

许多父母甚至想要给他们的孩子独特的教育，这也是"在家自学运动"兴起的众多原因之一。"学校教出来的孩子都是一个模子造出的模型。它们主要教育孩子按照要求做事，抹杀了孩子们的好奇心和独立思考能力。这种一体适用的教育方式对孩子并

---

01 在这部爱情喜剧电影中，墨菲曾扮演性格傻气、不够时髦的苔（Tai）一角色。
02 美国演员、导演、制片人。

不是最好的。"一位来自北卡罗来纳州的家长对msnbc.com网站上的一篇文章如此评论道。甚至还有一个规模相对较小的运动将个性化教育进一步发扬到极致。在"非学校教育"中，孩子们可以决定自己哪一天想学什么——如果知道自己想学什么的话。美国现在接受"非学校教育"的孩子是20年前的50倍——在2006年，就有10万到20万人。有教育专家表示，这一数字仍在以每年10%到15%的速度增长。"非学校教育"的核心原则讲求孩子们应该做自己想做的事情。就像一家宣扬"非学校教育"的网站上所解释的那样，它让孩子"创造符合自身目标的教学结构"，其"重点在于每个学习者做出的选择"。这便是个性化教育的终极目标，即没有固定的时间表和课程计划。尽管你还是个孩子，但你已经是自己的老板，可以想做什么就做什么。对此，一位批评家表示："如果一个孩子得到一份工作，但是'觉得自己不想'工作，那该怎么办呢？"

美国人对于独特性的痴迷常常是自相矛盾的。尽管广告似乎在说人人都该购买某一产品，因为它能让你感觉自己很独特；但实际上，任何东西只要流行起来，自然就不再独特了。此外，独特性强调要在不过于特立独行的情况下做到与众不同。一位选择不刮腿毛的女士当然很独特，但是各种广告却并没有向人们宣传这种特别感——或者是任何不符合当下狭隘的"火辣"定义的事物。在今天的虚荣文化中，独特的选择也许指的是极少在意自己的外表长相，但那可不是能推销产品的独特性。

另外有点古怪的是，人们对于独特性的痴迷恰恰发生在全球人口越来越多的时代。如今的世界变得比过去更加拥挤，交通拥堵情况更加严重，等待的队伍变得更长，大学的班级规模越来越大，但每个人得到的个人服务则越来越少。现在预订机票时，都需要加收费用才能使用人工服务。尽管我们每个人都变得更加独特，但在消费文化中得到的却是更加没有人情味的对待，它将我们变成了一个个号码：顾客号、门诊号、社保号、预约号。

MySpace和iPod中的第一人称用法并非巧合

电视一直到最近都有着最大的影响力，但它不是非常民主。在电视上播放什么样的节目都是由一小部分人决定的。随着有线电视和电视购物在20世纪80、90年代的出现，这一小部分人组成的队伍稍微壮大了一点儿，但我们还是可以确定地说，并不是每个人都能拥有自己的电视节目。

但现在，YouTube的出现让你可以拥有自己的电视节目。MySpace和Facebook出现后，每个人更是可以拥有自己专属的网页。在"第二人生"中，你能拥有自己的虚拟身份。正如我们在第七章中探讨的那样，在当今这个愈发自恋的文化中，互联网独特性所带来的自我品牌塑造，为个体创造出了很多让自己与众不同的新方式。手机的出现使得每个家庭成员都有了自己的电话。十几岁的兄弟姐妹们再也不用抢电话，或者紧张兮兮地在电话中问暗恋对象的父亲："雅各布在家吗？"你还可以用人造水钻来装饰自己的手机，设置独特的铃声，并且自行选择壁纸。

科技的日新月异也使得我们可以定制自己的媒体体验。"My Yahoo"（我的雅虎）让你可以选择自己的新闻来源、股票投资组合更新、运动队得分，以及星座信息。你的iPod中存储的歌曲也许只有几首跟我的一样，或者完全不一样。你随时都可以用数字录像机观看自己想看的节目。这样做的好处是，你再也不用坐在电视机前观看那些自己不喜欢的节目了，缺点则是媒体不再是一种集体经历，而成为了个人经历。那种1967年夏天，所有40岁以下的人都在谈论《佩珀中士的孤独之心俱乐部乐队》（*Sgt. Pepper's Lonely Hearts Club Band*）[01]，所有人都按照同样的顺序听这张专辑的日子再也不会出现了。如今，人们不一定会在周五早上的茶水间谈话中讨论周四晚上播出的《实习医生格蕾》，因为越来越多的人开始把这些节目保存到周末再看。

其中，最大的例外是《美国偶像》这样的真人选秀节目，大多数人依然会选择收看直播，这也许是它们一直如此受欢迎的原因之一。然而，它们之所以广受欢迎还有另外一个更加自恋的原因：每位观看节目的观众都可以通过为选手投票，来影响节目的进展。《美国偶像》上的"评委"只会给出自己的意见，最终决定一名选手去留和胜出与否的还是每个美国人。2007年的一档真人秀节目请观众投票选出，要让哪些选手的"人生梦想"成为现实。2003年，真人秀节目《美国式结婚》（*Married by America*）请观众投票决定男女选手中有哪两位会在电视上结婚。幸好，最后没有人结婚。可是观众们已经接收到了节目所传递出的信息：电视节目现在更加民主了，每个人都可以有自己的发言权。

很快就会有方法让你避开糟糕的电视节目，只看自己想看的——而且还不用设定你的数字录像机。由即时通信软件Skype的创始人设计的程序"Joost"，将在互联网上开辟50个电视频道。

---

01 "披头士"乐队（The Beatles）于1967年发行的音乐专辑，曾获得多项格莱美奖项。

最终，互联网上将会有成千上万个电视频道供个人随意选择。"尽管目前的电视还只有 500 个频道，但我们距离 5000 个频道的时代已经不远了，"一个互联网电视公司的 CEO 如此表示，"在 10 年内，我们便可以很容易地收看到来自世界各地的 5 万个电视频道。"届时，娱乐爆炸时代将最终形成。

我很特别，快看我！

自恋人格量表中有一项陈述是"我认为自己是个特别的人"（非自恋的选择是"我跟大多数人没什么两样"）。觉得自己很特别是自恋的核心特质之一，它使自恋者的信念合理化，认为插队、不劳而获、待人傲慢是正确的。不那么自恋的人会说："是的，我很特别，但别人也很特别。"可是，每个人都很特别的情况可能出现吗？《美国传统词典》（*American Heritage Dictionary*）对于"特别的"（special）一词的解释是"超越普通或者平常；非比寻常的"。因此从逻辑上讲，每个人都很特别是不可能的。即使是小孩子也能搞清楚这一点。在《明尼阿波利斯星坛报》（*Minneapolis Star Tribune*）的一个板块中，凯瑟琳·克斯登（Katherine Kersten）[01] 描述了她当时只有 7 岁的女儿某天上学时的反应，当时每个孩子都带着一枚写有"某某很特别"字样的徽章。她的女儿评论道："妈妈，如果每个人都很特别，那就没有人是特别的了。"

那么像《歌舞青春》主题曲中唱的"每个人都以自己的方式而显得特别"，这种观点又该作何解释呢？也许真的可以这样，

01　保守派专栏作家。

但在当今这个人口几乎达到70亿的世界上，那未免也有太多种特别的方式了吧。这听上去更像是独特，而不是特别，许多人经常混用这两个不同的词。独特强调的是与众不同，但未必比别人更优秀，而特别则意味着你是一位明星或者可以享受特殊待遇——不只是与别人不同，而是比别人更好。我们对孩子们强调独特性时，经常说"世界上没有一个人和你一样"。有一首给幼儿园孩子们唱的主日学校[01]歌曲指出："我的头发颜色很特别，我的眼睛和肤色也是。上帝创造我时没有让我和你一样。"在世俗学校里，学生们也会学到这一点，因为老师们经常告诉他们"每个人都是一片独一无二的雪花"。

特别意味着独特再加上优越——一个特别的人不仅仅要独特、与众不同，而且还要比别人更好。（除非这个人符合"特殊要求"，比如在我们的网络调查中，一位参与者就略带残忍地说道："很矮，但是很特别。"）与人们讨论独特性时，我们常常听到的一种论断是"人人都很特别"，原因在于每个人都有自己独一无二的指纹、DNA，或是没有人拥有跟他一模一样的人生经历，又或是只有他自己才能占据时空中自己的位置。确实是这样。我们在这些方面确实都很独特，所以这是一种平凡的独特。然而，以上没有一点可以让我们变得特别。

美联社在报道我们关于自恋增长之势的研究时，提到了自恋人格量表中"我认为自己是个特别之人"的陈述。这篇报道引用了佛蒙特大学学生卡利·达拉妮（Kari Dalane）的话作为结尾："如果人们回答：'不，我不特别。'那会让人更沮丧。"卡利不是唯一

---

01 Sunday school，又名星期日学校，兴起于18世纪末，是西方国家在星期日为贫民开办的初等教育机构。美国民主日学校局限于纯宗教教育。

这么认为的人；我们在这个问题上曾受到过很多质疑。"每个人都喜欢听别人说他们很特别，但如果一个7岁的孩子边走边说：'我不特别吗？'那难道不是一件挺让人毛骨悚然的事吗？"俄亥俄州的《肯特州立大学日报》（*Daily Kent Stater*）如此问道。简就这一问题接受电台采访时表示，觉得自己很特别并不是件好事，这让许多听众非常震惊。报纸专栏作家，比如《兰开斯特新时代报》（*Lancaster New Era*）的乔·乌洛帕斯（Joe Vulopas），对这一看法的回应是："拜托……这些研究人员难道是因为父母没有说过他们很特别而感到难过吗？"（是的，这就是我们选择心理学的确切原因。）乌洛帕斯经常用"你是全世界最漂亮的小公主"这句话跟自己的女儿打招呼，而且坚持说自己只要有机会，就会继续告诉女儿"她很特别"。《雷丁鹰报》主张，如果父母们"为了阻止孩子变得自恋而停止告诉孩子他们很特别，那么可能会面临破坏孩子自信的危险"。我们的网上调查问道："告诉孩子他们很特别，是否重要？"对此，29岁的妮可做出了最常见的回复："当然。这会帮助培养孩子们的自尊心和自信心，而且我相信这也会帮助他们学会尊重他人。"

从某些方面来讲，以上这些回复恰恰印证了我们的论断。我们生活在一个崇尚跳出规则、与众不同，以及好过别人的国家——换句话说，就是非常重视特别和自恋。这种氛围无处不在，以至于只要有人对此表示质疑，我们就会感到非常震惊。这就像是鱼儿不会意识到自己在水里一样。

但是，觉得自己很特别就是自恋——不是自尊、自信，也不是我们应该培养孩子们养成的其他东西。自恋和自信之间还是有区别的。你可以告诉自己的孩子她数学成绩很好，或者如果她努力学习的话，数学成绩将会很好，而不用说她"很特别"。感觉很特别也许会带给人一种略有夸张色彩的舒适感，但是在如今这样一个需要与人协作、需要排队等候、可能在高速公路上被超车的世界里，这只会使人感到备受挫折。而且，它也不会像妮可说的那样，让我们学会尊重他人。那些认为自己很特别的人常常想要将自己刨除在规则以外，这通常对其他人不公平。不，我们并不是说你应该在打篮球时把自己5岁的儿子打得屁滚尿流，让他知道自己有几斤几两重，或者当女儿尚在学习阶段时，说她在拼写方面简直烂透了。我们的观点是，最好不要将任何的注意力放在"特别生"上，相反，应该更加注重培养孩子对于学习的热爱，让他们知道努力是可以得到回报的。

尽管大家都很特别是不可能实现的，但是每个人都是独特的。可是我们为什么要强调自己的不同之处，而不是相同之处呢？尽管我们也许都很独特，但人与人之间也有很多共同的经历、挑战和性格特质。即使是那些面临着罕见挑战（比如身体残疾、遗传疾病，或者酗酒等成瘾问题）的人，也可以在支持团体中找到很大的心理安慰，了解到世界上还有很多人和他们一样。

过度重视独特性也会对个体本身带来消极后果。研究发现，沉浸在与众不同的"个人神话"（personal fable）心理中的青少年会认为没有人能理解他们。那些坚信这些的青少年明显更可能变得抑郁，产生自杀的念头。当年龄慢慢增长，但他们依然认为没人能理解他们时（因为他们是独一无二的），这些问题会更加恶化。

这里，我们将提出一个例外：对于父母来说，自己的孩子当然很特别。就像38岁的凯文在我们的网上调查中所说的那样："我只是在某些人眼里很特别。对于我的父母、家人、朋友、恋人、同事、同学来说，我很特别。每个人对某些人而言都很特别，但是这里的特别是相对的，而不是绝对的。没有人生下来就很特别。"这是一个非常关键的区别。比如，简的女儿凯特对简来说就非常特别，但这并不意味着世界上其他人都该给凯特特殊待遇。这听上去很好，可是如果幼儿园老师也把她当作特例一样对待，那对其他孩子就很不公平了。坦白讲，这对凯特也不公平。即使她认为自己确实很特别，但最终也会遇到与其他人享受相同待遇的情况（噢！那太恐怖了）。30 岁的米歇尔记得去过的一所教堂在主日学校里告诉孩子们"上帝让我很特别"。"失望随后就降临了，因为我们意识到人生并未给予我们'特殊'待遇。"她这样写道。如果你依然认为世界应该给予所有人特殊对待，那现在是梦醒的时候了。

爱你的孩子，并把这份爱告诉他们，与提醒他们自己很特别并不一样。爱可以为孩子创造安全的基础，以及他们能够依靠的联系。与之相反，告诉孩子他们很特别，则会让孩子与他人渐渐疏远、产生隔阂——这便是走向自恋的秘诀。父母的爱能为孩子提供安全的基础，让他们可以从基础出发，探索世界，但与此同时又不会带来实际的副作用。

设想一下：如果你的孩子真的很特别呢？如果他身有残疾，你也许会希望他可以尽可能多地做到普通的、不特别的事情。如果你的孩子拥有某些特殊的天分（比如天才般的智力水平、完美的音乐感知，或者惊人的运动能力），你可能仍然会希望他可以学会如何与他人相处，享受正常的人生。作为一个天才儿童的父母，你大概会将更多的注意力放在让孩子学会谦逊和体贴上，而不是告诉孩子她有多特别。你会希望别人像对待"其他孩子那样"

对待她。没人会喜欢一个傲慢的混蛋，即使是天才儿童也不想让人觉得自己从根本上不同于别人，因此即使自己的孩子真的很特别，大多数父母也不会一再对她强调她有多特别。

治疗流行病

我们并不能说美国人对于独特性的重视全是对的，或者全是错的。这是一种文化构建的产物，大多数人都已经习以为常，只不过随着时间的推移，它带来的影响也在不断加大。随着各种广告不断鼓励我们购买更多东西来让自己从人群中脱颖而出，鼓励2岁的孩子们认识到他们有多特别，这种独特性的诱惑已经慢慢演变成了自恋。作为一种文化，人们应该摒弃这种对于独特性的过度重视。

是时候面对现实了。你不可能在成为一个独特叛逆者的同时，又很好地融入群体中。想要在社会中生存，我们都必须遵循某些特定的规则，都必须做些事情来融入社会。这并没有什么错。当然，在合理范围内专心做自己的事情也没有什么错，但是这并不意味着你应该因此而获得赞美（然后你会不断复制这样的行为，最终导致自己没能实现目标）。名字就是一个很好的例子。给自己的孩子取个普通的名字并不是件坏事。很多前辈们的名字都很普通，但是他们依然活得好好的，而且还有个额外的好处，那就是人人都可以拼写出他们的名字。取个独特的名字并不能带来成功，埃尔维斯和麦当娜除外。同别人拥有同样的名字对你的孩子来说是件好事，这不仅会将你的孩子同其他孩子联系在一起，还可能减少他们在学校被欺负的次数。如果你的孩子确实想要成为一名艺人，届时还可以再改名字，就像鲍勃·迪伦（Bob Dylan）[01]、埃尔维斯·科斯特洛（Elvis Costello）[02]、斯汀（Sting）[03]和博诺（Bono）[04]一样。

身为父母，对于学校里开设的那些强调孩子的独特性、告诉孩子他们很特别的课程，我们应该质疑。比起让孩子对着镜子研究自己有多与众不同，注意到人们身上的相似之处也许会是更好的课程。我们不应该让孩子选择最喜欢的食物，而是应该让孩子问问别人，他们为什么喜欢或者不喜欢某样东西。通过这个过程，孩子们也许会惊讶地发现与自己不同的看待问题的角度；在认知上，这也是一项更具挑战性的任务。它能教导孩子们学会同理心和换位思考，这是非常有价值的技能。

不要告诉你的孩子他们很特别，而要告诉他们你爱他们。这是一个双重保护机制，可以避免培养出一个被宠坏了的自恋孩子：你应该更加重视的是情感上的亲密关系，而不是孩子们所期望的特殊对待。父母与社会的角色应该是帮助孩子们明白世界并不是围绕着他们旋转的。作为父母，我们深知什么样的行为属于溺爱孩子，我们想让自己的孩子知道我们非常爱他们。那恰恰是我们不想把他们教育成自恋孩子的原因。

---

01 原名罗伯特·艾伦·齐默曼（Robert Allen Zimmerman），美国唱作人、艺术家、作家。

02 原名戴克兰·帕特里克·麦克曼努斯（Declan Patrick MacManus），英国创作歌手。

03 原名戈登·萨姆纳（Gordon Sumner），英国唱作人、演员。

04 原名保罗·大卫·休森（Paul David Hewson），爱尔兰摇滚乐团 U2 的主唱兼旋律吉他手。

第十二章

追求恶名及不文明行为的滋长——反社会行为

在一起恶意攻击事件中，六个女孩轮流击打着另外一个女孩的脸，将她用力撞到墙上，冲她大吼大叫的同时还扇她耳光。受害女孩甚至一度被打晕。两个男孩站在一旁把风，以确保受害者无法逃跑。这场殴打持续了30分钟，最终导致受害者脑震荡、眼周瘀青，左耳也受到伤害。在被监禁于佛罗里达州的波尔克县监狱时，其中一名涉嫌施暴者竟然想知道："我会被及时释放，赶上明天的拉拉队排练吗？"

这起事件被认为是一次报复行为，因为受害者在她的MySpace主页上辱骂了施暴者。2008年的这场殴打视频后来在电视上连续播放了数周。这一事件在互联网时代发生了另一转折：就像不断增多的青少年斗殴事件一样，它的过程被录了下来，以便上传到YouTube上。

当然，高中年龄段的青少年早在高中出现之前，就已经在打架了。比较新鲜而且可能与自恋有关的是，如今出现了通过殴打别人——或者甚至是杀人——来寻求出名的趋势。网站和24小时有线新闻节目的出现使得人们出名的可能性越来越高。而且许多人根本不在乎他们最终得到的有可能是恶名。尽管YouTube一直在建议人们不要上传有人被打的视频，但是只要搜索一下"打架"，便可以找到数以百计的打架视频。这些视频常常被简单地标记上了"不适合某些用户观看"的标签，可是却依然被保留在网站上。此外，粗略地搜索一下，你还会发现许多未被标记的打架视频。"他们能做的骇人的事情越多，去访问他们主页的人就会越多，"网络隐私律师派瑞·阿夫泰伯（Parry Aftab）说道，"这会让他们变得出名——让他们受到更多注意，同时造成影响。"

即使抛开追求成名这一点，自恋也是一种可以导致攻击性和暴力行为的危险因子。在我们这种注重自我欣赏的文化里，一个自我崇拜的自恋者会去伤害别人，这看上去似乎有点自相矛盾。因为美国人非常认同"如果你喜欢自己，那么你也会喜欢别人，因此不会具有攻击性"的观点。然而自恋者之所以富有攻击性，恰恰是因为他们过于爱自己，并且认为自己的需求要优于别人的需求。他们缺乏对他人痛苦的同理心，常常在觉得自己没有得到应有的尊重时攻击别人；他们认为自己应该得到很多，因为自己肯定要比别人优秀。想想历史上那些有名的大屠杀凶手，比如希特勒或萨达姆。你觉得他们自尊心很低吗？不，他们正是因为非常自信且坚信自己的观点，才杀害了数百万的人。他们的自恋使得他们开始蔑视他人最基本的权利。

然而，自恋者并不是一直都这么富有攻击性——在未被激怒时，他们表现得就像常人一样。但是，他们确实会在别人把他们比下去一点儿时展开攻击。在布拉德·布什曼和罗伊·鲍迈斯特所进行的系列实验中，大学生写的论文会收到另一名学生给出的虚假反馈，其中写道："这是我读过的最烂的论文！"受到这样的侮辱之后，80% 自恋程度较高的学生会比非自恋学生更具攻击性。自恋者不会去攻击那些表扬他们的人，但是只要受到侮辱，他们就会瞬间爆发。就像发生在佛罗里达州的那场青少年攻击事件一样，自恋者的反应与他们受到的挑衅行为相比，往往更加恶劣。"无论我们的受害者在网上说了什么，都不可能严重到要遭受这样的毒打。"波尔克县警长格雷迪·贾德（Grady Judd）表示。

此外，自恋者也会在别人企图限制他们的自由时，变得更具有攻击性："你以为自己是谁啊，竟敢告诉我什么能做、什么不能做？" 2007年，人们便痛心地见证了一场自恋者对自由受限所做出的攻击性回应。费城的几位老师遭到了学生攻击，其中一起事件是因为老师要求学生把音乐声音调低点，另一起则是因为老师命令学生不要再给教室电话拨打骚扰电话。最终，有四位老师在不同事件中受到了严重伤害，学生攻击者中则有三人因袭击他人而被关进监狱。

美国广播公司（ABC）的电视新闻杂志节目《20/20》拍摄了几位学生参与特瓦什曼和鲍迈斯特实验的经历。其中一位年轻人——就让我们叫他自恋者尼克吧——在百分制的自恋测试中得到了98分，而且在得知这一结果时大声狂笑。后来，节目组将这段视频展示给了他，并且告诉他可以选择是否播放这段视频。尼克的回答是当然要播放。布拉德·布什曼把他带到一旁解释说，他肯定也不想在一档全国性的电视节目上看起来像个具有较强攻击性的自恋者。但尼克却说，他认为自己看起来很棒，而且希望上电视。布什曼建议道，或许电视台制片人至少应该在播出时将他的面孔模糊处理一下。对此，尼克不可置信地表示："不要！"他还补充说，不能在视频中显示出他的名字和电话号码简直太糟糕了。这是了解自恋者的关键之一：他们真的不在意自己看上去是否像个混蛋；他们只想出名。

　　布什曼和鲍迈斯特最近更新了他们的研究，更加密切地观察自尊心在攻击性行为中扮演的角色，弄清是否只有自尊心水平较低的自恋才会导致攻击性行为。一项由其他研究人员所做的研究已经发现，新西兰男孩子的较低自尊心与他们父母和老师报告的攻击性行为具有某种联系，但是这项研究属于相关性研究，也就是说这种联系也许是由其他因素所导致的。尽管这项研究对有些因素施加了控制，比如家庭收入，但没有对家庭和同龄人关系等其他因素加以控制。在一项控制性实验中（与相关性研究不同，控制性实验的结果不受外界因素的影响），布什曼和鲍迈斯特发现，自尊心和自恋水平都较高的人攻击性最强——比高自恋但低自尊心、低自恋但高自尊心，或者两者都较低的人更具有攻击性。自我欣赏非但不会抑制攻击性，甚至会在演变成自恋后引起攻击性行为。

自恋、自尊和攻击性

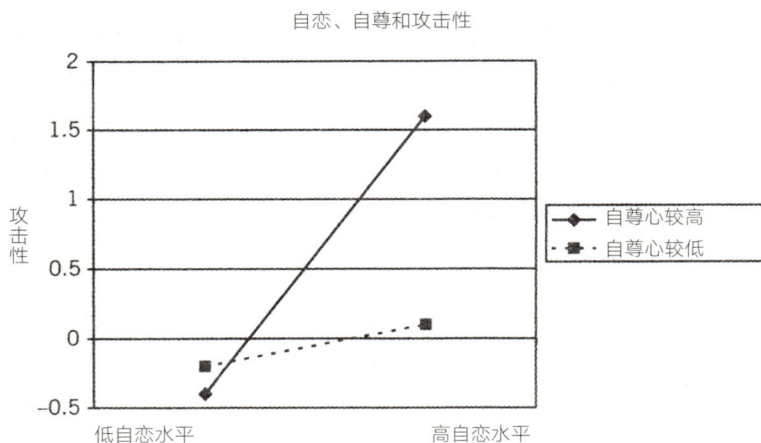

图 17

在另外一项研究中，一些高自尊心的13岁以下孩子通过一些"合理"的借口来为他们攻击他人的行为开脱。这项研究的作者在提到具有攻击性的高自尊心孩子时这样写道："通过贬低、责备他人，他们会自我感觉更加良好，进而可以在没有受到预期自我惩罚阻挠的情况下，继续他们的反社会行为。"与具有攻击性的低自尊心孩子相比，那些自我感觉良好的孩子更能通过说服自己其他孩子值得被打，来维持他们的自我欣赏。因此，为什么不把这样的视频放到YouTube上呢？

"得到我们应得的尊重难道不是一件有趣的事吗？"

就在20世纪90年代中期总体犯罪率逐步下降之时，有一种暴力犯罪——校园枪击——却开始变得越来越常见。在1996年之前几乎从未听过的校园枪击案的发生频率越来越高，案发地点从密西西比州的珍珠高中，到肯塔基州的希思高中，再到科罗拉多州的科伦拜中学。在经历了"9·11"事件之后，校园枪击案有几年大幅减少。那时，基斯预测"9·11"之后，犯罪者们不会再将大屠杀看成是一件很酷的事情。但是，他错了。校园枪击案此后再度死灰复燃：2005年，明尼苏达州红湖印第安人保护区的一名学生枪杀了7个人。自那之后，校园枪击案甚至变得更加可怕。

2007年4月16日，弗吉尼亚理工大学的韩国留学生赵承熙在枪杀了32名同学和老师之后，用自己的"格洛克"手枪开枪自尽。其中，让警方疑惑不解的是，为什么他在早晨7∶15枪杀2名受害者之后，又等到9∶30才继续杀戮。他们的问题在第二天得到了解答：NBC新闻的员工收到了赵承熙寄来的一个包裹，里面包含信件、照片，以及记录枪杀过程的视频。在这份"媒体包裹"中，赵承熙非常愤怒地控诉别人，宣称自己将会像殉道者一样死去。"你们撕裂了我的心，强暴了我的灵魂，将我的良知付之一炬。多亏了你们，我才能像耶稣一样在死后激励着那些未来的弱者和毫无防备能力的人。"很显然，赵承熙在自己的杀戮盛宴中休息了一会儿，用来告诉媒体——也就是全世界——为什么人们对他有所亏欠。

2007年12月在内布拉斯加州的一家购物中心枪杀了9名受害者的罗伯特·霍金斯（Robert Hawkins）似乎也有着类似的动机。"我他妈的就要出名了，这想想就兴奋。"他在自己的遗书中写道。

在1999年4月科伦拜中学大屠杀前录好的录像带里，枪手埃里克·哈里斯（Eric Harris）和迪伦·克莱伯德（Dylan Klebold）讨论着哪位著名导演会把他们的故事拍成电影（斯皮尔伯格或者塔伦蒂诺？）。哈里斯在录像带中说的几句话与自恋人格量表中的陈述惊人地相似。"得到我们应得的尊重难道不是一件有趣的事吗？"他一边这样问，一边拿起手枪，嘴里模仿着开枪射击的声音，这看上去很像自恋人格量表中的陈述"我坚持要得到属于我的尊重"。此外，他还说："我可以说服他们，让他们相信我要去爬珠穆朗玛峰，或者我有一个从我的后背长出来的双胞胎兄弟。我可以让你们相信任何事情。"这与自恋人格量表中的陈述"只要我想，就可以让任何人相信任何事情"非常相似。

很显然，这些年轻人身上的问题已经远远超出了自恋的范畴。首先，这些人在社交方面都遭到过他人的拒绝，或至少觉得自己被拒绝过。作为本书的作者，我们也想弄清楚自恋和社会拒绝是不是可以合力引发攻击性行为的危险因素。因此，我们展开了一项实验，以社会拒绝为可控变量，观察自恋水平与攻击性之间的关系。受试者首先会见到一组同龄学生，在被隔离到不同的房间之前，他们有 15 分钟的谈话时间。然后我们会告诉受试者，在接下来的研究中，没有人选择他们作为自己的伙伴——换句话说，他们的新朋友拒绝了他们。结果，那些既自恋，同时又被别人拒绝的参与者对其他人表现出了极强的攻击性——这与很多大规模枪击事件中出现的情形非常相似。就像弗吉尼亚理工大学枪击案后，大卫·冯·德莱尔（David Von Drehle）[01] 在《时代周刊》上说的："问题的关键不在于枪支或文化，而在于自恋。只有自恋者才可能认为他们需要用陌生人的鲜血来强调自己的疏离感。"

鉴于美国文化中的自恋价值观自 90 年代以来就在不断提升，大规模枪击事件在同一时间逐渐演变成一场国家性灾难恐怕并非巧合。然而，如果仅仅是自恋水平的上涨就引发了这一情况，那么校园枪击事件应该开始得更早才对——也许是在 20 世纪 70 年代末到 80 年代自恋现象刚刚开始蔓延之时。但是，这类社会行为需要得到足够多的注意，才能使大多数人想到要去这样犯罪。在 90 年代末校园枪击事件得到媒体的大肆报道之前，人们也许想不到可以通过枪杀一些同学来让自己出名。科伦拜中学大屠杀和发生在 90 年代末的其他枪击案，为如何在校园中大规模杀人提供了范本，向人们表明这些枪击事件可以与成名联系在一起。如果你问现在的学生："你会怎样在学校里制造一起大规模杀人事件？"他们是知道该怎么做的。在科伦拜中学枪击案发生之前，很少会有

---

01 美国作家、记者。

学生想到这点。随着美国文化越来越注重自我欣赏，越来越迷恋明星和成名，大规模校园枪击事件如今已被视为一种得到名气和关注的直接方式，其发生频率进而出现了急剧增长。那些受到广泛曝光的打架事件也出现了相似的情形。比如，在佛罗里达州的那起少女围殴事件发生之后，北卡罗来纳州的一伙小女孩袭击了另一个女孩，这显然就是那起围殴事件的翻版。

通常来讲，与犯罪有关的人格特质包括较低的自我控制力，以及两个自恋的"表亲"——反社会型人格障碍和精神病态。许多犯罪就是冲动的人为了自私的短期利益而做出破坏性行为。在某些情况下，自恋是与暴力犯罪有关的，比如有成名机会的时候，或者自我受到威胁或拒绝的时候。然而，自恋无法解释多数的犯罪行为。在这方面，人口结构扮演了很重要的角色：大多数犯罪事件都是年轻人干的，因此随着社会中的年轻人数量逐渐增加，犯罪活动数量也在不断增长。另外一个重要影响因素是经济：当经济形势持续恶化时，犯罪率会出现上升。许多犯罪都与毒品买卖有关，或者是在使用毒品后犯下的。90年代初以来的犯罪率下降，很大程度上要归因于人口结构的变化、经济形势的好转，以及可卡因流行趋势的消退。与之相反，自恋在犯罪过程中所发挥的作用往往与追求成名、吸引他人注意，以及自我受到威胁有关。跟别人打架是一回事，把打架视频录下来上传到网上吸引他人的注意，则完全是另外一回事。

给我闭嘴

当然，自恋性攻击并不一定是直接对身体的攻击。《我甜蜜的16岁花季》中的真人秀明星艾利森就展现了另一种攻击他人的方式：她宣称自己的派对要比那些因为她的盛装出场而封锁主路，导致不能及时送进抢救室的病人更加重要。

此外，言语攻击（在言语上粗暴地对待彼此）似乎也在逐渐增加。美国人表示，当今的人们要比20年前更加粗鲁。一位来自俄亥俄州的大学教授在我们的网上调查中抱怨道："最近，学生们对我极其无礼。如果我要求他们关闭手机，他们就会变得非常不高兴且富有攻击性。仿佛上帝不允许我提出上课时禁止发短信的要求一样——这几乎导致一场正面冲突，差一点就需要保安出面才能收场。"2007年4月，《魅力》（Allure）杂志发表了一篇题为《生活就是婊子》（Life's a BITCH）的文章，指出现在博客上的信息非常"恶毒"，真人秀电视节目都是"伪造的"，好莱坞明星们都很"邪恶"。"刻薄的成年女孩到处都是"，文章最后这样总结。

不文明行为已经常见到几乎没人以此为耻的地步，其中互联网上的不文明行为最为猖獗。许多网站上的评论需要"很高的"智力水平才能理解，而且语法也变得极为"复杂"，比如"你个白痴"（Your a dickhead）[01]。2007年的某一周，一个6岁小女孩歌唱她在伊拉克服役的士兵哥哥的视频吸引了大量的评论，例如"哇！太可爱了"（尽管也有几个人留下了一些像"我确定她长大了肯定是个优秀的歌手"等带有讽刺意味的表扬）。还有人觉得有必要留

---

01 正确的语法应为"You are a dickhead"。

下"她是同性恋"或者"哇……她唱得真烂"之类的评论。这样的评论转而又激起了人们"更高层次"的辩论,诸如"你这个白痴,你才是可悲的那个人,这个孩子就是长得可爱""没人在乎你的意见,你这个愚蠢的傻瓜"。即使是那些与战争或政治没有任何联系的孩子,有时也会受到攻击。一位来自加州的父亲将自己7岁和9岁的儿子收到一组全新电子游戏时的兴奋反应拍成视频,上传到了YouTube上。前几天都收到了一些类似于"他们真可爱"的义务性评论,接着有网友开始说两个孩子又胖又丑。之后,评论开始变得更加恶劣,以至于这位父亲不得不把视频撤了下来。

　　以上这种情况很大程度上是由互联网的匿名性造成的,然而这些刻薄评论所展示出的却是货真价实的自恋。只要有人胆敢与自恋者的意见相左,随之而来的就是愤怒和言语上的攻击。他们认定"我的意见最重要",但同时也固执地认为他人的意见是错误的或者不相关的。"没人在乎你的意见"是一类在网上常见的帖子,尽管它们通常有各种各样的语法错误和简写文字。而且,最终会完全抛弃语法和拼写原则,就好像在说:"我太忙了、太重要了,根本不用为写好东西而费心——为什么要遵循那些随意制定的规则,难道仅仅是为了便于别人阅读吗?"

　　正如我们在第七章中探讨的那样,即使人们不匿名,网页上也充斥着大量的反社会言论。许多人会把他们的攻击态度展示在自己的MySpace主页上,告诉人们如果不同意他们的话就滚开。利维·约翰斯顿(Livi Johnston),因为身为前副总统候选人萨拉·佩林的外孙的父亲而名噪一时。他在自己的MySpace主页上表示:"如果你他妈的跟我作对,我就会痛揍你一顿。"虽然这听上去太具有攻击性了,但许多青少年也会在他们的MySpace主页上发布类似的威胁性言论。

当然，这与"网络欺凌"——青少年通过电子邮件、短信或者站内信来侮辱和攻击别人——比起来可能就是小巫见大巫了。虽然欺凌和嘲笑别人在青少年之中一直都很常见，但网络欺凌常常意味着受害者无法摆脱欺凌者的纠缠，即使是躲到家中的卧室里也一样。他们的手机和MySpace主页就是自己与外界取得联系的方式，但也是他们最容易受到攻击的地方。"你他妈个婊子，在我离开你的娘娘腔页面之前，让我告诉你……不论你跑到哪里我也会抓到你，我知道你住在哪里。"一名青少年收到的信息中如此写道。即使是成年人也会被卷入这场游戏之中。2008年，密苏里州的一位妇女受到起诉，因为她假装成男孩，对邻居家的少女示爱，然后又甩掉对方，最终导致少女自杀。尽管大多数网络欺凌事件牵扯的都是相对较轻的侮辱，但2006年的一项研究却发现，12%的青少年受到过身体上的威胁，5%的人表示会担心自己的人身安全。

一个名为juicycampus.com（多彩校园）的校园八卦网站鼓励大学生们将有关同学的下流八卦发布到网上，不管是真是假。"网站上有一个类别是最丑的女孩，"波士顿大学的一位学生说，"还有一个是勾搭过的男孩数量最多的女孩。总之，大多数话题都很下流。"杜克大学的一位学生浏览了这一网站，却发现有人在上面发布了各种关于她的残忍、不实信息——她很丑，而且曾经自杀未遂。当然，发布者可以选择完全匿名的状态。但是，贝勒大学的一位学生还是发现了在网上诋毁她的人的真实身份——竟然是她最亲密的好友之一。"那给我带来的伤害要严重十倍以上，"她说，"这个网站可以做到这一点——毁掉友谊和名声。"

自恋者的言语虐待在现实世界中也已经蔓延开来，甚至在专业的工作场所也是如此。在《论浑人》（*The No Asshole Rule*）一书中，作者罗伯特·萨顿（Robert Sutton）说办公室"混蛋"都很傲慢、易怒且不体谅别人——这些全都属于自恋的主要特质。有一个刻薄的老板在5年内换了250位助理。其中，有些助理是因为老板总是冲着他们大声吼叫、谩骂而主动辞职的，但是其他人则是因为冒犯到老板而被开除的，比如买错了早餐的玛芬蛋糕。另外一个自恋的老板在秘书不小心将一点儿番茄酱撒到他的裤子上时，不停地唠叨着要秘书支付干洗费。还有的老板则是成功做到了在不大声吼叫的前提下贬低自己的员工。一位办公室主管在和经理谈话时注意到，经理在说话时很少会正眼看他，而是一直盯着他身后镜子中的自己，一边欣赏着自己的倒影，一边拨弄头发。

职场上的虐待行为已经广泛到惊人的地步。在一项调查中，90%的护士表示曾受到过医生们言语上的虐待。在美国退伍军人事务部（U.S. Department of Veterans Affairs）中，有三分之一以上的雇员表示会受到同事们"持续不断的敌视"。有研究显示，自恋不会带来成功，同时企业家也发现公司的利润在这些混蛋被开除后出现了上涨，即使这些自恋者是一些非常高效的生产者。当没有人想在一家企业里工作时，获取利润是很困难的。

令人意外的是，近来反社会态度在小孩子中出现得越来越早。在21世纪初，全国范围内的小学都指出，辱骂老师或者与老师发生肢体冲突的幼儿园小朋友数量出现了惊人的增长。甚至连孩子们穿的T恤衫也在鼓励粗暴。一个6岁孩子穿的T恤衫上画着一只双手捂着耳朵的猴子，意思是"我不听"，这很显然是在模仿不听话的小孩不理会父母或者老师说话的场景。另外一款T恤衫则宣称："我是个天才。我可以一边打电子游戏，一边把你忽略得一干二净。"一件男孩的T恤衫上印着"完美的姐妹"字样，下面是一幅画风粗糙的图画，一个女孩的嘴上被打了个叉。还有一款1岁孩子穿的T恤衫上写着"我这么多岁"，而图案则是一个比出中指的小孩。

大家都在欺骗

作为世界通信公司（WorldCom）的CEO，伯尼·埃伯斯（Bernie Ebbers）身家达到14亿美元，拥有加拿大最大的农场，还曾在1999年入选为《时代周刊》科技界风云人物之一。但没过多久，世界通信就发现公司开始分崩离析——可是如果这一事实被公布出去，公司的股价和高管们的个人财产都将遭受重创。2002年6月，承认有38.5亿美元的假账之后，公司倒闭。埃伯斯在经历了一系列的欺诈审判后，最终在2005年被判处25年监禁。他是自己开着奔驰车去监狱服刑的。

然而，埃伯斯为了成功，不惜欺骗的行为绝不是特例。能源巨头安然也是在类似的情况下走向破产的，最终人们发现其鼓励竞争的公司文化实际上是在鼓励做假账。美国泰科公司CEO丹尼斯·科兹洛夫斯基和其他两位员工，则将白领犯罪提升到了一个全新的高度，他们挪用了数百万美元的公款来给自己和家人买东西，包括科兹洛夫斯基的纽约住宅里价值6000美元的浴帘。此外，科兹洛夫斯基还豪掷200万美元为自己的妻子举办了一场生日派对，其中包括一尊生殖器流出伏特加的米开朗琪罗的大卫像冰雕。

21世纪初的企业欺诈行为如此猖狂，以至于美国国会不得不采取行动，通过了《萨班斯-奥克斯利法案》（*Sarbanes-Oxley Act*），要求CEO们保证企业收入报告的准确性。

然而，并不是只有这些大亨们才会为了成功而采取欺骗行为。2007年，一个6岁大的小女孩在一篇比赛征文的开头写道："我爸爸今年牺牲在了伊拉克。"最终，她凭借这篇文章赢得了四张汉娜·蒙塔娜音乐会的门票和一次免费的化妆。但唯一的问题在于，她父亲从未在伊拉克服役过，更不用提牺牲在那儿了。事实上，这个小女孩的妈妈对这一欺骗行为是知情的。"我们之所以这么写是因为我们想赢，"她说道，"只要能赢得比赛我们做什么都行。"

最近发生的一些丑闻也揭示出了体育界的欺骗行为。多年以来，棒球迷们便注意到现在运动员的体格要比过去强壮得多，最终他们发现原来这些运动员一直都在大量使用类固醇。事实证明，在20世纪90年代到21世纪初的10年间，大多数棒球场上的伟大时刻都是通过欺骗行为实现的。1998年全垒打大赛中球迷的宠儿萨米·索萨（Sammy Sosa）和马克·马奎尔（Mark McGwire）很可能都在使用类固醇或雄烯二酮。2007年，贝瑞·邦兹打破汉克·阿伦职业生涯755记全垒打的纪录，也因被指控服用兴奋剂而蒙上了污点。买下了贝瑞·邦兹那颗第756个全垒打的棒球的马特·墨菲（Matt Murphy），就如何处理这颗球在美国人中展开了一项民意调查。最终，共有1000万人参与了这次调查，其中47%的人要求给这颗棒球打上星号，以象征这一纪录沾上了污点，再将其捐赠给棒球名人堂。此外，有将近20%的人反应更加激烈，他们建议把这颗棒球炸进太空，让它从地球上永远消失。

其他体育赛事也成为了欺骗游戏的牺牲品。马里昂·琼斯

（Marion Jones）承认自己在2000年悉尼奥运会上勇夺5块田径奖牌之前，曾使用了兴奋剂。这场丑闻爆出以前，她甚至一度登上了《时尚》（*Vogue*）杂志的封面，好几次摇身一变成为百万富翁。最终，她因此被判处了6个月的监禁。在被检测出注射睾酮之后，自行车选手弗洛伊德·兰迪斯（Floyd Landis）被剥夺了2006年环法自行车赛冠军的头衔。一年之后，另外五位参加了这届赛事的选手也被发现曾服用兴奋剂。体育赛事中的欺骗行为已经遍及各个阶层：2001年，少年棒球联盟的投手丹尼·阿尔蒙特（Danny Almonte）由于其父亲修改了他的出生证明，而被剥夺了参加少年棒球联盟世界大赛的资格。少年棒球联盟的准入年龄是12岁以下，而丹尼的实际年龄则为14岁。

在过去20年间，新闻业也沦陷在了欺诈丑闻之中。斯蒂芬·格拉斯（Stephen Glass）在为《新共和周刊》（*New Republic*）供稿期间，伪造过数十篇新闻，最终在1998年被捕入狱。杰森·布莱尔（Jayson Blair）因为从其他记者的报道中剽窃信息，结果被《纽约时报》开除。《今日美国》记者杰克·凯利（Jack Kelley）也为该报伪造过数篇假新闻。

我们二人的这份职业也没能幸免。社会心理学家、哈佛大学兼德克萨斯州立大学教授卡伦·鲁杰罗（Karen Ruggiero）发表的研究中，就包含一些不切实际的、其他人难以复制的数据。2001年，她辞去了教授身份，承认在几项研究中有数据造假行为。之后，有关撤下其文章的声明甚至都出现在了像PsycINFO这样的心理科学数据库中。

此外，欺骗行为在学生中也变得非常猖獗，而且还在不断增长。2002年，74%的高中生承认自己曾经作弊，较1992年的61%

有所上涨。而在1969年时，只有34%的高中生承认这一点，还不到2002年的一半。2008年的一项针对青少年的大规模调查发现，有三分之二的人承认作弊，将近三分之一的人曾经从商店偷过东西。虽然如此，却有93%的人表示对自己的个人品德感到满意——这是一种分离现实和自我概念的典型自恋行为。这种欺骗行为还进一步延伸到了大学。2002年的一项调查指出，有80%的德州农工大学学生承认自己曾经作弊；2007年一项针对12所不同大学的调查也发现，67%的学生曾有过作弊行为。尽管也许是激烈的分数竞争助长了学生们的作弊行为，但人们对待这一行为的态度已经随之发生了转变。据2004年一项针对2.5万名高中生的研究统计，共有67%的男孩和52%的女孩赞同"在现实世界中，成功人士为了获得胜利可以不择手段，即使别人认为这是欺骗"的观点。

科学技术的进步也对这种不诚实行为的发展起到了推动作用，学生们开始通过拍照手机传递考试答案，并从互联网上下载各种论文。一家名为affordabletermpapers.com（可提供学期论文）的网站可为学生代写论文，每页收费9.95美元。致力于帮助老师抓住作弊者的反抄袭网站turnitin.com一天就会收到老师提交的近万份论文。

但是，自恋者却往往觉得欺骗行为并没有什么错。因为他们在乎的只有自己，所以谁在乎这样做会不会违反几条规定？不幸的是，这只是错觉：忘掉欺骗行为"不会伤害任何人"的理由吧，因为这确实会伤害到他人。只要有人逃税漏税，其他美国人就将面临政府资助性服务减少的风险。那些在考试中作弊的学生会伤害到真正努力学习的学生，而且也会影响到自己的长期学业。在公司账目上作假的股东最终会丢掉自己一生的积蓄。诚实打球的棒球运动员不可能跟得上靠服用类固醇药物来提升比赛表现的运动员，后者会不断打破纪录，挣到几百万美金，但结果是毁坏自己的身体，并且毁掉那些规规矩矩打比赛的运动员的职业生涯。当然，自恋者是不会考虑到这些的，因为他们认为自己的行为并不会对他人产生影响。一项针对德国白领罪犯的研究发现，他们在自恋测试中的得分要比对照组中不作弊的经理人高得多。

那么，为什么现在有这么多人选择欺骗别人呢？过度强调竞争、个人主义和自我欣赏的文化至少要负部分责任。就像戴维·卡勒汉（David Callahan）在《作弊的文化》（*The Cheating Culture*）一书中所讲的那样，如今这种在竞争愈发激烈的刺激下而产生的"赢家通吃"心态，鼓励人们为了取得领先而破坏规则。当几个人开始这样做时（通常是那些更自恋的人），便会产生连锁效应，直到越来越多的人开始觉得如果他们不选择作弊，就永远也不可能取得成功。"那些以前并不想作弊的人也开始作弊，因为他们不想让自己处于不利位置。'人们都这么干'的论断开始被人们当成作弊的理由。"卡勒汉说道。就像其他类型的自恋行为一样，作弊提高了所有人的标准，将越来越多的人拖入了这一最初仅由少数几个超级传播者发起的欺骗旋涡之中。

治疗流行病

想要切断自恋和反社会行为之间的联系，首先需要让那些不当的社会行为得不到注意和回报。如果一起恶性犯罪的目的是吸引人们的注意或者出名，那么排除这种可能性就能减少犯罪数量。以佛罗里达州的那起围殴事件为例：虽然那些女孩在将打人视频上传到YouTube之前就被捕了，但打人视频还是在网络电视中播放了很多次，然后才被上传到了YouTube上。

　　阻止人们将视频上传到网络上几乎是不可能的，但是我们却可以做到停止在新闻频道上播放这些视频。比如，新闻媒体曾停止播放"9·11"这一我们生活的时代最恐怖的袭击视频。新闻媒体应该制定一项政策，禁止播放那些以寻求成名或者侮辱受害者为目的的犯罪视频。实际上，有人会说大型网站在这方面要比新闻媒体领先得多。比如，YouTube视频网站的官方政策就规定："禁止上传无端、具体的暴力视频。如果你的视频中有人受到殴打、攻击或者侮辱，请不要上传。"当然，这一政策执行起来比较困难，但是很多主流新闻媒体甚至还根本没有这类政策。同样地，MySpace也禁止用户上传那些"明显带有攻击性，针对任何群体或个人的以任何形式宣扬种族主义、偏见、仇恨或肢体伤害；骚扰或提倡骚扰他人；以性或者暴力方式剥削他人；包含裸露、过度暴力或冒犯性主题，或者含有成人网站链接"的内容。但是，说起来容易，做起来难。不过，对于新闻媒体来说，这将会是非常有用的政策。他们仍然可以报道这类故事，只是不能播放视频——在攻击者试图引人注意的报复策略中，视频往往是核心的一环。如果青少年为了吸引他人注意而选择做一些很愚蠢、暴力的事情，成年人需要采取负责任的做法，谨慎处理，而且不去散播这些画面。记者们之所以会就这些规定进行争论，部分原因是他们陷入了一个陷阱：如果他们采取负责任的做法，而竞争对手不这样做的话，他们的利润有可能会下降，也许还会因此丢掉工作。所以，为了发挥效果，整个媒体界应该就这些政策达成一致。

媒体信息的消费者也难辞其咎。许多人看到斗殴视频时的反应是给施暴者贴上邪恶、罪大恶极或者无耻的标签，但是对于年轻的观众来说，这些标签常常被理解成"酷"。一种更好的做法是实事求是地对待这些行为——在大多数案例中，不成熟的人做蠢事是因为他们一直被教导那样可以让自己变得非常出名。事实上，这是一种可悲又可怜的行为。如果我们选择用这种方式来对待斗殴视频，那些认为这么做很"酷"的想法就会慢慢消失，进而没有人再想这样做。对任何人来讲，可悲、可怜都不是一件看上去很酷的事情。

一种更常见的做法是把惩罚措施当作减少不良行为的策略。以白领犯罪为例，蹲监狱这一威胁就是一种刺激白领们行止得体的有效方式；对于暴力犯罪而言，刑事诉讼也能起到类似的效果。青少年（以及其他人）需要知道打架是有可能要进监狱的，尤其是在你自负到将过程拍成视频的情况下。惩罚措施对欺骗行为也有所影响。但不幸的是，我们很难让人们举报欺诈和其他类似的犯罪行为，尤其是在公司层面。

许多揭发者表示，他们挣扎许久后才挺身而出。企业现在才开始着手建立处理欺诈行为的检举体系。与之相比，教育界更为落后。很多抄袭行为都没有被发现。即使东窗事发，许多学校的处罚也非常轻，这让学生们觉得自己还有"第二次机会"。由于学校并没有留存详细的记录，因此第二次有可能会变成第三次、第四次，甚至更多。有些学校的惩罚虽然更加严厉，但实际上极少有学生会被抓到。我们都听说过这样的案例：学生的论文全文都是抄袭的，却没有受到任何惩罚，其中有些时候是因为家长的干预。在其他例子中，那些较小的、也许无意的作弊行为受到的惩罚却过于严厉。简而言之，在承认作弊的许多学生里，不仅很少有人会被抓到作弊，而且所受到的惩罚也有很大差别。对此，行为心理学表示，这样的结构无法减少作弊行为。有效惩罚的关键在于一致性与可靠性。如果人们知道自己肯定会被抓到，即使惩罚并不严厉，作弊率也会出现急剧下降。

另一个办法是以鼓励甚至是赞扬荣誉感和正直感的文化来压制自恋。有些学校有着很强的"荣誉规章"（Honor Code）传统。唐纳德·麦凯布（Donald McCabe）教授的一项研究显示，只要学校有很强的社交准则来实行"荣誉规章"制度，作弊行为便会有所减少。在范德堡大学，每位大一新生入学时都会签署一份承诺遵守"荣誉规章"制度的协议，而且这些签名会被贴在一面很大的横幅上，挂在学生活动中心。

有些小学也在制定所谓的"品格教育"课程，教孩子们要诚实、遵守规定、有责任感，以及讲求公平。大多数课程都着重于这些超越特定文化或宗教的普遍价值观。基督教青年会的夏令营与课程已这样坚持了很多年，强调诚实、责任感、尊重他人和关心他人四大核心价值观。在一些小学中，孩子们会在新的一年开始时，写下一些规则。他们通常想到的是不准说谎、作弊及偷窃，而且常常因为参与了这些规则的制定而更可能去遵守它们。

不幸的是，许多性格教育课程也在教导自尊，而自尊提升课程通常最终是在向孩子们传递某种自恋形式，比如"我是特别的"。这些课程建立在错误的假设基础之上，认为自我感觉良好的孩子会更可能遵守规则，并且不会作弊或者说谎。然而，特别的人是不需要遵守规则的，自恋的人也更可能选择欺骗他人，就像他们比较可能具有攻击性一样。

不过，自恋者并不一定要作弊或者表现出攻击性才能给他人带来伤害。有时候，你需要做的只是跟他们约会。

第十三章

巧克力蛋糕陷阱——人际关系的烦恼

32岁的金姆去年实现了自己的梦想，在波士顿一家餐厅遇到了一位迷人的、长得很帅的男士。这位男士符合她对理想对象的一切要求：外向、自信、成功，而且体贴——但又不会过于体贴。在他身边时，金姆会觉得自己很特别、很漂亮。每当两人外出时，她都觉得酒吧或俱乐部里所有人的眼睛好像都在盯着她。金姆已经完全被迷住了。不到一个月，这对恋人便去开曼群岛来了一场潜水之旅。那是金姆一生中最兴奋的一段时光。

37岁的阿曼达几年前刚刚经历了人生中最可怕的噩梦。那时她被诊断患上了癌症，忍受了6周的放射治疗和10个月的化疗。结婚并育有一个小女儿之后，她第一次觉得自己不用再一个人经受这样的折磨了。然而没过多久，丈夫就开始抱怨她的预约就诊时间给他带来了不便，因为他必须提前半小时跟别人换班。他还说，阿曼达因患癌症而不断虚弱的身体让他在公共场合感到非常尴尬。对此，阿曼达表示："当我在家一边忍受化疗的副作用，一边抚养他的女儿（我的继女）和我们的小女儿时，他却在外'出差'，背着我和一个女同事厮混。"

尽管这两个故事看上去完全相反，但二者都是与自恋者发生的恋爱关系。这些恋爱关系最初可以像金姆的故事那样发展得非常好，但后来常常会变得很糟糕，就像阿曼达那样。许多同自恋者发生的恋爱关系都有一个美好的开始，但结局就像一场灾难。如果你太投入、太依恋，或者给予他们过多权利，这种恋爱关系常常会变得非常糟糕。阿曼达就是这样的一个例子：她不仅嫁给了一个自恋者，而且还要抚养两个孩子。当她的需求与她自恋的丈夫的需求不一致时，两个人的感情关系就开始脱轨了。

自恋者既是让人感到兴奋的恋爱对象，同时也是相当不称职的伴侣。他们的恋爱关系只为满足自我——绝对是他们的自我，有时甚至是你的自我。自恋者的恋爱对象的主要作用，是让自恋者看上去和感觉起来更加强大、特别、受人尊敬、迷人以及重要。爱、关心、承诺、忠诚和其他那些在健康的恋爱关系中占据着核心位置的特质，对于自恋者来说都是次要的，当他们得不到所需的自我满足时，就会离开。金姆和一位自恋者度过了一段快乐的时光，因为就像很多刚刚建立的恋爱关系一样，双方在乎的只是刺激、快乐和新奇——对自恋者来说，这也非常吸引人。这也是阿曼达之所以拥有一段如此糟糕的感情经历的原因——她的丈夫觉得拥有一位做过癌症手术的妻子让自己感到很难堪，很显然，他觉得这样的妻子会损害自己的形象。

有时候，自恋者对于自己缺乏恋爱技巧的事实意外地诚实。在那首《全世界都应该围着我转》（*The World Should Revolve Around Me*）中，"小杰克"组合（Little Jackie）这样唱道："我经历过很多次失败的恋爱……我知道我不需要有你在身边，我太厉害了！"

在其他形式的社会关系中，自恋者的表现也会朝着以自我为中心的方向发展：在社交网站上、朋友关系中、为人父母时，以及职场上都是如此。但是恋爱关系中的自恋却特别容易辨别，因为人们愿意为自己所爱的人承受很多，而且恋爱关系中的"行为准则"并不像工作场所中的规则那样清晰。基斯还就这一话题写过一本名为《当你爱上一个只爱自己的人》（*When You Love a Man Who Loves Himself*）的书，其中部分原因是他收到过很多在与自恋者的恋爱关系中遭受痛苦的女性（也有几位男性）写来的充满悲剧性的电子邮件。自从那时起，他便开始听到很多人与自恋者离婚的故事，有些女性因为这样的关系而选择自杀并最终入院治疗，有些人只是想分享自己过去与自恋者交往时的可笑故事（当然，这些故事只有在回想起来时才会感到可笑，而当时却肯定是非常痛苦的）。有一个自恋者仅仅因为自己也是犹太人，而且也出生在 12 月末，就不断地将自己比作耶稣；一个丈夫出门给孩子买校服时，常常给自己买回来一套高尔夫球杆；有人会给自己买一枚钻石耳钉，把自己作为送给妻子的圣诞礼物；还有一位每天晚上对着镜子中的自己拍照的男朋友——他对自己好看的外表是如此着迷，以至于不把它们记录下来的话就睡不着觉。

自恋者的恋爱方式

　　婚姻和其他忠诚的恋爱关系通常都包含两个重要因素。一个因素是爱，即开启这段恋爱关系并使其不断加深的感情部分。爱一般包含温暖、关怀以及激情这三种感觉。在恋爱的初期，爱常常指的就是激情，随着婚姻的慢慢发展，双方感情中更多的则是对彼此的关爱。另一个因素是对配偶以及婚姻的忠诚，这可能包含经济上的相互支持、轮流做晚饭、双方分担照顾孩子，以及做家务的责任等。

这种维持恋爱关系的基本模式在其他关系中也同样奏效，只不过没有了情欲。比如，父母和孩子之间可以感觉到爱以及对彼此的承诺，相互都有一种责任感。同样地，在友情中也存在着爱和承诺，但更强调忠诚和信任。因为友情是建立在自愿基础之上的，相对更容易结束（与家庭关系不同），所以能够享受朋友的陪伴很重要。建立在爱、承诺和忠诚基础之上的人际关系对更广泛的社群也是有好处的：稳定的人际关系意味着稳定的个体，他们会是更好的公民、同事、学生和领导者。

想要理解自恋者的恋爱方式，只需把以上这些概念抽离出来，全部抛在脑后就明了了。用对自己的爱来代替对别人的爱；用剥削来代替关爱；至于忠诚这一点，则要加上"只要能对我有利"。总而言之，自恋者的恋爱方式很简单：一切都要围绕着他们。他们想要看上去和感觉起来更好，如果一段恋爱关系可以达到这个目的，那就太好了；如果不能，那就是时候再找下一段关系了。人们常常用"满足自我"这个词来描述自恋者的恋爱方式。如果一段恋情被证明有充足的食物可以喂饱自我，那这段恋情可能会维持下去，反之则会很快分道扬镳。

恋爱关系在很多方面都可以成功地满足自恋者的自我。他们可以和外表漂亮，又能满足自己需求的人结婚——也就是所谓的"花瓶配偶"。他们也可以有很多朋友（"我在 MySpace 上有 3000 名好友"），为了自己的自尊心而贬低别人（"我的孩子是全校最聪明的学生"），聚集一群仰慕者和谄媚者（这是一种在明星中间非常常见的方法），或者干脆在言语上攻击别人。为了显示出自己的优越感，他们可以在同别人谈话时保持两眼呆滞，或者一有机会便扎到聚光灯之下。在以上这些案例中，自恋者所谓的"恋爱关系"实际上都是为了满足自我需求。民谣歌手唐·麦克林（Don Mclean）那首经典的歌曲《宝贝，人人都爱我》（*Everybody Loves Me, Baby*）便抓住了自恋的这一面。"当我走过的时候，海洋也会分开，"他这样唱道，"宝贝，大家都爱我，你怎么能不爱？"

　　自恋者不仅在恋爱关系中只关注如何满足自我，而且在他们看来，恋爱关系还是可以替换的。经济学家对此赋予了一个非常贴切的术语：可替代的。比如，汽油就是可替代的：你可以在这个，也可以在另外一个加油站买汽油，两者并没有什么差别。对于自恋者来说，恋爱关系也是可以替代的：一个花瓶似的配偶可以被换成另外一个，只要自恋者的自我能够得到同样的满足，那就没什么问题。在自恋者心目中，恋爱关系和物质商品几乎是可以相互替换的。想象一下，你可以用与丈夫的关系交换一座漂亮的新房子，或者用与女友的关系换来一辆保时捷。如果你对于恋爱关系真正的期待就是社会地位、自尊心和他人的注意，那为什么不这样做呢？与女朋友相比，也许你更可能从保时捷上得到这些。

　　以出现在MTV频道某部纪录片中的斯科特（Scott）为例。25岁的斯科特与雷切尔（Rachel）维持着一种"床伴"式的恋爱关系，也就是说他们会经常见面、上床，但并没有任何形式的承诺。后来，当雷切尔承认自己开始爱上斯科特时，斯科特只是若无其事地在脑后伸开双手（一种典型的宣告主导地位的姿势），说："我觉得自己好像一点儿也没有产生爱意。"他表示，在"真正"的床伴关系中，"这样的谈话根本不会存在。你不应该把我们的关系与别人的想法，或者其他任何东西过多地搅和在一起——只要顺其自然就好。"当雷切尔感到很难过时，斯科特说："我只是不想让自己爱上任何人。我需要开始更多地对你撒谎。也许那样会让一切变得更好。你不知道的事情不会伤害到你。"雷切尔搬离了同居的公寓后,斯科特对采访者承认:"雷切尔并不是那种我在寻找的完美女孩。我只是暂时把她当个伴儿而已。与孤零零的一个人比起来,我更愿意跟她维持那种看似恋爱的关系。"

这种将自我满足与可替代性混在一起的恋爱观,常常会导致恋爱关系中的各种下流行为。自恋者在恋爱关系中的很多行为都是在"玩游戏"。他们是虚伪的、不诚实的;他们会做出自己的承诺,接下来又迅速抽身离开;他们会在人们之间挑拨离间;他们也会尽力避免做出真正的承诺。这种游戏式的做法确实会给自恋的配偶、男友或者员工带来一些好处;根据"最小兴趣原则"(the principle of least interest,即在恋爱关系中表现出最小兴趣的一方往往具有最大的权力),这种行为可以给予他们凌驾于别人之上的权力。此外,这种做法的另一点好处是可以让你拥有"保留选择权"的自由。这样一来,如果你重新开始寻找潜在的"床伴"或者可能会聘用你的公司,就可以很快地更换交往对象或者工作了。

对自恋者来说,这种游戏式的策略起到了非常好的作用。但是对于自恋者目前的伴侣而言,这就没那么好了。这些与自恋者的短期恋爱关系并不总是像听起来(或者在电视中看到的)那样令人愉快或者兴奋。一旦一段关系不能满足他们提升社会地位或者自尊心的目的,自恋者便会倾向于结束这段关系——或者是这段关系中的伙伴(不论是配偶还是员工)最终厌倦了这种关系,甩了自恋者。比如,在上面提到的那部MTV频道纪录片的结尾,雷切尔和斯科特之所以选择结束这段"床伴"式的关系,大部分是因为雷切尔厌倦了与一个明显不关心自己的人在一起。就像图

18所显示的那样，与自恋者的关系总是开始时很美妙，但是随着时间的推移，这种关系的满足感很快便会减少，自恋者的缺点也会逐渐显现出来。

自恋者把感情关系中的伙伴当作燃料。他们利用别人来强化自己的社会地位和自尊心，而当对方无法继续提供能量时，自恋者便会将他们丢进垃圾桶里。其中最典型的例子便是那些有一系列"花瓶妻子"的人。只要"花瓶妻子"能够起到应有的作用，让自恋者看上去更强大、更重要，这种关系便可以继续维持下去。一旦"花瓶妻子"不再那么吸引人（或是自恋者找到了一个更迷人的"花瓶妻子"），她就会被取代。有些自恋者会一个又一个地娶年轻女性作为自己的妻子，而每当一个妻子不再那么有魅力时便会被甩掉。从那些结束了与自恋者之间的关系，表示自己被"用完""吸干"，或者是被"烧伤"的人口中，我们已经听说过很多这样的故事了。爱上一个人，然后又意识到（有时是在很多年之后）这个人根本从未真正在乎过你，那绝对是一种很糟糕的感觉。

恋爱关系中的满足感变化趋势

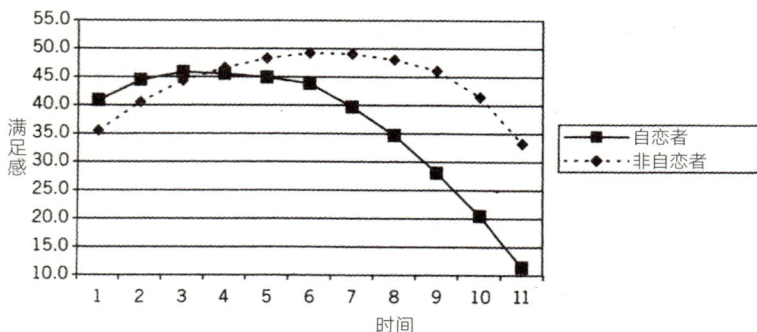

图 18

　　自恋者的半侣觉得自己很受伤，对此我们一点儿也不惊讶。但更糟糕的是，他们往往并不能安全地向伴侣表达这些感觉，因为自恋者面对批评时的反应通常会是否认、辱骂，甚至使用暴力。任何对自恋者的批评都有可能激起他们的敌对反应。因此，那些与自恋者共同生活或工作的人很快便学会了保留自己的意见。或者，他们会把意见裹上一层比小孩们在万圣节吃的糖还要厚的糖衣，贴心地建议自恋者也许最好还是不要那么傲慢——不是因为这是不正当的，而是因为从本质上讲，其他人非常嫉妒自恋者的优秀。拒绝也会激起自恋者的强烈反应，这倒不是因为他们有多关心自己的伴侣，而是因为他们本身有一种骄傲感和占有欲。很多虐待配偶的家庭暴力便是发生在自恋者觉得自己被人拒绝或者抛弃之时。此外，自恋者觉得自由受到限制时（换句话说，也就是他们不能为所欲为时），也会变得非常生气，并具有攻击性。布拉德·布什曼和他的同事发现这种反应出现在某些强奸案中，受害者对自恋者说了"不"，这激起了自恋者的攻击性。这三种激发攻击性的行为——自我威胁、拒绝和说不——使得与自恋者的恋爱关系感觉上就像是踮着脚走过雷区一样。最初的兴奋并不值得你承受后来的压力、焦虑，有时候甚至是恐惧。

如果自恋如此糟糕，那它又是怎么在人际关系中传播的呢？

　　流行病的特点之一便是可以不断传播。然而，一旦人们弄清楚一样东西是怎样传播的，他们就可以将自己隔离出来。比如，在1918年的流感疫情中，美国人就都选择了待在家中。在艾滋病开始大肆传播之后，越来越多的人开始使用避孕套。那么，我们为什么不能像避免与得了重感冒的人接吻那样，避免与自恋者建立关系呢？这应该相对容易才对。在一个完美的世界中，你会选择与那些忠贞的配偶、忠诚的朋友、可信的员工以及令人感到愉快的雇主建立某种关系。因为我们的情感常常与自己的最佳利益是一致的，在选择一位懂得关爱的、忠贞的配偶时，常常会生出被吸引的感觉。而对于那些自负、自恋、自我中心以及骄傲自大的人，我们表现出的只有厌恶。

但不幸的是，在人际关系中（尤其是恋爱关系，但也包括友情，甚至是挑选CEO时），人们常常会面临选择这一主要难题。实际上，我们在人际关系中想得到的就是两样东西：一是兴奋感，即有趣、刺激、自信和迷人的表面部分；二是"充满魔力"的一部分，即本质上的承诺、关爱以及团队协作。自恋者在人际关系中取得成功的秘诀就是他们总能预先带给你那种兴奋感，但之后却无法兑现那些实质性的东西。结果你最后也会遇到上面所提到的一堆人际关系问题。

《实习医生格蕾》中的马克·斯隆（Mark Sloan）医生便是一个很好的例子。以"惹火医生"而著称的马克能够满足所有的兴奋感：长得帅、有自信、社交手腕高明，而且浑身都散发着性感的魅力。但与此同时，他在人际关系上却表现得一塌糊涂。他与好友的妻子发生了关系，毁掉了两人的婚姻；然后又跟踪他的好友到了西雅图，跟他的新任女友眉来眼去。自始至终，他自称都在试图恢复与自己曾经最好的朋友的友谊。很显然，"惹火医生"简直就是糟糕消息的代名词，但是他却有办法同时与几名女性保持短暂的关系，而且让剧中其他女性对他痴迷得不得了（或许有一大部分观众也是这样）。

人们对于"惹火医生"的爱慕，是基斯称之为"巧克力蛋糕陷阱"的典型例子。想象一下你坐在桌前，桌上摆着两盘食物。其中一盘是洒满巧克力糖霜的漂亮的巧克力蛋糕，另外一盘则是清蒸西兰花。你的任务是挑选一盘来吃。如果你像我们两个一样，那你肯定会选择巧克力蛋糕。因为巧克力蛋糕更棒、更美味，会让你享受到吃很多糖带来的快感，几乎可以让你立刻有种被爱的感觉。在吃东西的10分钟时间里，没有什么比巧克力蛋糕更美味的食物了。然而吃完以后，尤其是你正在努力让自己吃得更健康的情况下，你深爱的巧克力蛋糕就会背叛你。你会因为缺少了糖而感到沮丧。这时你会想，趴在桌子底下小憩一会儿听上去是个不错的主意。你意识到自己和巧克力蛋糕在未来是不可能长久地走在一起的，因为吃蛋糕会增加你的体重，让你长蛀牙。蛋糕甚至可以让别人吃掉它，背叛你。你隐约会有种负罪感，弄不清楚为什么自己还是那么想吃巧克力蛋糕，即使知道它对自己不好。

另一方面，如果你选择吃的是西兰花，那故事就大不一样了。虽然一开始得不到吃巧克力蛋糕的快感，但没有关系——西兰花也并没有那么糟糕。20分钟后，你会觉得自己的饮食选择很棒、很健康、很积极，而且不会有餐后血糖波动的感觉。你会坐在桌前继续工作，而不是想要趴在桌子底下听摇滚乐队"平克·弗洛伊德"（Pink Floyd）的旧专辑。重点在于西兰花是比较好的选择……但是下次再面临这样的选择时，你还是会吃巧克力蛋糕。

同样的情况也出现在很多与自恋者的人际交往中。与一个刺激迷人的人开始某种关系会让你感到非常激动。你会因为自恋者注意到你，将你带进他的生活而感到受宠若惊。你也会觉得自己很特别，因为自恋者在社交场合总能光芒四射。心理学家德尔·保卢斯做过一次很棒的自恋研究，受试者是一小群陌生人，他们一学期只见过几次面。第一次见面时，自恋者被认为是令人兴奋的、活泼开朗的人，而且比其他人更受欢迎。然而见过几次面之后，自恋者开始变得不那么招人喜欢，而且很快就不再受欢迎了。在领导力方面似乎也有同样的情形。在小型团体中，即使只是经过非常短暂的讨论，自恋者也会被公认为是团队领导者的最佳人选，这对自恋者来说没有问题，因为他们确实想成为领导者。但是在见过几次面之后，其他人就会开始厌倦自恋者争夺领导权的把戏。

在联邦快递（FedEx）最近的一则广告中，一群公司不同阶层的员工围坐在桌边讨论为公司省钱的办法。其中一位中层员工建议使用联邦快递，但并没有一个人注意他的建议。接着，坐在主位、衣着考究的老板也表达了同样的建议，只不过在说这句话时做出了一个手往下切的决定性手势。然后，桌上所有人都开始表示同意。当那位员工指出是自己先提出这一意见时，别人告诉他，他提意见时缺乏自信的手势。这则广告很有趣，因为它恰恰不幸地反映出了我们的现实。在企业界，表面兴奋感常常会战胜实质上的东西，至少在短期内是这样的。

在人际交往中，自恋者会把坏的东西留到最后。比如，你的未婚夫会告诉你，你最好的朋友不能来参加婚礼，因为她太胖了，会毁了你们的结婚照。你的妻子会欠下巨额信用卡债务去做整形手术，然后和整形外科医生私奔。看上去"既有趣，又很酷的老板"会剽窃你的想法，然后让你调换部门。同事会蓄意破坏你的工作表现，让你被开除。

在《探戈》(*Tango*) 杂志的一篇文章中，伊莎贝尔·罗斯 (Isabel Rose) 将自己在生日当晚与丈夫就寝时的故事写了下来。"你忘了某样东西吗？"她问道。丈夫回答："什么意思？""一张卡片？一份礼物？我不知道。总得有某样东西吧。今天可是我的生日啊。"她回答道。她的丈夫停顿了一下，然后说："我就是你的生日礼物啊。"几周之后，当他对伊莎贝尔提出的几个问题置之不理时，伊莎贝尔大声说："你是聋了吗？还是在无视我？"他的回答是："我不喜欢回答这些愚蠢的问题。"不用说，他如今已经变成了伊莎贝尔的前夫。

由于基斯就自恋和人际关系问题写过一本书和很多篇文章，因此他常常接到那些有过类似经历却无处倾诉的人打来的电话。这些人受到的伤害是如此严重，以至于他们可以拿起电话，打给一个完全陌生的人，然后突然放声大哭。其中有一位妇女很担心自己的女儿，因为她嫁给了一个不诚实的、以自我为中心的自恋者。她的女儿曾有很多次试图离开，但最后常常在哄骗之下再次接受这样的丈夫。对于父母来说，这绝对是一种很让人心碎的状况。作为旁观者，我们可以很容易地发现自恋因素的影响，但是沉浸在恋爱关系中的人却很难以一种全新的视角来看待问题。

被裁定谋杀了自己妻子的斯科特·彼得森 (Scott Peterson) 便是一个自恋导致灾难的例子。斯科特很迷人、好看，看上去似乎是一个讨人喜欢的男人。可是，他遇到了一个问题：妻子怀孕了，但他却想和自己新的情妇享受生活。他解决这一问题的方法很简单，就是把妻子扔过旧金山湾。他本可以选择离婚的（虽然并不是什么光彩的行为，但是也时有发生），但离婚的代价太高昂了，而且会让他颜面无光。因此，他认为谋杀对自己来说是个更好的选择。

但是故事到了这里并未结束。因谋杀妻子和未出世的孩子而锒铛入狱的彼得森，竟然在狱中收到了许多封求婚信，这仿佛是在对自恋的诱惑力致敬，令人瞠目结舌。不过，尽管俘获了许多陌生人的芳心，但其他犯人对他的感觉则是完全相反。为此，彼得森不得不被隔离看管，因为在监狱里，大家都不喜欢那些杀害妇女和小孩的人。很显然，即使是重刑犯也会对杀害妇女和孩子的行为嗤之以鼻，只不过那些未来的情人却并不这样想。

初次见面时，自恋者也许看上去像是美味佳肴，但实际上却并非如此。自恋绝对会腐蚀社交关系。那些曾经跟自恋者有过密切交往的人都可以告诉你这一点。这些关系会毁掉你对别人的信任。在被一个外表迷人、讨人喜欢的人伤害之后，你会开始学会不相信任何人。同时，你也会失去对自己的信任。如果你自己看不出这样的结果，那么别人告诉你判断错误又有什么用呢？而且，就像往伤口上撒盐一样，人们会记住与自恋者的那段关系，而且反复思考很长一段时间。受害者想知道是哪里出了差错，他们会反复思考本应注意到的警示，浪费很多时间，试图弄明白是什么让自恋者变成了自恋者。

自恋文化及其对人际关系的影响

尽管大多数人并不会很快变成斯科特·彼得森这样的人，但有一系列的人际关系行为都将伴随着自恋现象而来，从糟糕的幽默感到行为古怪都有。这些在过去可能被认为（如果人们曾经考虑过的话）是不成熟、古怪，甚至惊人的行为，如今则显得相对正常，而且越来越是如此。

有一种人际关系行为的表现模式是"害怕安定下来"或者"害怕丧失单身的乐趣"。在过去，人们会认为这样的行为是非常不成熟的表现，会告诉你"必须同时接受优点与缺点"或者"在与别人交往的过程中，不要总想着自己"。如今则出现了一条完全不同的文化信息。2007 年 5 月，芝加哥市的一家律师事务所在一块巨幅广告牌上为自己的服务打出了这样的广告："人生苦短，离婚吧！"广告牌的一边是一位戴着黑色胸罩的大胸女性，另外一边则是一位坦露胸膛，拥有完美腹肌的男士。在引来媒体的大量负面报道后，这幅广告不到一周便被撤了下来，但是它已经起到了应有的作用，因为离婚律师们接到了大量的电话——很可能是那些想要寻找下一个新的模特恋人的人打来的。

我们的个人主义文化自恋地教导人们不要妥协。"不论是维持了 8 年的婚姻，还是 8 周的露水姻缘，你绝对不应该仅仅是因为害怕找不到更好的，就与那些自己并非 100% 完全相信的人一直纠缠在一起，"ABC 的真人秀《单身女郎》（The Bachelorette）中的珍·斯切福特（Jen Schefft）在其 2007 年出版的《单身总比后悔好》（Better Single Than Sorry）一书中写道，"如果你是一个充满自信的女人，拥有优秀的条件，那就不要找任何借口。较低的自尊心……是一股驱使女性安定下来的邪恶力量。"换句话说，你不应该容忍另一半的任何缺点——你这么好的人不应该去委曲求全。然而，尽管有些伴侣确实有很大的缺点，但是任何谈过几个月恋爱的人都可以告诉你，你总会在有些时候发现自己对另一半"并非 100% 确信"。没有人是完美的，如果你期待自己的另一半是完美的，那么你不是妄想，就是自恋。但是，斯切福特的说法却确实存在于主流文化之中，电视、电影和杂志都在推崇类似的信息。"许多'X一代'觉得自己有权利得到一段永远快乐、轻松的恋爱关系，"吉莉安·斯特劳斯（Jillian Straus）在其文化研究著作《自由的一代》（*Unhooked Generation*）中写道，"他们中的许多人想要'做自己的事'，但同时又期望爱和各种关系更够依照他们的安排和条件来发展，而且不用付出太多的自我牺牲……在他们的恋爱关系中，存在着一种'你最近为我做了什么？'的心态。"如果答案是"不够"，那他们便会接着去寻找下一个伴侣——毕竟，用自恋文化的行话来讲，你值得更好的。

　　当你一生接受的教育都是要把注意力放在自己身上，便很难再把关注焦点转移到别人那里了。简最近无意中听到两个大学生的对话，其中一位表示她已经和自己的男朋友谈了6个月恋爱，这可是她最久的一段感情了。"你不会感觉这很奇怪吗？"她的朋友问道。"确实感觉有些奇怪，"她回答说，"我习惯了拥有属于自己的时间，可以专注于自己的事，而不是照顾别人。"当然，当人们开始一段认真的关系时，总是必须做出相应的调整。然而在不久之前，"专注于自己"这一概念还没有像现在这样重要或者有意义。

　　许多人认为，只要不演变成自恋，自我欣赏对于维持人际关系就是有益的——换句话说，你必须学会爱自己，才能去爱别人。在当今文化里，这是一种非常普遍的观点；在我们的网上调查中，人们一次又一次地提到这是自我欣赏所带来的主要好处。"如果连你自己都不爱自己，那怎么还能期待别人爱你呢？"22岁的布赖森如此写道。"如果你不爱自己，你就不会知道该怎样去爱别人。"39 岁的丽萨也写道。此外,大众传媒中也经常提到这一观点。教会牧师、《活出全新的你》(Become a Better You)一书的作者约尔·欧斯汀告诉《人物》杂志,他建议人们"爱上帝、爱自己、爱别人——按照这一顺序……我认为如果你连爱自己都无法做到的话,那你是不会对他人表现出同情、尊重和友善的"。

这听上去很好,但没有任何证据表明它是正确的。那些不那么爱自己或者自尊心程度较低的人是有点黏人,会试图一再确认伴侣的爱,并且经常没有安全感,但他们在选择伴侣方面和别人表现得一样好,而且确实是真心关心伴侣。科蒂斯·希登费尔德(Curtis Sittenfeld)的畅销小说《预科生》(Prep)中的主角,便是一个很好的例子:她自尊心水平明显较低,但是她表现出的强烈的爱就连那些最受欢迎的女孩也无法企及。除非低自尊的人真的很抑郁,否则他们会真的很爱你,可以成为很好的恋人——比那些真的很爱自己,但一点儿也不会关心你的自恋者好得多。以上这两类你更喜欢哪一类呢,是那些一再确认你的爱的人,还是那些实际上并不爱你的人?对于大多数人而言,这应该是一道很容易的选择题吧,这也表明爱自己并不像人们所说的那样,对爱别人有多么重要。

另外一个相关的观点是,如果你不喜欢自己,别人也不会喜欢你(或者"如果你不爱自己,又怎么能期待别人去爱你呢")。这种观点还是有一丝道理的,因为如果你真的意志很消沉,对自己很失望,那待在你身边是不会得到多少快乐的,这种状态也会让别人远离你。(然而,这并不是由自我欣赏太少导致的,人们之所以认为待在整天垂头丧气的人身边不快乐,大多是因为他们总是不断地将话题转移到自己和自己的问题上。)在派对上,待在一个非常开朗、大气（就像自恋者常常表现的那样）的人身边，当然会更加快乐。但是，这样的人通常并不能成为你长久的好友或者恋人。自我欣赏可以使爱别人和好好对待别人变成几乎不可能的事，因为过多的自我欣赏会鼓励人们永远将自己放在别人之前。我们需要一种全新的文化信念：如果你太爱自己，那就没多少爱可以留给别人了。

对于交朋友而言，自尊心也并不总是一项资产。在一项实验中，自尊心较强的人得知他们在一项测试中的表现较差后，变得防御性更强、傲慢且粗鲁。刚刚见过他们的人不太喜欢他们。因为他们将过多的努力放在维持自己的自尊上，以至于常常表现得像个混蛋一样。自恋的人甚至更糟糕，他们常常在受到挑战时猛烈地攻击别人。他们的自我欣赏使得他们会以恶劣的方式对待别人，因为他们认为自己比所有人都要更好。然而，那些自尊心水平较低的人在研究中同一个新认识的人交谈时，常常表现得比较内敛、自制，显得更讨人喜欢、更友好。

谦虚的、自贬的人不会惹人讨厌——事实上，他们可能非常讨人喜欢。基斯在80年代当酒店行李员时，曾经在一场彩排上见到了伟大的音乐家雷·查尔斯（Ray Charles）。尽管雷一直在努力改善自己的表现，但仍然不太确定表现得到底是好还是不好。"我的表现还行吗？"他问基斯，而基斯显然没有立场给雷·查尔斯提供任何反馈。不过，基斯还是将真相告诉了他——他的表现很棒。如果自我欣赏是让别人喜欢的一个必要条件，那基斯应该非常讨厌雷才对。但是他有吗？当然没有。他认为雷是一位了不起的音乐家，也是一个杰出的人。如果雷反过来一直在宣扬他的自我欣赏，说："那简直太棒了！我是有史以来最伟大的音乐家！"

那么基斯可能会非常讨厌他。自我欣赏并不是让别人喜欢你的必要条件。

不动感情的交往

自恋流行病在恋爱关系中的另一种文化层面表现是"约炮""床伴"以及其他毫无承诺可言的关系的盛行。对于自恋者来说，这些性邂逅形式非常完美，因为他们可以得到自己想要的东西，然后又能很容易地替换下一个性伙伴，没有任何附加条件。在许多高中、大多数大学校园，以及20多岁的年轻人之间，"约炮"已经成为了常态。21世纪初的一项调查中，80%的20岁左右的年轻人都赞成，在他们的同龄人之间，没有任何承诺的性关系很常见。也有45%的年龄在18～35岁的女性表示，自己有一些"炮友"，只需一个电话就可以云雨一场。在高中生群体中，"约炮"经常采用的是口交形式。尽管与10年前相比，如今高中生发生性关系的比例要更少一些，却有35%的"处男处女"表示曾经有过口交的经历。此外，有越来越多的报告表明，中学生们也开始采用口交这种恋爱关系以外的"约炮"方式。

"约炮"不仅毫无承诺可言，而且常常缺乏情感上的联系。有些"炮友"甚至彼此之间从不讲话。"约炮也是非常自私的，"乔治·华盛顿大学的一位学生说，"人们关心的都是自己想要什么，而不是别人想要什么。"就像劳拉·塞逊斯·斯坦普在其深入研究年轻人之间的忙和约会的《脱钩》一书中所记录的那样，爱情已经落伍了。"约会对象之间很少会说'我爱你'，"她在书中说，"他们也许会进行口交，却从未想过一起牵着手走在校园里。"在她采访的年轻人中，有很多人觉得还是用"约炮"来保留掌控权比较好；有些人甚至让这件事听起来像是一场争夺控制力的自恋游戏。比如，杜克大学的大二学生汤娅就喜欢在做完爱后立刻从床上跳下来，因为这样"不仅会让男人觉得很无力，而且会让我产生一股快感"。她的朋友艾丽西娅点点头说："有时候你只是想在他们上你之前，先上了他们。"这确实不是一种体贴的做法。

近年来的流行音乐也在鼓励这种对待性爱的操纵式的、毫无感情的态度。公共卫生研究人员的一项研究显示，在2005年发行的提到性爱的流行歌曲中，有三分之二是在用侮辱对方（通常是女性）的言语描述性爱。现在的青少年平均每天有半个小时的时间都花在听这些描写不良性爱的歌曲上。

"约炮"使得人们将性关系的焦点从整个人转移到了外表吸引力上。这种趋势催生出了一系列旨在帮助女性时时刻刻看上去都很性感的产品，从"维多利亚的秘密"品牌胸罩，到女性应该穿着丁字裤去上班的观念，后者在15年前还是人们闻所未闻的。总体而言，令人吃惊的是，很多自恋的症状也出现在了"约炮"趋势中，包括在恋爱中缺乏感情、外表上的虚荣，以及反社会的态度和行为。跟许多与自恋相关的文化转变一样，那些不自恋的人也不知不觉地被拖进了如今广为大众接受的自恋行为旋涡中。在"炮友"关系中，当其中一方想让这种关系演变成一种真正的恋爱关系，而另一方却并不这么想时，动情的一方常常会感到很心碎。

有些父母也在无意中培养孩子对待恋爱关系的自恋态度，比如建议他们必须首先取得成就，"爱情还可以再等"。当然，告诉青少年不要谈恋爱并不会阻止他们发生性行为，至少在现今的文化中是这样。因此，他们还是会发生性行为，不谈感情关系，而且常常缺乏亲密的情感联系。他们的重点是身体上的满足，于是会将"爱"这种"干扰性"情感因素排除在外——或者至少假装一个人没有那么容易受伤。小说家朱迪·皮考特（Jodi Picoult）在为她有关青少年问题的著作《第十层地狱》（*The Tenth Circle*）和《事发的十九分钟》（*Nineteen Minutes*）做研究时，曾花了很多时间与高中生女孩谈话。这些女孩告诉她，"约炮"是一种再平常不过的事，尽管她们有时候确实想要一段真正的恋爱，但是那样说会很落伍。与这些女孩谈完话之后，皮考特得出的结论是："在我看来，我们显然是在培养一代不知如何与他人谈恋爱的孩子。"

治疗流行病

我们很难解决自恋在个人和文化层面上对人际关系带来的影响。回避是最简单的办法，虽然从很多方面来讲它都是最难做到的，但确实可以发挥作用：尽可能避免与自恋的人发生任何联系——在约会、选择朋友，或者挑选老板或员工时都尽力避免。避开自恋者的一大困难之处在于如何辨别出自恋者，因此你要时刻保持警惕：如果一个人看上去非常有魅力、迷人或充满自信，在和对方确立关系之前，最好先花些时间调查一下。如果这个人真的很自恋，那肯定会留下让人伤心、欺骗他人，或不符期望的痕迹。至少他们也可能在所说的话中透露出一些态度方面的线索。一个曾经与简约会过的人说："瞧，你应该知道我是一个自私的人。"她并不真的相信他的说法，认为他可以改变，但实际上他是不会变的。另外一个约会对象喜欢指出他可以将事情做得比别人更好，即使他并没有这一领域的专长（这恰恰印证了自恋测试中那句"如果我统治了世界，世界将会变得更加美好"的陈述）。还有一个约会对象坚信自己将来一定能出名。这些人便是简决定让自己的丈夫在他们第四次约会时做自恋人格量表测试的原因。（结果她的丈夫得分很低，而且更让人惊讶的是，当简亮出测试题时，他并没有夺门而出。）

即使可以辨认出自恋者，你往往也会和他们纠缠不清，尤其是在职场上，你根本无法控制公司招来怎样的一位新经理或者新同事。在这种情况下，关键是要保护好自己，设定一些合理的界限。友好待人，但是不要与其成为朋友。不要将自己置于必须依赖自恋者的诚信或正直的境地。此外，记录下与他们交流的过程。如果将来情况恶化，这些也许会对你起到帮助作用。

另外，你也可以尝试采用对自恋者有效的操控策略。一位丈夫很自恋的女性曾经告诉基斯，她的婚姻关系之所以能维持下来是因为，就像她说的那样，"我把那个王八蛋玩得团团转"。想要做到这一点，最好的方法就是给自恋者他们想要的东西：奉承、崇拜和注意。如果你能很好地做到这些，他们也会给予相应的回应。一位前应召女郎曾表示，在她们的圈子里，那些自恋的人常常因为容易操控而被打上"记号"。

不过，试着避开或者操纵自恋者是一回事，试图改变他们则完全是另外一回事。虽然，有时试图改变某个人也许是一种策略，但自恋者极少会发生改变，尤其是在人际关系中。你招到的员工可能是位很棒的销售员，却是个糟糕的团队成员；或有一位能提供很好的物质条件的配偶，但是无法给你带来温暖和情感。我们并不建议去挑战自恋者膨胀的自我形象，比如"你长得真的一点儿也不好看""你真的只是比普通人智商高那么一点点而已"，因为这会让你直接面对他们的防御心和敌意。相反，应该试着激发自恋者的道德、关爱和善良意识，这样不仅不会被自恋者看作威胁，而且还可能会引导自恋者的行为向积极方面转变。

有一种可能是塑造一种情景，将关爱和善良的行为与欣赏和成功结合起来。换句话说，让自恋者知道他们可以通过表现善良、关怀来满足自身的自恋需求。即使是我们自恋的文化也会在某些方面这样做。比如，社会会表扬那些关心孩子、照顾家人的父亲，称赞那些为慈善组织捐款的商业大亨，并给那些冒着生命危险拯救别人生命的士兵、警察、消防员冠以"英雄"的称号。做一个好人，可以让你得到很多自我满足。我们要鼓励别人也相信这一点。

在最近的一项研究中，心理学家艾丽·芬克尔（Eli Finkel）和她的同事（包括基斯在内）想要弄清，他们是否能简单地通过在自我意识之外激活自恋者集体的、关心他人的想法，来让自恋者在恋爱关系中表现得更加忠诚。你也许听说过这样的传言：电影院会在影片放映期间穿插放出一些有关爆米花和软饮料的潜意识影像，据说这样可以让看电影的人花更多的钱来买零食。即使电影院可能从来没有实际上运用过这种方法，但暴露在诸如此类的潜意识信息中，人们的行为确实会在某些特定状况下发生变化。心理学家约翰·巴奇（John Bargh）发现，大学生在看了一些与老年相关的词语后，会在大厅里走得更慢，就像老年人一样。

在芬克尔的研究中，那些正处于约会阶段的大学生会看到三张照片，上面是面带微笑、表现慈爱的人；其他人看到的则是一些中性的照片，比如大树。其中的关键是，这些照片都在电脑上以非常快的频率轮放——准确地讲，是每35毫秒切换一次。接下来，学生们会看到一列单词：如果觉得一个词描述的就是自己，他们需要按下"我"的按键；如果不是，则需要按下"不是我"的按键。这组词语中隐藏了五个与承诺有关的词。毫无疑问，自恋的人在看到这些充满关怀的潜意识照片之后，承诺意识有了很大的提高。事实上，自恋的人与不自恋的人选择的承诺性词语数量是一样的。将那些代表和蔼、关心他人的潜意识照片每天都展示给所有的自恋者看，显然是不可能的。然而，这一研究向我们展示的是，友好的、关心他人的想法可以影响自恋者的自我中心观念。

在另一项研究中，研究人员对友好的、关心他人的想法是否能够帮助自恋者成为更加忠诚的婚姻对象展开了研究。他们先问每个参与者，自己的伴侣是不是让他们觉得大方、体贴、富有同情心。然后，研究人员在接下来的几个月里会跟踪观察这些夫妇，了解他们的忠诚度是如何发生变化的。鼓舞人心的是，那些感受到伴侣身上的关心和友好对待他人想法的自恋者，也会变得对婚姻更加忠诚。虽然我们仍然不建议你和一个自恋的人结婚，但这一研究给我们提供了另一点证据，那就是激发友好和感情上的亲密感觉或多或少可以消除自恋。

另外一种可能是教育人们，让他们知道稳定、相互关爱、相互承诺的人际关系能够带来很多好处。良好的人际关系常常会使每一个参与其中的人生活得更好。比如，婚姻对男性来讲就尤其有利。是的，每周工作60个小时，还要与工作的配偶和年幼的孩子一起生活是一件很艰难的事，但同时，家庭可以促使你表现得规规矩矩。结了婚的人较少酗酒，不会夜不归宿，而且一般很少做一些愚蠢的事。因此，尽管会经历各种各样的困难，但结婚仍是一件好事。

此外，在文化层面上，我们的社会也应该更加看重稳定、关怀、会付出承诺的人际关系。我们当然也在这样做，但与此同时，人们也将大量的注意力放在了完全相反的一面上——以自我为中心的、短期的、崇尚利己主义的人际关系。就连美国文化赞美婚礼和结婚的方式，似乎都忽略了这些庆祝活动应该展现的自我牺牲的、忠诚的婚姻关系。恰恰相反，他们最终庆祝的是自恋。就像丽贝卡·米德（Rebecca Mead）在《完美的一天：销售美国式婚礼》（*One Perfect Day: The Selling of the American Wedding*）一书中所指出的那样，"婚礼杂志开始宣扬……这种观点：新娘在整个订婚期间都应该是注意力的焦点……在这16个月中，她有特权和权利——真的，她有'义务'——一心只想着自己，想着自己的外表、品味，尽最大的努力向别人展示自己最好的一面"。某些新娘的自我痴迷催生出了一个新名词：难缠新娘（Bridezilla）。维基百科2008年解释道，这个词描述的是"那些很难相处、令人讨厌、追求完美主义，使家人、朋友和婚礼筹办方很头疼的新娘。难缠新娘会将婚礼当天看作自己一生中最完美的一天，为了追求一场完美的婚礼，她们将完全不顾及家人、伴娘，甚至是新郎的任何感受"。网络杂志《岩石》（*Slate*）的撰稿人艾米丽·尤菲（Emily Yoffe）问道："结婚什么时候成了一项后天情境式自恋的活动？"一位摄影师告诉米德，"所有婚礼摄影的主要目标"都是"必须让新娘看上去像名人杂志上的人物"。婚礼已经变得越来越铺张浪费，因为普通人也开始渴望在每一个细节上模仿明星们动辄花费数百万美元的夸张婚礼。2006年，美国一场婚礼的平均费用已经超过了2.7万美元，即使将通货膨胀因素考虑在内，这也要比1990年的平均花费高出18%。就像居高不下的美国离婚率所显示的，这些以吸引他人注意为目的的昂贵婚礼庆祝仪式不一定能够带来更稳定的婚姻。

　　我们的文化常常传递出一个信息，浅薄的人际关系是良好的榜样。比如，电视和电影编剧似乎都痴迷于寻找人际关系中的"魔力"。大家都想要一段感觉与众不同的、很特别的神奇关系。普普通通的关系显然只适合那些不受欢迎的人和以前的时代。但不幸的是，在现实世界中，这些所谓充满魔力的关系就像原子粒子一样极不稳定，其消失速度之快使我们根本无法观测到它们。尽管我们理解，那些讲述自私个体之间浅薄关系的电视节目更有趣（自莎士比亚时期以来便一直如此），但是事情总要有所平衡。20世纪80、90年代的那些家庭情景喜剧，比如《家族的诞生》（*Family Ties*）、《考斯比一家》（*The Cosby Show*）、《家居装饰》（*Home Improvement*），如今都已经消失不见，取而代之的是描写纽约单身人士、风流成性的青少年、自恋医生的电视节目，以及一些讲述明星们努力在其他电视明星身上找寻真爱的真人秀节目。在过去几年间，排进收视率排行榜前十名的家庭电视节目是《绝望主妇》（*Desperate Housewives*）——但它其实并不是在展示家庭成员之间的关爱。

　　简而言之，我们的文化需要更加关注本质，而不是表面上的兴奋感。我们需要少一些有关难缠新娘、性感明星、爱出风头的真人秀比赛选手和自私CEO的故事，而多一些充满温情、忠诚坚定，以及相互尊重的人际关系榜样。

第十四章

尽情玩乐，拒绝工作——特权感

　　最近，基斯接到一位亲戚打来的电话，在电话中，这位亲戚急不可耐地给他讲起了亲眼看到的一个场景：一辆SUV停在了非停车区域，不仅挡住了停车标识，而且停车方向还是反的。SUV的保险杠上贴着一张贴纸，上面赫然写着"我❤我"。

　　现在的社会上，很多人根本不在乎他人的需求，更有甚者，认为只有他们自己的需求才是最重要的。这种心态便是"特权感"，它是一种普遍存在的看法，认为自己有资格获得特殊优待、成功，以及更好的物质享受。特权感是自恋的一种重要表现形式，也是其中最能伤害别人的。当自恋者觉得自己应该受到特殊优待时，其他人毫无疑问就要吃亏了。特权感对某些人也许有用，比如有些学生总会想方设法让老师给他们修改成绩，但倘若一个国家中的所有人都觉得自己高人一等，那结果就不堪设想了。这就是特权感的陷阱，"认为自己是第一名"固然很棒，但是与同样认为自己是第一名的其他人一起生活或工作，可就没那么棒了。与物质主义和虚荣心等其他自恋的表现形式不同，特权感就像个"幽灵"，既看不见，也摸不着，却飘荡在生活中的每个角落。

　　长期生活在特权感之下有时也是快乐的。你生活在一个幻想之中，认为世界亏欠你的比你能贡献的多得多。你觉得自己有资格获得一台免费的平板电视，可以因为赶时间而把车停在残疾人停车位上，可以顺利从大学毕业，而且马上找到一份年薪六位数的体面工作。

或者，你可以真的抢走小孩子的糖。实际上，基斯的实验室就正在做这方面的研究。他们通过问卷调查，测量大学生的特权感程度（比如，"如果我在即将沉没的'泰坦尼克号'上，我觉得自己应该第一批被送上救生艇""说实话，我觉得自己更值得被救"）。之后，工作人员会将一罐贴有"儿童发展实验室"标签的糖果递给大家，并随口说："大家可以随便拿，想吃多少就拿多少。"结具发现，特权感测试得分最高的学生拿的糖果也最多，根本不在乎那样会使留给小孩的糖果变少。

从历史上讲，特权代表一种社会地位，或者由合法权威赋予的所有权。拥有某一头衔（或者被授予某项权利）指的是明确拥有某个社会等级身份或者财产所有权，比如成为英国社会中的勋爵或公爵。作为自恋的一种表现形式，特权感意味着你的行为就像是拥有某一头衔或权利一样，即使实际上并没有。这一点同历史上的特权有重叠之处：充满特权感的人言谈举止表现得自己像是个贵族，与众不同。一个学生也许会要求老师打高分，仿佛得高分是自己与生俱来的权利，而不是应该靠自身努力争取的。一个女人可能会贷款买豪车，即使根本还不起，因为她认为自己就应该开奔驰。

校园中的特权感

大学教授们经常批评道，现在的学生总觉得自己应该受到特殊优待。一位哈佛大学的教授在2007年说："20年前，学生们如果因为生病而错过了考试，通常会表示歉疚，并且非常感激我给他们补考的机会。但近来的一些学生不仅觉得因为时间冲突而错过考试没什么大不了，而且补考的时间还得由他们来定。"有的学生会说，"老师，这门课我需要得'A'"，就好像"A"是他们应得的，而不是应该靠自身努力得来的。还有的学生之所以期望得高分是因为他们觉得自己付了学费，他们甚至会大声告诉老师："你在为我工作。"特权感最强的学生觉得只有通过争辩才能得高分，因此有时候会对老师讲出"你不把分数改成'A'，我就不离开办公室"之类的话。

2008年发布的一份大学生调查报告证实了上述这些观点。参与调查的学生中，有三分之二认为，如果他们向老师解释自己已经很努力了，老师就应该给他们特别的考量。（很明显，这些学生没有搞清一点：考试分数是根据表现来定的，不只是努力就行。）另外三分之一认为，只要他们上了课就至少可以拿到"B"的成绩。然而，最令人难以置信的是，参与调查的学生中，有三分之一认为如果期末考试时间与自己的度假计划冲突，他们应该有权重新安排考试时间。

一位来自北达科他州、参与过我们的网上调查的大学老师曾收到过一位愤怒的学生家长写来的电子邮件，上面写道："我是一名高中英语老师，我知道我女儿的写作水平肯定是'A'，你怎么可以毫无理由地给她打'C'呢？"虽然这位老师很想把真相告诉对方，但实际上并没有说出来："不，这位妈妈，我确实有理由。因为你的女儿不仅不来上课、不交作业，还把你搬出来让我给她打高分。另外，她的写作水平其实很一般。"作为本书的作者，我和简也收到过学生写来的邮件，他们似乎认为只要抱怨几句便能得到更高的分数。还有人在课程结束之后，要求获得额外学分。其中，简最"喜欢"的是这样一个学生，他在学期结束两周后，要求简为他额外布置些作业以补修学分——他的电子邮箱用户名是"famousstars"（著名明星），邮件主题是"请尽快阅读！！"。

过去15年来，琼一直在北卡罗来纳大学的一所分校担任助学金顾问，她在参与我们的在线调查时，讲述了这样一则故事。学生们经常告诉她："我不想贷款，我想要助学金。"每到这时，她就不得不向学生们解释助学金可远不仅仅是金钱援助而已。有一次，一位学生冲进她的办公室喊道："我刚才去出纳室拿我的退费支票，却被告知没有我的。我想知道是哪个懒鬼忘了。"然而，琼在查阅了助学金资料后发现，这位学生压根儿就没申请过助学金。事实上，所谓的"懒鬼"恰恰就是她自己。但是她却抱怨道："我的父母真蠢，他们应该帮我申请好的。"

当然，老师们自己也并非完全对特权感免疫。老师这份职业本身就可能会培养一个人的自恋；毕竟，每周总有那么几次，学生们会把你说的话记在笔记本上。

特权感如何腐蚀工作内外的人际关系

特权感可以给人们的人际关系带来一些实际的问题。首先，它会导致冲突。每个人在与人相处时，都会在某些时候做一些让人感到不快的事，或者说一些令人不快的话，那时你的回应就将决定这种不快是会变成一场马上过去的小阵雨，还是一场全面爆发的风暴。理想的做法是，当你的伙伴做出恶劣或愚蠢的事，或者说出这样的话时，你要用具有建设性的或正面的方式来回应他们。

想象一下，如果你的配偶一回到家就马上问："你给我做了什么晚餐？"这时，你的反应可以随和一点儿，说一些像"哦，你今天上班肯定不开心，你愿意跟我讲讲吗"之类的话。或者你可以忽略掉这个粗鲁的问题，然后说："亲爱的，见到你真开心。"如果你态度没这么好，可以选择不说话，一晚上都不理他，用冷淡来对待他。或者你可以更有创造性一点儿，反击回去："我做了'你去见鬼吧'意大利面，配菜是'你去睡沙发'。"

是的，这是一种很聪明的回应，却不是最好的回应——因为这也许会招来对方言语上的回击。"听起来不错，"他也许会回击，"这是不是比你平常做的'我厨艺烂透了'意大利面要好吃点？"听到这些，被激怒的你会将食物直接砸在墙上，说："实际上，我们要吃的是'我的肥胖丈夫应该少吃一顿'意大利面。"接下来，你的丈夫会说他一直以来都很讨厌你做的饭，他的母亲说你不好果然是对的，然后怒气冲冲地摔门出去。当他开车离开时，你也许会冲着他大吼，像他这样的"妈妈的小宝贝"就应该搬回去和妈妈一起住。就这样，一场小阵雨变成了风暴。

也许我们只需要随和那么一点点，就可以减少很多与人相处时的冲突。那就是特权感所带来的问题：你很特别，所以怎么有人敢对你不尊重？配偶令人不快的批评或行为会被看作对你的特殊地位的根本挑战，因此你不会让这件事就这么过去的。最终导致的结果便是螺旋上升式的关系冲突。在工作关系中也是如此。我们假设布兰登是一位特权感很强的员工。如果布兰登的老板批评他的工作，他会认为，她怎么敢批评我？而且也许会抗议说："但是我已经很努力在做了！"特权感强的人常常会把工作努力与实际上做出优秀成果混淆在一起。此外，布兰登也更可能与同事们相处困难。如果某位同事让他换个方式做事，或者说了一些布兰登认为很刻薄的话，这样的冲突就很可能会升级。

此外，特权感强的人也不愿意通过别人的眼睛来看世界，而且很难对他人的不幸产生共鸣。当你特权感很强时，你所有的注意力都会指向自己的经验、结果和需求。这显然就是致使恋爱关系走向灾难的关键，而且对工作关系来讲，这也不是什么好兆头。此外，特权感也与对他人缺乏基本尊重有关。特权感强的人会认为自己的需求最重要，别人的需求则无关紧要。

特权感也出现在许多美国成年人那奇怪的永久性青春期之中。青春期是人一生中最自恋的时期，而如今人们的青春期正在以超越之前所有界限的态势不断延长。首先出现的一个众所周知的现象便是，目前20岁左右的年轻人需要花更长的时间，才能进入事业与婚姻中，而且有越来越多的人和父母生活在一起。但是事实还不止如此。《纽约杂志》2006年刊登的一篇题为《长不大的成年人》（*Up with Grups*）的文章问道："什么时候对你们这些平均年龄35岁的纽约人来说，这都成了正常的事……整天走路时带着iPod耳机，听着'街区派对'乐队（Bloc Party）[01]的新专辑……给2

---

01 英国的独立摇滚乐队。

岁的孩子播放苏菲洋·斯蒂文斯（Sufjan Stevens）[01]的音乐是一种完美的选择，因为，承认吧，2岁小孩的音乐品味真的很糟糕，我们是不会在家里播放'威格尔斯'（The Wiggles）[02]的歌曲的；……辞掉办公室工作，因为——你知道吗？去他妈的办公室，让那些晋升副总的钩心斗角见鬼去吧，因为晋升不就是'当奴隶'一词的另一种说法吗？……另外，她现在是自由职业者，为自己的项目工作，按照自己的方式做事，在一周中来场短暂的滑雪之旅也容易多了，因为她总需要在工作与生活中做到某些平衡，对吧？"

　　不久以前，40岁的人的惯常打扮还是西装，只有20岁左右的人才会穿T恤衫和牛仔裤。但如今，这两者都开始做一身T恤衫加牛仔裤的打扮。这些现象掺杂了一个观点，那就是一个人应该保有青少年时期好的部分（舒适的衣服、自我中心，以及自由放任的工作态度），同时抛弃不好的部分（身无分文、别人告诉你该做什么），从而实现自己个性化的目标。只有极少数人可以实现这一幻想；对于剩下的人来说，在一周过半时去滑雪最终将意味着根本不能去滑雪了，因为他们会将滑雪所需的钱花光。

员工问题

　　在职场上，特权感常常被归结为：更少的工作和更多的报酬。现在很多人都想找到一份这样的工作，但除此之外，他们还希望自己的工作更有弹性、与生活更加平衡、更有意义，而且可以受

---

01 美国唱作人、乐器演奏家。
02 澳大利亚的幼教乐队，开创了特别为学龄前儿童设计的幼儿音乐表演娱乐形式。

到更多的表扬。"如果你只是希望他们站在柜台后面保持微笑，他们是不会去做的，除非你告诉他们为什么这样做很重要，而且对他们的工作给予认可。"约翰·斯帕诺（John Spano），一家连锁电影院的人力资源总监如此说道。在明尼阿波利斯经营着一家工作介绍和文员服务公司的鲍勃在我们的网上调查中表示："经常有员工在我上班之前打电话到我的办公室，通知我——他们的雇主——他们太累了，今天不能来上班，必须在家多睡会儿才行。他们真的认为旷工在家睡觉没什么不对。"有一名员工因为一周之内这么做了三次而被开除，几个月后却又打电话来找新工作。

白领阶层中的经理人也注意到了这种问题，抱怨员工们总是想知道公司可以为他们做什么（附设健身房、有大把的休假时间），而不是他们能为公司做什么。此外，高期待也成为了一种新的常态；很多员工才工作了一周时间，就希望修改公司现有的业务模式，或者坚信他们将在五年时间内接管公司。新的员工箴言也许是："我想要一份令人满意的、工作时间灵活、年薪达到六位数的工作。"如果不能很快得到这些，很多员工就会直接辞职，这助长了跳槽之风，让很多经理人频频受挫。在2007年的一项针对2500名人事部经理的调查中，87%的人都赞成，年轻的员工"觉得与老一代员工相比，自己更有权得到加薪、福利和晋升机会"。

如果他们愿意为此付出努力，那倒也还好。然而，坚持信奉努力工作这一理念的人数正在稳步下降。一项研究发现，与1974年相比，1999年时赞成"员工应该对自己的工作抱有自豪感"或者努力工作让他们"觉得更有价值，（看上去）是更好的人"这种观点的员工更少了。1999年的员工也比较不赞成"不管上司在不在身边，员工都应该好好工作"的观点。这种职业道德逐步下滑的趋势也出现在了体力劳动者身上：与1991年之前接受测试的工人相比，2006年的工人愿意扛起的重量只相当于当时的69%，愿意搬运的重量也仅有当时的70%。

简与史黛西·坎贝尔（Stacy Campbell）和布莱恩·霍夫曼（Brian Hoffman）合作开展了另外一项研究，试图在一个具有全国代表性的高中生样本中，研究学生们的工作价值观。结果发现，与1976年相比，2006年的学生赞同"我想尽力做好自己的工作，即使有时候这意味着加班"这一观点的可能性更低。更多2006年的学生表示，如果有足够多的金钱，他们根本不会想去工作，而且有更多学生赞成"工作只不过是一种谋生手段"的观点。此外，他们也比较想要得到一份拥有很多假期，可以给生活中的其他事情腾出很多时间的工作。在另外一项分析中，2006年的学生承认自己不太可能得到想要的工作，因为他们坦言"我不想努力工作"。

在当今这个崇尚加班的时代，这也许会被看作一种追求工作与生活之间的平衡的健康态度。不过，就在同一份调查中，与1976年相比，更多2006年的学生表示他们想要独栋房屋，每隔两三年就要换辆新车，想买辆露营车以及一座度假别墅。想要的更多，但是又不特别想为之努力，这便是特权感的标准定义。

简在对自己圣地亚哥州立大学的本科生进行的调查中发现（简也承认这并不是一项有全国代表性的调查，但它仍然很有趣），在被要求描述一下他们这代人身上的负面性格特征时，大家都不约而同地选择了"懒惰"（与"物质主义""自我中心""无礼"一起排进了前四名）。最初简对此也很怀疑，想要知道这些学生是否只是在简单地复述从脾气暴躁的长辈那儿听到的指责。但得到回答却是否定的——他们只是注意到自己的许多同龄人都很懒惰。

不幸的是，许多经理人和观察员也慢慢开始产生同感。在美国劳工部针对企业高管展开的一项调查中，许多人表示，由于外国员工工作态度更好，他们会选择将工作外包出去。"美国的员工们……需要管理好自己的脾气，提高应对冲突的能力，"美国劳工部长赵小兰（Elaine Chao）表示，"有太多的年轻人会在主管交代任务时表现得怒气冲冲。"

平衡只是空话

或者我们以商界新兴的流行语"工作与生活间的平衡"为例。这一趋势始于许多人希望不再在孩子入睡之后才能下班回家的意识。这是一个很好的目标，从个人角度来讲，由于教授这份工作有时间上的灵活性，因此我们两个非常高兴大多时候都可以做到这一点。我们可以在清晨或者深夜挤出时间来工作，利用孩子们在婴儿躺椅上玩玩具的时间来写东西，以及在开车时开电话会议。然而，这些都远称不上"工作与生活间的平衡"——事实上更像是两者之间的冲突。尽管如此，我们仍然很庆幸能做到这点，但说实话，这真的没有那么让人感到放松。

社会中工作与生活平衡的真正冲突（也就是照顾孩子与努力工作这两者都很重要，却往往难以兼顾）迅速扩大，将那些更加注重自我的目标都包含了进来，比如拥有大量的时间去旅行、追求自己的爱好，以及与朋友聚会等。最常谈论工作与生活间的平衡的群体是20岁左右的青年人，他们大多没有孩子，想要有弹性的工作时间表，这样他们就可以随时丢下手头的所有事情，和自己在城里的朋友一起去划皮划艇，或者是度过"心理健康的一天"。即使一名员工想要实现"平衡"的目的是想把休假时间用在志愿服务上（这通常与特权感相反），那还是存在问题，因为这样的员工觉得自己有权在为公司做更少工作的同时，拿到同样的报酬。如果有人在申请我们所任教的学校的教师岗位时，说自己想少教点课，少做点研究，以便腾出更多时间到社区中做志愿服务，我们不会聘用这样的人。这听起来也许有点残酷，但是你仔细想一下，公立大学教职工的工资有一部分是由税金支付的，纳税人肯定期望这些钱是被用在更好的研究和教学工作上，而不是教职工选择的志愿组织上。志愿服务是一件很好的事情，但是如果你用的是缴纳学费的人或者纳税人的钱来做支持，那可就没那么伟大了。

一项名为"监测未来"的研究自20世纪70年代以来，每年都会从美国的高三学生中选取一个代表性样本展开调查，其中出现了人们希望减少工作的确切证据。在1976年到2006年之间，越来越多的学生开始赞同"工作只不过是一种谋生手段"的说法，并更加喜欢有很多休假时间的工作。更多的学生表示，他们如果有足够多的钱让自己生活得很舒服，就不会考虑去工作。比较少的人表示，为了做好一项工作，他们愿意加班。与此同时，他们也更加想要得到一份薪水很多、受人尊重的工作。但不幸的是，想要以更少的工作换取更多的金钱，这正是特权感的简明定义。就像我们在第五章中提到的那样，年轻人已经习惯了这种期待：即使比以往做的功课更少，年轻的一代也可以在高中得到更高的分数。

此外，兼职趋势正变得越来越普遍，即使在那些非常有声望的职业领域也是如此。从 2005 年到 2007 年，兼职医生的数量猛增了 46%。虽然其中的部分增长源于女性医生为了照顾家人，想要一些更加灵活的工作时间，但也有近三分之一选择做兼职工作的男医生表示，他们想要有更多的时间来从事"与职业无关，或纯属个人追求"的事（高尔夫球吗？）。

就像基斯·哈蒙兹（Keith Hammonds）在《快公司》（*Fast Company*）杂志上发表的那篇题为《平衡只是空话》（*Balance is Bunk*）的文章所言，工作与生活之间的平衡如今被看作一种权利，而不是特权。"在上一代中，这种平衡赢得了巨大的文化共鸣。它不再仅仅是鸡尾酒会上的谈资，而已经成为了一项不可剥夺的新权利，虽然还没有被写进宪法，但它已经慢慢渗透进了美国的社会风气中，表现为生活、自由，和追求平衡。每个人都应该享有自我实现和高品质的生活时间！"这就仿佛是人们在说："我想成为所在的职业领域中最优秀的人，但也想在工作之外拥有丰富的业余生活。'当然，这样想没什么问题。你可以加入那些只将全部精力的 58% 投入事业的成功人士之中，不过，实际上这种人并不存在。对于那些将全部精力都投入事业中，成为职业领域翘楚的人，我们表示没问题。相似地，对于那些将全部精力都投入家庭而不是事业中的人，我们也认为没问题。我们甚至觉得那些没有将全部精力投入工作或者家庭中，却拥有活泼有趣的社交生活的人也没什么问题。对于那些想要将精力同时投入事业和家庭中的人我们深表同情，我们有时也在努力实现这一点。但是，当众多的人不想将全身心投入事业中，却觉得自己有资格成为顶尖翘楚时，自恋流行病显然就已经蔓延到了文化之中。

在《华尔街日报》（*Wall Street Journal*）2007年发表的一篇文章中，一家知名律师事务所的合伙人表示，年轻的律师不仅在工作中要求得到更多表扬，有些人在得到严苛的反馈时甚至会哭鼻子。对此，事务所中年长的合伙人很困惑，他们记得，当自己还是年轻律师时，不被指着鼻子大吼就算是表扬了。如今的合伙人不得不寻求外部帮助，学习怎样应对这些新员工。有些公司已经在招聘"表扬顾问"，他们建议老板不应该在员工迟到时批评他们；相反，应该在员工准时上班时给予表扬。有一位表扬顾问一周要撒出好几磅五彩纸屑。在以前，准时上班的员工得到的奖励叫作"不会被开除"，在许多人看来，仅仅因为上班就期待受到表扬的心态正符合特权感的定义。

你和你全家都给我滚蛋：特权感和冲突

靠伤害同事来博取成功，是特权感在职场中具有较强腐蚀力的另一面。为了取得成功，自恋者常常会不惜一切代价去利用他们的队友。这些人便是所谓的"贪功者""马屁精"或"暗箭伤人的小人"，即为了自身的成功不惜牺牲他人、危害组织成功的人。当自恋者与他人一起完成一项团队任务时，他们会抢占团队功劳，并将失败的责任归咎于同事，即使他们之间的关系非常亲密友好也是一样。这种自私自利的做法可能会让自恋者在老板面前看上去很风光，却会损害他们与同事的关系。最终，当没有人再愿意与自恋者一起工作时，他们便会自食恶果。

此外，特权感也对社会有更加深远、更具破坏性的影响，损害着互惠互利和义务责任的惯例。互惠互利的基本原则是：如果别人帮了我的忙，作为回报，我也需要为对方做点什么。比如，如果别人送给你一张圣诞贺卡，你就会觉得自己也有必要回赠一张圣诞贺卡。如果没有这么做，你就会有种负罪感。

当风险性较高时，互惠互利确实会带来好处。比方说，一位朋友在你的电脑崩溃时伸出了援助之手。根据交换规则，你欠她一个人情。下个月，你精通电脑的朋友打来电话，因为她需要把一些家具搬到家里，但是自己一个人搬不动。你的体力非常好，所以就去她那儿，帮她解决了困难。因此，你们两个人都以最小的代价帮助了别人——你的朋友帮你修电脑费不了多少劲，你帮她搬沙发也是如此——但两人都在相互帮助的过程中收获了很多。这些非正式的交换每天都在社会中发生着，而且在世界保持运转的过程中扮演着重要角色。关键是人们会在某个时候回馈自己曾经受到过的帮助。

那么，如果与你相处的是一个特权感很强的人，会发生什么呢？他也许会请你帮忙，你也会答应要帮他。你是一个热心助人的人，也很高兴能够帮到别人。虽然帮完忙之后没有得到感谢，但是你并不会往心里去。然后，这个人会再次请你帮忙，而你也会再次答应他。然而，在接下来的一周，作为回报，你请他帮点小忙，他却直接拒绝了你。也许他甚至会露出惊讶的表情，因为你竟然找他帮忙。对此，你有点生气，下次他再请你帮忙时，你拒绝了他。现在，总体来讲，你变得更少乐于助人，而且不愿意再去相信别人。这就是特权感所带来的一个主要问题：特权感较强的人并不认为互惠互利是一条双向的道路，他们认为帮助就是一条单向的、只驶向他们的匝道。由此带来的结果便是整个互惠互利的概念开始慢慢消退，大家的生活变得更加艰难，相互之间也越来越疏远。互惠互利就像是将整个社会粘黏在一起的胶水，而特权感则会溶解这种胶水。

特权感带来的"恩惠"：一个变暖、枯竭的地球

特权感较强的人觉得，他们有权利从地球中索取更多"东西"，无论是鱼还是燃料。如果有更多人这样认为，地球上的资源就会很快耗尽，我们的后代将一无所有。基斯和他的同事在一项研究中，要求学生们分别扮演四家在某片森林中伐木的林业公司的CEO。因为森林属于可再生资源（就像鱼、牛和农作物一样），如果这些公司一次只砍伐有限的树木，那么森林还可以再次长好，并能永续进行砍伐。不过，如果他们一次砍伐过多，森林就将遭到破坏。那些比较自恋的参与者由于砍伐得更多，因此会取得短期"胜利"，这让自私和短视看上去像是一种取胜策略。然而，越多的自恋者加入游戏，森林就会消失得越快。与四个不那么自恋的人相比，四个自恋的人伐起树来，会以更快的速度破坏森林。在追求利益最大化的同时兼顾资源保护，需要更多相互协作、不那么自恋的个体。当参与者的特权感较弱时，长期下来，会有更多的人获利。当特权感较强的人索取更多时，诸如燃料这样的不可再生资源就会受损得更加严重。堵住马路的悍马车越多，整颗星球上的石油就会消耗得越快。

治疗流行病

对抗特权感的最好方法之一，是对你已有的一切都心存感激。在一项颇为吸引人的研究中，参与者被要求每周列出一次他们感激的事物，总共持续10周。与没有这么做的另一群人相比，仔细考虑过自己应该对哪些事物心存感激的人会有更强的幸福感，身体更加健康，而且也会更常锻炼身体。此外，他们也会给予他人更多的情感支持。感激与特权感恰恰相反：心存感激的人考虑的是自己已经有什么，而不是应该得到却没有得到的东西。

每个人都可以自己练习表达感激之情，而且也可以鼓励家人和孩子这样做。现在的孩子们看电视时，看到的是各种自己没有的东西，却极少在电视或现实生活中，看到不幸的年轻人所过的生活。现在的孩子们比任何时候都需要知道，世界上还有很多生活更加糟糕的孩子。简喜欢开玩笑说，对待任何糟糕的事情，最好的回复就是美国中西部的那句俗话："事情还可能更糟。"大多数时候，事实真的如此。

此外，我们也可以在用餐时间和假期，将自己感激的想法分享给家人。虽然人们在感恩节时经常这么做，但在一年中的其他时间里却鲜少如此。一些其他的小东西也可以鼓励人们去表达感激。比如，感谢卡就是一种对他人表达感激之情的好方法。它们不一定是送礼物的时候才用；你可以感谢别人在某些方面给予你的帮助，或者只是感谢别人成为你的好朋友、好导师或父母，这样会让双方都受益匪浅。当然，一种最好的让孩子学会表达感激之情的方法还是自己以身作则。理想的结果是，表达感激会逐步削弱人们身上的特权感。另外，有一种节日传统也值得沿袭下去——犹太人会在赎罪日向人生中最重要的人请求原谅。不论你信仰何种宗教，致歉与原谅都可以让人际关系进展得更加顺利。为自己对别人的无礼行为而道歉，意味着抛弃特权感，向和他人产生真正情感联系的方向迈进。

在工作场所，对抗特权感的最好方法之一，是让员工体验一项能让他们学会谦逊的工作。暑期工作和职业培训（所谓的"交学费"）能让人们懂得他们并不是一出生就可以掌握有用的技能并获得成功。但最近，"交学费"这种说法已经逐渐失宠了；一本由20岁左右的作者写给20岁左右的年轻人看的书就叫作《越过受苦阶段：不用"交学费"就可以打造自己的成功事业》（*Grindhopping: Build a Rewarding Career without Paying Your Dues*）。尽管像书中建议的那样创立自己的公司而且立即当上CEO确实是一件很棒的事，但是能够走上这条道路的人却少之又少。即使你真的创办了一家公司，经营公司的过程还是会让你吃不少苦。问问那些小企业的经营者——他们会告诉你，他们经常需要连续工作很长时间，而且总是不得不亲自去站柜台。

不幸的事实是：实际上，每一项工作都需要经历辛劳，尤其是在起步阶段。尽管我们两个人都很热爱教授和研究员的工作，但我们也和别人一样，是从研究生一步步做起的。在没有窗户的实验室里，我们做着看似没完没了的研究，花很多时间将一沓沓几英尺高的文件中的数据录入电脑，在图书馆的复印机上一篇又一篇地复印文章。虽然这并不像在盐矿工作或者打扫酒店房间那样辛苦，但也算不上是迷人的脑力劳动或欢乐无穷的工作。即使现在我们有了很多快乐的时光，比如写这本书或者与我们的学生探讨一些研究想法，但我们仍然需要辛苦地评阅惨不忍睹的学生论文、批阅试卷、参加那些真的让人想自焚的委员会会议，而且有些时候仍然需要录数据。我们并不是在抱怨，实际上恰恰相反，但我们也不会期望得到那些一直都令人很高兴的工作。真见鬼，即使是像钓鱼、高尔夫，或者保龄球这样的休闲活动也需要你"交学费"学习。

总体上讲，美国人已经不再认为，即使工作并不令人满意，老老实实地工作一天赚一天的薪水是有价值的。这一议题随着人们近来对非法移民问题的激烈讨论而浮上了水面。有些支持非法移民的人表示："非法移民会做一些美国人不愿意做的工作。"这种观点包含着一些非常令人不安的含义；它暗示某些特定的工作不值得美国人做，由于美国人不愿意做那些能使整个国家维持运转，但会弄脏双手或感到腰酸背痛的工作，因此他们必须引进那些在他们看来身份低于美国人的人来做这样的工作。这便是自恋流行病的一个逻辑扭曲之处：很显然，懒惰和不愿意工作使得美国人比那些愿意工作的人"更优秀"。

如果真是如此，那对于整个国家而言，这预示了一种非常悲惨的未来。传统上，每个人年轻的时候都会做些令人不满的工作。这被看作学会谦卑、塑造品格的机会。基斯印象最深的一次体验谦卑的经历，发生于他在奥克兰市中心一家商店上夜班清点库存时。那份工作很简单：查看货物上的号码，然后记在写字板上。在基斯身边工作的妇女可能是个精神分裂症患者——她工作时一直在跟一个根本不存在的人激烈地讨论着什么。老板路过时，看了看这个精神分裂妇女的工作，然后说："干得很好。"之后，他看了一眼基斯的表单，指出他没有按照规定来做——他用欧洲写法写阿拉伯数字"7"，上面多加了一横。公司有样本向员工示范如何正确地做记录，只不过基斯觉得自己很聪明，根本不屑于读这些。这件事让基斯感到了耻辱，但与此同时，他也学会了谦卑。

我们应该鼓励年轻人，尤其是出生在富裕家庭的年轻人，去做一些很困难的工作，以让他们学会谦卑、同情，懂得工作和回报之间的关系，了解金钱的价值。这样的工作会使年轻人与那些将这类工作当作自身事业的人建立起联系，而不是让他们认为自己比那些人多了一种似是而非的优越感。此外，我们认为给予那些从事低薪工作的人以尊严和尊重也是非常重要的。因为与那些在餐厅当服务员，或者在酷夏时节爬到屋顶上钉钉子的工作相比，整天坐在桌边的工作要相对轻松一些；但是，不知怎的，许多中上层阶级的美国人却觉得自己要比做这些工作的人地位高。我们必须改变这一点。与赞美那些没有付出多少努力便变得非常富有的人（其中包括许多名人）不同，新式的美国英雄应该像旧式的美国英雄一样：不管是男孩还是女孩，早上都要很早起床，为了生计而努力工作，而不是整天抱怨这抱怨那。

第十五章

上帝创造你不是为了让你做个平庸之人——
宗教和志愿服务

　　玛丽是一个天主教家庭里八个孩子中年龄最小的一个，她每逢周日都会和家人一起去做弥撒，学习天主教的传统价值观，比如仁慈、谦逊、和平以及推广公共利益。20世纪60年代末，她搬离了家乡，5年后又回来，像她的父母和姐姐们一样，在有着百年历史的教堂里举办婚礼。之后，尽管玛丽和丈夫很快又搬到了一座更大的城市生活，但他们依然加入了当地的天主教会，而且将自己的三个孩子都送到了天主教学校学习。从接受洗礼到婚礼，再到自己最小的孩子从高中毕业，玛丽的宗教信仰从未改变。

　　像玛丽这样的故事正变得越来越少见。不久前，绝大多数美国人出生在什么宗教环境之下，就会一生信奉这一宗教。但是，皮尤宗教与公共生活论坛（Pew Forum on Religion and Public Life）在2007年调查3.5万名美国成年人后却发现，有44%的参与者已经抛弃了他们儿时的信仰，转而信奉另一教派、宗教，或是已经没有了任何宗教信仰。"美国的宗教经济就像一个大市场——非常有活力，竞争非常激烈。"皮尤论坛总监路易斯·卢戈（Luis Lugo）说。其中，天主教会比其他任何传统信仰失去的信众都要多：三分之一的美国人是在天主教家庭中长大的，但如今只有不到四分之一的人表示他们依然信奉天主教。此外，主流新教的信众数量也在下降。在美国大学新生的一项年度调查中，2006年有17.4%的学生表示自己没有任何宗教偏好，这一比例是1978年的8.3%的两倍多。皮尤论坛的调查也发现，在2007年，四分之一年龄在18 ～ 29岁的人没有宗教信仰。

理论上讲，宗教信仰和自愿帮助他人应该可以对自恋流行病起到抵抗作用。但是，甚至连社会生活的这些方面也在自恋流行病的影响下发生了改变。那些让自己与个人主义价值观保持一致的宗教和志愿者组织蓬勃发展了起来，而没有选择这么做的组织则往往开始衰落。宗教和志愿者组织都不是引发自恋流行病的主要因素；实际上，它们大多数时候都在减缓其蔓延速度。但与此同时，二者也都让自己慢慢适应了注重自我的新文化。那些成功的宗教和志愿者组织会满足人们的愿望，这常常指的是自我欣赏。然而，一旦满足自我欣赏的承诺帮助它们吸引到了足够多的人，宗教和志愿组织往往会开始消解现代文化对于自我的过度重视。这看上去有点像与自恋打柔道，承诺满足自恋的需求会吸引大量的人加入组织，但组织最终会慢慢降低他们的个人自恋程度。

坏消息是，那些无法预先满足个体需求的传统宗教组织，在欧美正慢慢走向衰落。这一消息让人感到很不安，因为从传统上讲，宗教会对自恋行为起到抑制作用。许多宗教信仰都在直截了当地宣扬减少自恋（或骄傲、自私等与自恋相关的概念），向人们灌输超越小我、在生活中共同遵守特定准则的观点，以及信众社群的价值。具有个人主义、甚至自恋色彩的箴言"做对你来说正确的事"，与大多数宗教所宣扬的人人平等的准则和信仰并不十分相符。基督教的福音书里包含着大量赞美谦逊、温柔，以及严惩骄傲自大的章节。《箴言》（Proverbs）中有一节写道："耶和华必拆毁骄傲人的家。"《登山宝训》(The Sermon on the Mount)中表示,温柔的人"必承受地土"。基督教对于宽恕,尤其是宽恕敌人的强调也要求谦逊——在很多方面这都与自恋恰恰相反。"有人打你这边的脸,连那边的脸也由他打"不是一种自恋的行为。很多研究已经发现,自恋者不太可能会去宽恕他人。他们将他人得罪自己的行为看作债务,想要别人偿还。自恋者也不愿意宽恕上帝让他们在生命中遇到困难和麻烦。基督教和儒家学说都教导人们"己所不欲,勿施于人",这又是另外一句抵制自恋想法的格言。

东方宗教也将注重自我看作痛苦的一个来源。在印度教经典《卡达奥义书》(Katha Upanishad)中,纳奇柯达斯(Nachiketas)遇见了死神,死神告诉他,如果他愿意不问有关生命奥秘的问题就离开,也将会给予他物质财富和社会地位。但是,纳奇柯达斯并没有同意,还在死神面前表示,物质财富和社会地位一点儿意义都没有。看到纳奇柯达斯所展现出来的智慧后,死神变得温和了许多,将不朽灵魂的秘密告诉他。佛教更进一步阐述了这些观点,主张世界上甚至根本不存在不朽的灵魂(无我)。禅宗中也有几则描述自负所带来的消极影响的故事。比如,唐代的一位宰相曾经问一位禅宗大师:"佛教眼中的自负是什么?"这位大师用尖刻的语调回道:"这个问题真愚蠢!"宰相觉得自己受到了侮辱,非常生气。禅宗大师随后笑着说道:"大人,这就是自负。"

最初,宗教可以对减少自恋行为起到促进作用,因为它们不必争夺信徒:你出生在什么样的宗教环境里,通常就会一直信奉这一宗教。但如今,人们可以选择对他们起到帮助作用的宗教——常常是那些带来的痛苦最少、提供的利益最多的宗教。为了竞争,宗教不得不满足人们的需求。因为减少自恋并不总是一个令人快乐的过程，所以大多数人都不会加入那些要求谦逊的教会。

有宗教信仰的人的自恋程度不一定比别人更低。宗教就像一顶巨大的帐篷，帐篷下的信徒既会表现出自我牺牲，也会表现出激烈的自我中心主义。无论过去、现在与未来，利用宗教信仰来增加个体自恋程度的人一直都存在着，其中最恶名昭著的那些人甚至创立了自己的教派。1993被烧毁总部的德克萨斯州韦科市的邪教组织"大卫教派"（Branch Davidians），便是以其充满魅力的领袖大卫·柯瑞许（David Koresh，这是他自己给自己起的名字，实际上他的真名叫弗农）的名字命名的。

加州大学伯克利分校的一组社会学家在20世纪80年代撰写《心灵的习性》（*Habits of the Heart*）一书时，惊讶地发现一名叫作希拉（Sheila）的女性竟然有着属于她自己的宗教。她不仅创建了自己的信仰和仪式体系，而且还将这一宗教取名为"希拉教"（Sheilaism）。她对这一教派的解释是："它就是——试着爱自己，温柔对待自己。"人类发展学教授杰弗里·阿奈特（Jeffrey Arnett）发现，在他研究的20岁左右的年轻人之中，"创立属于自己的宗教"这种想法非常普遍。其中一位年轻人表示："我认为不论你有什么感受，那都是你个人的事情……每个人心中对上帝以及上帝是什么都有着自己的看法……对于上帝有何感觉、可以接受什么、什么对你来说是对的，你都有着自己的个人信念。"曾经完全是一种集体行为的宗教信仰，如今已经变得越来越个人化。

宗教与自我欣赏

基斯是在圣公会教会环境中长大的。他会去参加传统的宗教仪式（是的，有点无聊），因为他觉得自己被迫这么做，而且教会也绝对不会满足他任何自恋的需求。就像皮尤调查中的许多人一样，让他的母亲感到非常失望的是，基斯渐渐地疏远了传统教会，而把时间花在了研究宗教、哲学和科学上，尝试着理解他自己的宇宙（实际上，他从未成功过，结果便是从来没有过"基斯教"这一教派）。然而，最近基斯获得了一次非常不同的宗教体验——如果他在更年轻时发现它的话，应该就会不停地去参加礼拜仪式。他同妹妹一家来到了南加州的一个大型教会。这个教会充满了各种各样的选择，简直就像一座巨大的、提供定制化服务的宗教商场。在开阔的教会场地上，开着很多咖啡屋（卖的都是些高档咖啡，可不是什么便宜玩意儿）。你可以在体育场内、体育场外，或者在咖啡屋或书店的平板电视上（基斯的妹妹把这种选择称之为"简化教堂"）观看宗教仪式。宗教仪式的开场是由一位才华出众、振奋人心的歌手带来的一组歌曲，听上去有点像戴夫·马休斯（Dave Matthews）[01]。歌词被投影在一个大屏幕上，如果愿意的话（这也是一种选择），你也可以跟着一起唱。接下来，一位励志演说家上场，讲述了一个蕴含个人人生信息的美好故事（引用了圣经中使徒保罗的例子）。仪式结束后，每个人都可以分到甜甜圈，以及更多真的非常好的咖啡，孩子们则在草坪上尽情地玩耍着。基斯很高兴，孩子们也很高兴（因为主日学校的教学

---

01 摇滚乐歌手、唱作人、戴夫·马休斯乐队主唱。

楼里配备有电子游戏和现场音乐演奏），一家人在南加州度过了美妙的一天。

从某种意义上讲，这种宗教仪式不需要人做任何事情，而且整个过程真的很令人愉快。人们有很大的个人选择余地，而且不用下跪——除非你想这样做。通过适应当今的自我导向文化，这个大型教会将人们重新带回到了宗教之中。许多参加的人开始更多地思考上帝，有的人会仔细研究圣经的每个细节，有的人会变成更好、更懂得关心他人的公民，有的人会自愿去帮助世界上需要帮助的人，有的人最终将变得不那么自恋。这股有点奇怪的魔力——接受自恋，并试着将其变成利他行为——在很大程度上占据了现代宗教的核心位置。约尔·欧斯汀是德克萨斯州休斯敦市湖木教会（Lakewood Church）的牧师，这是全美最大的教会，大到如今需要在翻新过的体育场内举行宗教仪式。湖木教会很显然是在满足人们的需求。"上帝创造你不是为了让你做个平庸之人。"欧斯汀写道。（但他并没有回答一个相关问题：如果上帝不想让任何人成为平庸之人，那不就改变了平庸的定义？）"上帝创造你是想让你胜过他人，想让你在自己这代人中留下印记……请开始相信'我是上帝的选民，与别人不一样，命中注定要活在胜利中'。"欧斯汀在他的《活出全新的你》一书中如此写道（宗教类书籍跨越到励志类书籍是一股新趋势，这本书就是其中一个例子）。欧斯汀说，他最喜欢的一句电影台词是"获得胜利就是尊荣上帝"。按照欧斯汀的说法，"胜利"肯定包含赚取更多的钱和得到一份更好的工作。"上帝也许会在某个时刻介入进来，取代你的上级，让你得到晋升，"欧斯汀在《活出美好》（*Your Best Life Now*）一书中写道，"一旦你开始期待得到更多，第二个拓宽视野的关键要素就是相信上帝还为你留着更多！"欧斯汀显然实践了自己所宣扬的自我欣赏；湖木教会的墙上挂满了修饰得非常完美的欧斯汀照片，以及印有他的名言的装饰板。

不过，欧斯汀的信息也有对立的一面。《活出全新的你》的后半部分就差不多是反自恋教程：尽自己最大可能表扬别人，忘掉你的骄傲向别人道歉，让冲突退出你的生活，建立更好的人际关系。这听起来很好，但是为了吸引沉浸在自我中心文化之中的美国人，他为此设定了一个充满矛盾的前提，那就是人们必须首先学会自我欣赏。"如果你不爱自己，就无法爱别人。"他在书中这样写道，这正好与那些自爱自恋者（他们常常是非常糟糕的关系伙伴）错误的陈词滥调不谋而合。另外，欧斯汀的部分建议也非常危险地滑向了自恋式的贪婪。比如，他举的一个例子是：一对夫妇租了一套小公寓，却添置满了适合大房子的家具，因为他们希望在未来可以拥有更大的房子。"他们说：'我们不会乖乖接受现状，上帝已经将更远大的目标放进了我们心中，我们要为更好的生活做准备。'"欧斯汀建议我们所有人都应该大胆地表达自己的欲求，就像他的儿子在收到一把想要的新吉他后，又立刻问："你认为什么时候才能给我买个新键盘呢？"

此外，欧斯汀还写道："别人的意见并不能决定你的潜力。"这是自恋者的观点"不论别人怎么说，自己都比别人好"的另一种版本。"如果上帝尚未将你实现梦想所需的一切给你，祂就不会将这一梦想放进你的心中。"欧斯汀在一段文字中这样写道。几乎所有《美国偶像》中的糟糕歌手都相信这一点，即使评委之一的西蒙（Simon）说他们的表现简直糟糕透了也一样。

如今，很多教会都在宣扬"基督教繁荣"或者"上帝想要你变得富有"的观点。为了能够加入欧斯汀的教会，乔治·亚当斯（George Adams），一位来自俄亥俄州的铺瓷砖工人，举家搬迁到了休斯敦。"上帝已经告诉我，祂不想让我成为一个平凡的人。"亚当斯在《时代周刊》的一篇文章中如此说道。在找到一份汽车销售的工作之后，他说："这是上帝赐予我的新生活！我正走在通往六位数年薪的路上！"他相信，上帝最终将会帮助他卖出足够多的汽车，这样他就可以买得起梦寐以求的面积为 25 英亩[01]，有马、池塘以及一些牲畜的新家了。在美国最大的四个教会中，就有三个会向人们传授一些不同版本的"繁荣"——上帝不想让你成为穷人的观点。"悲剧的是，基督教已经成为了自恋文化的应声虫"，波士顿大学宗教系系主任斯蒂芬·普罗特劳（Stephen Prothero）表示。

与几十年前常见的观点相比，如今人们对上帝和宗教的看法已经大不相同。那时候，宗教会对你有所期待，而不是你实现梦想的工具。宗教制定了一些行为准则（不得通奸、不崇拜偶像、按时参加礼拜、不说谎或偷盗、不在安息日工作、不觊觎邻居的东西），而且你最好遵守这些准则，否则死后注定会下地狱（或至少你必须直面自己所犯下的罪过，承认它们，以苦修来赎罪）。现在的许多牧师却表示，上帝依然不想让你触犯戒律，但是祂也希望你能住上大房子。

传统上，宗教也会鼓励信徒与其他人及群体建立联系。教友们不仅相互认识，而且还会相互帮助。许多宗教仪式都包含聚会者们互道"愿平安与你同在"的部分。甚至像欧斯汀这样的自我

---

01 1 英亩约等于 4046.856 平方米。

赋权牧师也非常重视这一点。"不要犯以自我为中心、每天只知道关心自我的错误，"他在书中写道，"留点时间给别人……学会感激他们。去商店买东西时，鼓励一下收银员。友好待人。"但其中的问题是，当你过于看重自我成功、认为自己很特别时，想要做到耐心、友好地对待别人是一件很难的事。

志愿服务

1990年时，有64%的高三学生在过去一年中，至少做过一次志愿服务，但是近年来，这一比例已经超过了76%。如果自恋者不愿意帮助别人、不大可能感受到别人的痛苦、更加关注自我，而年轻人的自恋程度同时在上涨的话，那么这一发现看上去似乎是自相矛盾的。"我们这一代所做的积极事情同'婴儿潮'一代年轻时做的一样多，如果不是比他们更多的话，"署名JG的读者在《纽约时报》评论栏中写道，"我们的努力也许比较不明显，但是我们的做法同他们一样有效。我们这一代人充满同情心，经常参加志愿服务，倡导循环利用，关心他人的幸福。我们才不自恋！"约翰甚至更加不吝啬地对他们这代人大加赞美："历史上没有哪一代比我们更能句那些需要帮助的人，而且常常是远在异国他乡、从未谋面的人，伸出援助之手。没有哪一代可以与我们相提并论。"25岁的艾瑞克赞同地说："我们这一代人比之前的所有人都更能帮助那些需要帮助的人。"

尽管我们对如今的年轻人是否比解放了大半个世界的二战一代帮助了更多的人表示怀疑，但年轻人中的志愿服务趋势确实在不断增长。然而，这一增长是在许多因素的作用下产生的，其中的几个因素证明，志愿服务与自恋水平增长之间的兼容性在逐渐提升。

首先，许多高中已经将社区服务作为了毕业的硬性要求。实际上，这属于"非自愿的志愿服务"。自20世纪90年代起，许多高中学校开始要求学生必须参加社区服务，而这时间正好与高中生们开始表示自己参加更多志愿服务的时间相吻合。"为了顺利从高中毕业，我必须做满100个小时的志愿服务。要不是学校强制要求，我根本不会去做。我知道，这听上去有点让人伤心。"25岁的斯科特在我们的网上调查中这样写道。因此，从很大程度上讲，志愿服务的增长并不是源于利他主义的情感，而是源于他人制定的规定。

随着大学入学竞争变得越来越激烈，许多高中生也开始参加更多的志愿服务，因为这会让他们的入学申请书看上去更好看。有一次，简在给佐治亚州一所小型学院的学生做讲座时，一位大一新生说："我们的高中辅导员明确地告诉我们，如果想上一所好大学，就必须去参加志愿服务。"她承认，如果不是这样，她是不会去做志愿服务的。"在短短的人生中，我已经做了很多志愿工作，"来自加拿大、19岁的布列塔尼在我们的网上调查中写道，"我之所以这样做，是因为我真的相信这一事业。而且，这也确实会让我的简历或大学申请书看上去更好看。"

求职网站monster.com建议："为了你的事业，去参加志愿服务吧。如果真的存在一项能让大学生获得胜利的职业发展策略，那就是志愿服务。即使每个月只有几个小时的空余时间来做志愿服务，这也会给你带来显著的不同。最好的是，你还能同时促进自己的职业发展。"科罗拉多学院"周六志愿服务"的宣传单上问:"为什么我应该关心服务领导力呢？"然后列出了五点答案,都是对于未来职业发展有帮助的技能和经验。其中并没有提到那些需要帮助的人,或者帮助别人所蕴含的价值。对自恋文化而言,这一点合情合理——如果你想要招募到志愿者,首先要把注意力放在参与志愿服务能为他们带来什么好处上。

尽管志愿服务常常是学生顺利毕业的条件,也会让他们的大学申请书看上去更好看,但给慈善机构捐钱却对两者都起不到帮助作用——而且,并不让人感到意外的是,近年来的慈善捐赠正在逐步减少。20世纪70年代时,还有46%的高三学生曾向一家以上的慈善机构捐过钱,但到了2006年,这一比例仅为33%。因此,并不是所有的帮助形式都在增长:只有那些最能为别人所见、可以让大学申请书看上去更好看的助人行为在增长。

但是,如果你可以在向慈善组织捐钱的同时,通过脱衣服来吸引他人的注意,那捐钱的办法还是可行的。2008年7月,维珍移动（Virgin Mobile）发起了一项名为"脱衣捐衣"（Strip2Clothe）的公益活动,鼓励年轻人将自己合着音乐节拍脱衣服的视频上传到网站上。然后,维珍移动将会向那些无家可归的年轻人捐赠衣物——每脱一件衣服就捐出一件,视频每被浏览五次也会捐出一件。这是自恋与慈善的"完美"结合,尤其是你唯一要做的只有脱掉衣服,吸引别人的注意。然而,并不是所有人都觉得脱衣服做慈善是一种妥当的做法,于是几周之后,维珍移动给这一活动换了一个蹩脚的新名字——"随意捐衣"（Blank2Clothe）,并宣布利他主义者现在可以将自己做任何事情的过程拍成视频,而不再只是脱衣服。

在宾夕法尼亚州一所高中任教的 26 岁的纳塔利回应了我们的网上调查。当她的同事要求学生做两个小时的社区服务，并在之后撰写相关报告时，"学生们非常气愤。难道是因为这将会抢走他们其他活动的时间，尤其是为了买自己想要的东西而打工赚钱的时间吗？绝对不是！家长们纷纷打电话给校长，抱怨这一项目很荒唐、很不公平"。然而，当青少年们做过社区服务之后，最终都会很享受这样的过程。"但我几乎可以确信，如果不是为了上大学而必须这样做的话，绝大多数学生是不会去做志愿服务的，"纳塔利写道，"我并不想说没有一个孩子在乎志愿服务。我只是觉得，如果他们从中得不到什么好处的话，很少会有人愿意回馈社区。"

把社区服务作为高中毕业必要条件的原始动机之一，是认为学生们会喜欢这一过程，而且会想要更多地参与其中。这一点也许会在某些情况下发挥作用。在 2001 年到 2005 年之间，大学生中做过某种类型志愿服务的比例从 27.1% 增长到了 30.2%。虽然这是一种积极的发展，但就像参与调查的人所宣称的那样，这并不"意味着可能出现新的公民世代"。

毕业以后，许多年轻人选择到"为美国而教"（Teach for America）或者"美国志愿队"（AmeriCorps）这样的组织工作，还有人选择参军为国服务。大多数牺牲在伊拉克和阿富汗的人与那些自恋分数达到历史新高的人同属一代。就像"婴儿潮"一代加入美国和平部队、最伟大的一代在二战中勇敢地战斗、"X 一代"在海湾战争中为国战斗一样，每一代人中都有一部分人愿意奉献自我、为民服务。即使在自恋流行病最猖狂的时候，我们的社会也从那些愿意为国效力、为他人服务的杰出年轻人身上受益良多。

与此同时，剩下的人被要求做的事却非常少。二战期间，公民们在"胜利菜园"（Victory Gardens）[01]中种菜，并收集废金属制作军用装备。可是现在，除非你与某个在伊拉克服役的人关系很亲密，否则伊拉克战争对美国人的日常生活几乎没有影响。2001年"9·11"事件发生之后，美国数十年来首次出现了一种共同的精神，献血人数突破了历史纪录。但是，美国总统却从未以美国人民的名义号召人们采取任何集体行动——除了告诉他们去购物以保持经济增长之外。

但某一领域中的服务与意识显然在日益增长：越来越多的人知道他们需要尽自己的一份力来保护环境。抵御气候变化和碳排放的意识比以往任何时候都要高，"绿色"企业、汽车、行动和设施最终成为了一种时髦。简在对她的本科生世代的良好性格品质展开调查时发现，环保意识增高被提到的次数排在第三位（前两位分别是教育程度较高和更加了解科技）。此外，许多人还提到他们这一代人对于全球问题也更感兴趣。慢慢地，美国人正在学会关心自己以外的事情。

带来不同

那么，人们到底为什么会自愿去做社区服务呢？在过去，做志愿服务的人给出的解释不外乎"这么做是对的"或者"这些人真的需要帮助"。最近，却没有很多人这样说了。2006年，皮尤

---

01 二战期间，政府呼吁节约粮食供应、支援前线，而鼓励公民在自家或公园种植蔬菜和水果的地方。

研究中心针对18～25岁的年轻人所做的调查发现，只有31%的人表示"帮助需要帮助的人"是他们这一代人的重要目标，这一比例排在第三，但远远落后于"变得富有"（81%）和"成为名人"（51%）。相反，许多年轻人表示他们选择志愿服务的动机是："我想带来改变。"CNN的慈善活动取名为"影响你的世界"。《美国周末》（*USA Weekend*）杂志的全国助人日叫作"带来不同日"。当然，任何帮助别人的动机都是好的，但这是一种听上去很有趣的态度转变，人们的焦点从社会和需要帮助的人转移到了自我利益，尤其是在这种利益包括给社会带来重大影响、给自己谋得个人角色，或者获得表扬的时候。

　　25岁的安兹丽在非洲做过大量志愿服务工作。尽管她在接受电视特别节目采访时也确实提到了帮助别人，但对这样一份集体主义事业，她的言辞中却透露着很多个人主义成分。"作为一个个体，我觉得自己必须去世界上的那个地方，用自己的力量带来一点儿不同。"她这样说道。我们希望她真的能够做到，但同时也担心那些比较不明显、不会立刻产生具体效果的理想也许会令人不感兴趣。

　　类似的模式也出现在慈善事业和慈善捐赠中。慈善捐赠行为已经变成了一件时髦的事情，而尽管这样的转变具有带来更多捐赠的好处，但也有削弱捐赠真正意义的缺点。就像罗伯特·弗兰克在《富人国》中所说的那样，如今的商业媒体在报道慈善事业时，把其"当成了一个充满竞争的行业"。弗兰克发现，新晋的富人想要"现在把钱捐出去，同时享受人们的赞扬，控制整个过程……如今的富人不只是想做好善事：他们想要成为行善领域的佼佼者"。尽管这些千万富翁确实在帮助别人，但他们的动机却包含自恋的成分：赢得竞争、获得表扬、吸引人们的注意，以及提高个人影响力都非常重要。如果这样能增加捐款，那对大家都更好。同样地，慈善组织也在不断演化，做一些不得不做的事情，以求在自恋的文化中生存并茁壮成长。

越来越多的企业开始将社会责任纳入企业规划中，不论是倡导利用可再生能源，还是在顾客购买某一商品时附赠一份小礼品。比如，快乐婴儿食品公司（Happy Baby Food）捐款给马拉维的营养不良的孩子，以购买食物。这样一来，销售商品的公司和购买商品的顾客都可以感受到自己在带来不同。虽然这件事的某些部分确实是帮助别人，但也有一部分看重的是给世界带来更大的影响，而不只是购买或销售婴儿食品。这属于自恋吗？不属于，因为它帮到了别人。但它也不属于单纯的同情。

关于真正的利他主义是否存在的讨论，已经持续了很长时间，就像哲学本身一样久远。德国哲学家伊曼努尔·康德（Immanuel Kant）认为，人们帮助别人是出于自私的原因，比如感觉良好或者受到赞美。我们则认为，不论起因为何，帮助他人行为的增加是一件好事。那些学会利用自恋来获取支持、吸引志愿者加入的组织最终帮助到了绝大多数人，因此它们生存了下来，或者变得更加受欢迎。兰斯·阿姆斯特朗基金会（Lance Armstrong Foundation）便是一个很好的例子。它们通过佩戴黄色腕带来激发让自己看上去更好的愿望，筹集到了1.8亿美元的抗癌基金。

帮助他人和做慈善通常并不是自恋者寻求关注的首选（他们的首选是真人秀电视节目、互联网、酒吧和一些工作场所）。但是，随着更多的美国人试图通过各种手段支撑他们的膨胀感，并不是每个人都能借由上班或者上传视频到YouTube的方式而吸引到他们想要的关注。世界上存在着如此之多的问题，以至于越来越多的人意识到引人注意的最好方式还是帮助他人。有一个人就将自己的电话号码放到了网页上，以便于倾听别人的心事，结果他被邀请录制了《今日秀》节目。《商业周刊》（*Business Week*）还发布了50大捐赠者排行榜。那些参加慈善舞会的人会在报纸上看到他们的照片。大多数时间都在关注名人生活的《人物》杂志经常会刊登一些有关助人者的特别报道。这样很好，因为我们需要把更多的注意力放在能够抑制自恋现象的善行上。如果引人注目的最简单方法是帮助别人，那么自恋者也许会选择这条道路——并且可能在这一过程中慢慢地变得比较不自恋。

　　尽管通过帮助别人获得赞扬和关注并不是自恋者常做的事，但它确实是自恋流行病所能带来的少数可能的好处之一。此外，它也是消除自恋的一个方法：如果更多的人参与到帮助他人的行动中来，这便是对于自恋肤浅性的有效现实检测。波利·扬-艾森卓在《跨越自尊陷阱》一书中，采访过由传教士父母抚养长大的卡琳。她说，她在非洲遭遇到的艾滋病和死亡是"一剂化解所有高中琐事、衣服、大学申请、聚会、酗酒、性爱和八卦的完美解药。做点有意义的、崇高的事情——而没有说教或教条——是一个完美的宣泄出口。其他的事情都是愚蠢的。这才是'真实的'"。

第四部分

预后和治疗

section 4

Prognosis and Treatment

第十六章
预后——自恋流行病将传播多远、多久？

当第一批"婴儿潮"一代在1946年出生时，麦当劳还只是一家路边烧烤滩，服务员会端着托盘到你的车窗前兜售食物。到了1953年，它已经成为一家连锁店，很快便吸引了其他"快餐"饭店加入。仅仅两代人之后，美国几乎每个城镇都至少有一家快餐店，诸如肯德基、麦当劳和温蒂汉堡的连锁店已经拓展到了沙特和中国等海外市场。在印度，由于印度教认为牛是神圣的存在，因此麦当劳选用了羊肉来代替牛肉制作汉堡。

比起快餐店，自恋流行病的传播要容易得多。它不用建造房子，不用烹调食物，也不用雇佣员工。作为美国文化最肤浅的一部分，自恋价值观很容易地便被流行音乐、电影、电视，以及所占比重日益增大的互联网带到了世界各地。这些媒介潜移默化地美化着自恋风气，将其繁荣和自命不凡的光鲜表面展示给别人，而对于它所带来的边缘化和社会崩溃缺点则只字不提。当亚洲及其他地方的年轻人看到炫酷的美国英雄不用受惠于任何人时，他们可能也会觉得更加难以接受自己较传统的社会中那些严格的集体准则。

自恋就像是灵魂的快餐，短期之内很美味，长远来讲却会带来一些负面的，甚至可怕的后果，但依旧可以继续散发广泛的吸引力。所以，美式自恋会像麦当劳如今在中国遍地开花一样，蔓延至整个世界吗？换句话说，自恋流行病会成为全球性的瘟疫吗？自恋流行病会继续在美国不断增长，甚至也许是呈指数级增长吗？

自恋的疾病模型能让我们了解自恋流行病成长与扩散的可能概况。疾病需要一些特定条件才能演变成流行病：宿主（一个或者一群罹患某一疾病的人）、传播渠道（疾病在人与人之间转移的方式），以及新的宿主（一个或者一群被感染的人）。我们已经知道，随着时间的推移，美国人以及我们共有的文化都在变得越来越自恋。因此，宿主已经有了。而且，自恋也有了自己的传播渠道，那就是媒体和互联网。通过网络的魔力，引人注目的自恋行为可以迅速传遍整个世界。紧接着，其他感染上自恋流行病的文化又成为了利己主义、物质主义、名人崇拜、特权感和自我中心等快速传播型病毒的新宿主。流行病学家可以告诉你，由很多人和很多个点向外扩散的病毒能够迅速吞噬掉所有人类。

自恋流行病的全球性蔓延

西方观念扩散到原本相对封闭的社会，是一个较新的现象。基斯还记得自己1980年第一次去中国旅行的经历，当时他还是个十几岁的少年。他见到的中国人大多穿着清一色的灰褐色衣服，很少有人见过西方人。有一天坐公交车时，基斯（即使在年少的时候，他也非常时尚）播放着磁带上"The B-52's"乐队的歌曲《摇滚龙虾》（*Rock Lobster*），音乐从小喇叭上传送出来。很快便有一大群人聚集到公交车周围听这首歌，他们既被这种科技，也被从未听过的摇滚乐深深吸引了。

此外，美国的一些观念甚至也溜进了当时仍相对封闭的苏联。有些作家声称，美国电视节目《朱门恩怨》（Dallas）对东欧共产主义衰落起到了推波助澜的作用。"女人们非常渴望得到尤鹰（Ewing）家族女性的服装和宽敞的大厨房，男人们则对于拥有创造或挥霍自己财富的自由感到兴奋。"马特·韦尔奇（Matt Welch）[01]在《理性》（Reason）杂志上写道。在罗马尼亚，"如果你不知道要贿赂哪个人才对，那么你需要等10年才能买到蹩脚的达契亚汽车"，韦尔奇写道。《朱门恩怨》告诉了人们生活应该是什么样子。

虽然某些国家仍在一定程度上限制信息的自由流通，但世界上的大多数角落都已经暴露在明星崇拜、个人自由，以及物质主义等美国观念之下。这些社会最终是否会感染上自恋流行病，取决于其文化本身能够提供多少天然抗体。比如，中国和印度也许对于自恋或多或少有些天然的抵抗力，因为它们的集体主义文化价值观非常重视团结、遵守规则，以及紧密的家庭结构。然而，即使是这两国也显露出了一些令人不安的改变。

中国有着传承两千多年的强大儒家集体主义意识。这种儒家体系有着惊人的效用和适应力，现在已经与团结、统一等共产主义价值观融为一体，这一体系详细说明了个体之间的人际关系和行为，鼓励责任感、努力工作以及和谐，这正是自恋文化的解毒剂。不过，自恋依旧在这片崇尚儒家思想的土地上获得了立足点。

---

01 美国记者、时事评论员、《理性》杂志总编辑。

　　发生在中国的急剧变革已经使得中国传统与美式个人主义和寻求名望形成了一些有趣的融合。根据中国报纸报道，"国学辣妹"是一名网络红人，她声称自己是白居易的后裔，但是唱的歌听起来却像是美国嘻哈音乐，而且还在孔子塑像前摆出各种撩人姿势。"我最擅长勾引人，孔子也不例外。"她如此说道。虽然这种自恋行为很受欢迎，但也引来了许多非常直接的文化批评。时任《中国青年研究》杂志主编的刘俊彦告诫道："自恋可以理解，但应在一定范围内，把私下自我欣赏的东西拿到网络上展示就变成一种炫耀。但即便是炫耀也要有度，把不洁的、令人反感的东西拿来炫耀，有愧于作为一个文明人应有的教养，也有违社会公德。"但是，自恋流行病依旧在通过互联网不断传向中国。继"国学辣妹"变得非常受欢迎后，又很快出现了"二月丫头""流氓燕""天仙妹妹"和"石榴哥哥"等想要出名的网络红人。就像记者所说的那样："尽管有着很多不同之处，但这些想要出名的人都有一个共同的特点——自恋。"

　　不管这些寻求关注的风潮怎么样，亚洲人整体的自恋测试得分依然相对较低。在美国，亚裔美国人的自恋测试得分比其他任何少数族裔都要低。但是也有一些迹象表明，东西方之间的"自恋差距"也许正在逐步缩小。在2005年《商业周刊》举办的一场圆桌论坛上，来自中国和印度的专家都表示，两国的年轻人正变得愈加物质、独立、自信，以及以自我为中心。其中一人对此发表的评论是，中国的计划生育政策也许在不经意间，造就了被宠坏的、傲慢的年轻一代。换句话说，一项旨在解决人口过多问题、自上而下推行的政策，也许在无意间提升了人们的自恋水平。如今几乎每个中国孩子都受到六位长辈的照顾——四位祖父母和两位父母。这六个人都将注意力放在如何让孩子尽可能取得成功上。但是，在很多案例中，这样的做法带来的却是"小皇帝综合征"，那些得到太多关注与物质的孩子变得越来越有特权感、骄纵、自我中心——甚至肥胖。

北欧斯堪的纳维亚半岛的国家对自恋则有另一种不同的免疫力。传统上非常独立的斯堪的纳维亚人也非常重视集体主义，强调个体与社区之间的联系，但是强烈反对任何一位公民获得凌驾于他人之上的权利地位。斯堪的纳维亚人的这种态度与澳大利亚人为"高大罂粟花"（tall poppy，即比他人突出太多，需要被击败的人）贴上负面标签的做法非常相似。这对于美国人来说是一种非常新奇的概念，因为他们一出生接受的教育便是与众不同、比别人优秀是一件好事。像瑞典和丹麦这样的崇尚平等主义的国家，虽然也推崇高度的个人主动性和成功，但也有着一张非常庞大的社会安全网。这种体系会阻止少数人积聚太多的权力、金钱或者影响力，并同时为所有人提供医疗保健等基础服务。

这种类型的社会结构可以对自恋起到缓冲作用，因为它不允许人们过于强调自我的重要性。虽然如此，但自恋流行病还是通过互联网的力量成功溜进了北欧国家。一位网名为"Naturalselector89"（天选者89）的芬兰年轻人在YouTube上放了几个视频，在视频中，他不仅怒骂人们有多愚蠢，还表达了自己对于科伦拜中学和弗吉尼亚理工大学枪击案凶手及他们因此而获得的"名声"的崇拜之情。这位来自芬兰美好共有型文化的年轻人已经染上了这一疾病，认为杀人是一种成名的方式。2007年11月，他在图苏拉市的校园中枪杀8个人，然后结束了自己的生命。

就像许多寻求恶名的人一样，"Naturalselector89"也留下了一份宣言，但这绝不是什么好兆头。撰写宣言极少会有好的结局——问问"大学航空炸弹怪客"（Unabomber）[01] 就知道了。很显然，"Naturalselector89"认为他很特别。"如今的自然选择过程已经完全被误导了。整个过程反了过来。低智、愚蠢、意志薄弱的人比聪明、意志强大的人繁衍得更多、更快，"他写道，"智人，哈！在我看来更像是蠢人！看看我每天在社会、学校和其他地方遇到的那些人……我无法说自己也同属于这个差劲、悲惨、傲慢、自私的人类种族！不！我已经进化得比他们更高级。""Naturalselector89"也

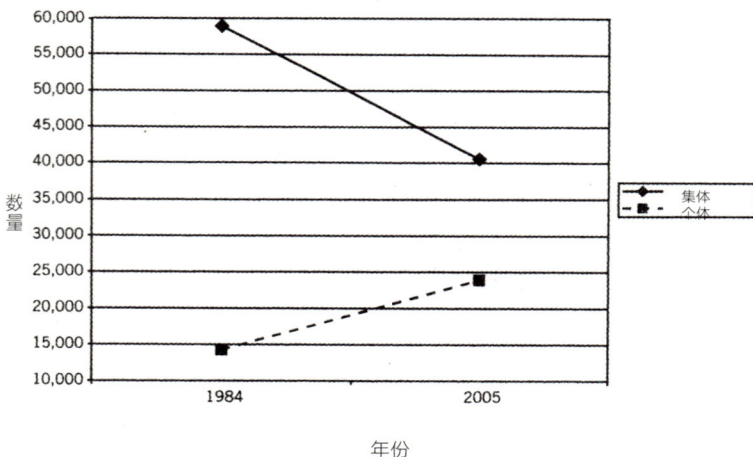

挪威报纸中表示集体价值与个体价值词语的出现频率，**1984—2005** 年

图 **19**

---

01 希尔多·卡辛斯基（Theodore Kaczynski），曾经的伯克利大学数学系助理教授、反科技"斗士"，在 1978 年到 1995 年之间多次邮寄炸弹给大学教授、航空公司，共致 3 人死亡、29 人受伤，并撰写过一篇宣言《工业社会及其未来》（*Industrial Society and Its Future*）。

催生出了一个模仿者，一个在YouTube上放自己开枪视频的22岁芬兰男子，后来于2003年9月在一所职业学校中枪杀了9个人。这些事件反映出，美国毁灭性的自恋行为——在这里指的就是大规模枪击——已经通过互联网直接散播了出去。

然而，斯堪的纳维亚文化所发生的重点转移远远不止几起校园枪击案这么简单。最近，有一项研究回顾了挪威主流的全国性报纸中出现的语言。结果发现，在1984年到2005年之间，"共同的/公共的/共有的""职责/义务"和"平等"等词语的使用频率出现了大幅下降，而象征个人主义的词语，比如"我""自由选择"和"权利"的使用频率却越来越高。因此，自恋式的语言甚至已经蔓延到了那些曾经强调集体重要性的社会之中。就像这一研究的作者所解释的那样，语言使用是文化向更加极端的个人主义方向转变的明显标志。

另外，有些文化中强大的集体性宗教认同，也可以对源自美国的自恋流行病起到缓冲作用。其中一种就是佛教，它为东南亚和喜马拉雅地区的国家和文化区域提供了强有力的价值观念。而且，这种观念似乎可以对自恋流行病起到缓冲作用。比如，与美国自恋者更喜欢那些可以让自己看起来风光的"花瓶伴侣"不同，泰国的自恋者们虽然也喜欢找"花瓶伴侣"，但从总体上讲，还是更倾向于选择那些懂得关心人的伴侣。所以，以佛教信仰为主、崇尚集体主义的泰国文化有一定能力缓冲自恋流行病所带来的冲击。当然，这种缓冲作用是否能够持续存在，还需要时间的检验。

另外一个例子是不丹，它也做出了努力，旨在将美国文化中更加注重物质的影响降到最低。为此，不丹政府不惜严格限制入境游客人数，而且还制定了保护佛教王国文化的经济政策。此举虽然造成了不丹经济发展缓慢的后果，但与此同时，也使得不丹与尼泊尔等邻国相比，少了许多文化动荡局面和环境恶化问题。然而，就连不丹也正在改变，近期由君主制转向了民主制国家。不丹的未来走向很值得期待。

自恋流行病如何影响全世界对美国的看法？

在全球性的媒体报道和互联网影响下，世界各地的公民一看到美国，就看到了自恋。美国显然并不完全是这样的，但其他地方的人们又怎么会知道呢？

看看这个例子。基斯在教本科生学习"认知图式"（cognitive schemas，一个描述知识结构的华丽术语）时，要求学生们列出自己想到苏格兰时脑海里所浮现出的事物。通常来讲，这一列表会是这样的：苏格兰短裙、风笛、威士忌、《勇敢的心》（*Braveheart*）、尼斯湖水怪和小矮妖等。虽然大部分学生都是苏格兰—爱尔兰人的后裔，但这却是一份被流行看法所扭曲的列表。尼斯湖水怪可能根本就不存在；小矮妖也不存在，而且那是爱尔兰而不是苏格兰传说；《勇敢的心》是一部澳大利亚导演拍摄的美国电影。在这一列表中，学生们从未提到过伟大的苏格兰思想家的名字，比如亚当·斯密（Adam Smith）和大卫·休谟（David Hume），苏格兰在欧洲政治中所扮演的角色，以及苏格兰艺术（尽管英语中的"picture"一词源自"Pict"，即苏格兰早期居民皮克特人），或者苏格兰近年来的经济复苏。学生们知道的，只是媒体描绘出的苏格兰漫画。

即使在美国境内，我们对一个地区的认识也常常会被电视报道扭曲。比如，简一家原本是明尼苏达州人，后来在20世纪80年代初搬到了德克萨斯州的达拉斯。他们生活在中西部地区的朋友很惊讶达拉斯人竟然不是戴着牛仔帽、花钱大手大脚、生活在农场里——毕竟，《朱门恩怨》里的每个人都过着那样的生活！[01]

现在再想象一下其他国家的人怎么看待美国。他们看不到我们历史上的伟大领袖、政治哲学，或者在艺术和科学领域所取得的成就。相反，他们看到的只是电影大片（尤其是动作电影）、电视节目、流行音乐，以及帕丽斯·希尔顿。很大程度上，我们呈现给全世界的是一个由绯闻和垃圾组成的面孔。基斯最近在一个澳大利亚广播节目中谈到了自恋在澳大利亚的传播。当谈到自恋在领导力方面所扮演的角色时，基斯提到了前纽约州州长艾略特·斯皮策的丑闻（他被发现经常与高价应召女郎鬼混）。随后，基斯开始解释这一事件的详细过程，因为他以为一个美国州长的新闻不会传播到澳大利亚。但是，它当然传到了澳大利亚，主持人向他保证，他们对于斯皮策的昂贵嗜好再熟悉不过了。太棒了——美国又得到了更多"宣传"。当其他国家的公民看到自己的孩子被美国文化观念所吸引，而背叛他们自己的文化和历史时，自然不会感到高兴。试着这样想一下：如果你只看过美国电影、电视节目和网站，你会喜欢我们吗？

---

01 电视剧《朱门恩怨》的英文原名为"Dallas"（达拉斯）。

美国不断盘旋上升的流行病蔓延趋势

人们常常问我们，美国人的自恋是否会继续增长？对于这一问题，在2008年上半年我们会毫不犹豫地说"会"。因为所有的指标都指出自恋仍呈上升趋势，有些甚至表明这种趋势正在加速。然而，在2008年末许多金融机构倒闭、整个国家陷入经济危机的泥潭之后，我们多少在预测的基础上退了一步：也许整个系统正在自我修正呢？随着高风险抵押贷款不断违约以及资金停止流动，自恋式幻想也开始纷纷坠机。在经济低迷时期，公司第一个开除的人将会是表扬顾问。接下来就将是那些整天牢骚不断、特权感较强的人和表现不佳的自恋者。随着房屋净值信贷额度逐步用完，贷款买好车或者做整形手术变得越来越难。能够买得起那些昂贵消费品的人更少了。信贷泡沫的破裂也许会耗光自恋生存所必需的氧气。尽管我们认为这并不能阻止自恋，但它确实可以在几年时间内减缓自恋流行病的蔓延速度。

然而，即使在经济困难时期，引发自恋的许多根本原因却相对不受影响。之前，我们列出了导致美国文化中的自恋不断滋长的五大关键因素：重视自我欣赏、以孩子为中心的教育方式、明星崇拜和媒体鼓励之风、互联网推动下的寻求关注行为，以及宽松信贷。其中的前四大因素依然在持续增长，甚至在经济低迷时期也可能不受影响；只有最后一个，也就是宽松信贷在慢慢缩减。

自我欣赏

就像我们在第四章中探讨的那样，人们对于自我欣赏的重视已经持续增长了很长一段时间。可能除1950—1960这10年之外，西方历史上过去的每个10年都在更多地强调个体需求，而非社会需求。已经存在了数个世纪的这一趋势可上溯至文艺复兴时期，而且我们并不认为它已经达到了峰值。由于在短期内自恋可以给人们带来好处，所以它自身的缺点需要一段时间才能显现出来，而在快节奏的现代社会中，当迷人却不诚实的魅力者最终得到报应时，大多数人已经不再围绕在其周围了。一项也许可以对重视自我欣赏起到缓和作用的事业是绿色运动，尽管人们是否愿意大费周章地抛弃已有的生活方式、走上绿色之路，还有待时间的检验。当下来看，人们的环保重点似乎是那些不会付出太多代价的事情——甚或是省钱，比如购买一辆普锐斯，从而省去很多买汽油的钱。许多人认为，大环境的改变只有在关系到人们自身利益时才会发生。这一论断与自恋流行病非常一致。经济萧条并不会对改变美国人自我欣赏的核心观念起到多大作用；事实上，许多人听到的是，在经济困难时期，他们需要"更加"相信自己才能取得成功。由于人们普遍认为自恋可以帮助自己在竞争激烈的世界中取得成功，因此在经济形势低迷时，人们甚至把自恋看得比平时更加必要。

子女教育

父母们已经开始意识到他们可能在过度表扬自己的孩子，这在一部分上得感谢《纽约杂志》2007年刊登的一篇精彩文章：研究表明，相比于告诉孩子她很聪明或者她是最棒的，表扬孩子的职业道德带来的效果要更好。然而，当简在一个电台访谈节目中表示我们不应该告诉孩子他们很特别时，还是有很多家长和老师感到非常震惊。家长们依然常常告诉孩子，他们是独一无二的，应该与众不同。"纪律"（discipline）正逐渐成为一个不堪的字眼，而溺爱孩子的父母们似乎挤满了所有的商店、动物园和公园。随着我们步入21世纪第二个10年，越来越多只了解自恋世界、理所当然地认为自我欣赏很重要的80后即将为人父母。

尽管有人也许会认为以自我为中心的父母会忽略或疏远孩子，但相反的是，许多这样的父母似乎是把自己的自恋转移到了孩子身上。他们觉得花很多钱给孩子买名牌服装没什么关系；给婴儿床购买完美的床上用品也是可以的；购买"益智"玩具和影片，为孩子终将要面对的激烈竞争做好准备，那不仅是没什么关系，更是必要的。总体来讲，我们几乎看不到子女教育方式对自恋流行病做出过任何反击或者调整，至少目前还没有。如果有的话，事情也在变得更加糟糕，因为新一代父母认为"'狗爪队'明星宠物"很"可爱"。这一转变非常彻底，以至于过去那些更加严厉的父母想要回归，势必需要一股很强的对抗力量才可以。这股对抗力量不太可能是经济发展。虽然金钱上的困难也许意味着父母给孩子买的东西更少，但它不太可能改变根深蒂固的教育方式。

明星和媒体

美国人对于明星的崇拜趋势正呈飞跃式增长。新的观念是，普通人也应该表现得像明星一样，而这在3年之前还从未有人听说过（比如，冒牌狗仔公司就成立于2007年）。整形手术率的爆发式增长似乎也根源于人们对明星形象越来越高的接受度。目前，人们对名人生活方式的兴趣还远远未达到饱和点。低迷的经济形势也不太可能会抑制人们对明星的兴趣；经济萧条往往与对逃避现实产生兴趣相一致。在过去七次经济衰退中，有五个时期的电影票销售量出现了增长。在"大萧条"时期，许多人甚至把自己微薄的可支配收入花在了看电影上。2008年也出现了同样的情形，电影收入达到历史新高。雇得起冒牌狗仔队的人变得更少了，但人们想要成名的欲望却并没有消失。

像电视真人秀这样的节目所带来的媒体影响，是另外一个保持增长的领域。电视本身就以来来往往的时尚而著称。尽管非常受欢迎，但《美国偶像》这样的节目也不可能永远播下去。另外，反映现实生活的真人秀节目，在收看MTV频道的年轻人中间很受欢迎，而且一直在被盲目模仿。这些节目倾向于展示最露骨的自恋，因为根据平斯基和杨的研究所显示，节目的主演都是些高度自恋的人。像《我甜蜜的16岁花季》这样反映现实生活的节目也给了主演们自我表现的自由，他们可以想怎么表现就怎么表现，想说什么就说什么（它们比起《美国偶像》这种大多数时间都是选手们在台上唱歌的节目，自由度要大得多）。虽然下一个伟大流行文化所带来的影响是什么，我们还不得而知，但基本不可能是关于那些贫穷、长相丑陋、对推销自己毫无兴趣的人。

互联网

互联网有放大自恋问题的潜能。当然，无论是做好事还是坏事，人们都可以使用互联网。互联网也不在乎你是更加注重推销自己、进行艺术创作，还是帮助全世界，因为它对这些事情都可以起到帮助作用。然而，我们怀疑人们使用互联网的很多方式都会继续增加自恋现象。

对此，至少有五点理由。第一，互联网进一步加强了个体自恋。比如，你可以拥有自己的网页、博客、YouTube频道，和电影公司。就像我们在第七章中讨论的那样，自恋的个体更可能使用这些工具来加强和巩固他们膨胀的自我形象。第二，互联网会鼓吹自恋行为。现在人们极为重视自我和自我推销。以MySpace为例，一位用户可以将一天中的大部分时间都花在修饰自己的公众形象上。此外，互联网上还出现了赢得注意的竞争，而"获胜"的方法之一便是自恋式的自我推销，包括展示自己衣着暴露的照片、结交"火辣"的朋友，声称自己在某一主题上学识渊博（即使实际上并非如此），或者将自己粗鲁、令人作呕或怪诞（或者是以上三种都有）的行为举止拍成照片发布出来。第三，有些人开始染上网瘾。许多人谈论"MySpace瘾"，或者用"瘾莓"（Crackberry）这一词语来描述他们不停用黑莓手机查收电子邮件的经历。这种瘾也可以与名望或恶名联系在一起。人们可能会被互联网寻求关注的那些方面迷住。第四，"正常"行为的标准也在发生着改变。其中有部分要拜互联网所赐，"正常"行为现在包括将个人想法和私密时刻分享给公众、挑逗与自我推销式的公共场合打扮，以及粗鲁的话语（读读YouTube视频下面的评论栏——它们甚至会让最粗野的水手都感到脸红）。因此，如今的社会行为准则已经变得更加自恋。第五，或许也是最重要的一点，互联网有着巨大的影响范围。随时都会有数百万的人可能看到你的网页或者你发布的信息。互联网传播自恋的效率就像跳蚤传播黑死病一样高。

很多研究表明，个体层面自恋的增长自2000年以来就在不断加速，这也许是因为越来越多的年轻人在使用MySpace和Facebook建构他们的身份。整个高中阶段一直在使用MySpace和YouTube的年轻一代如今即将步入大学，而他们身上的自恋特质也许会高到新的纪录。简而言之，互联网推动下的自恋问题是不会消失的。即使在经济困难时期，网络联系也被认为是一种生活必需品。为了避免无网可用，大多数年轻人和许多年长的人宁可每天晚上只吃日本拉面，或者搬回家同父母一起住。

宽松信贷

信贷是一个在不断收缩的领域——但也仅仅是在某些范围内而已。比如，在2008年，由于止赎率急剧上升，银行开始收紧房屋抵押贷款标准。现在，如果你的信用状况不是特别好，就很难像过去一样申请到房屋贷款。但是，银行依然在不断推出许多20年前没有的贷款产品，比如无本金贷款和40年期贷款。那些为了买大房子而千方百计扩张信用额度的人依然可以贷到款。这在2008年甚至一度更加容易做到，因为当时许多市场的"合格"贷款上限提高到了729750美元，这使得以较低利率申请到大笔贷款变得更加容易。

随着房产价值不断下跌，起初由房屋净值信贷额度（Home Equity Line of Credit，简称HELOC）所提供的信用额度已经被耗尽了，至少对于那些在过去几年买房的人而言是如此。这也许会对某些自恋性消费行为起到抑制作用，因为很多人在用这些贷款购买一些凸显自己社会地位的商品，比如一款新车。很显然，有些人已经在利用HELOC去获得另外一种社会地位——丰胸。breastenhancementfacts.com（丰胸事实）网站建议："对你而言，最明智的理财选择是努力得到一份HELOC贷款，（因为）它不仅利率最低，而且也许可以减免所得税。此外，借款人（可以）更加灵活地使用HELOC贷款，这意味着贷款可以被用在其他用途上，而不只是改善住房。"一个鼓励用免税贷款来做隆胸手术的社会显然是有问题的。但是，随着HELOC贷款的供给减少，整形手术率或许会开始下降。

但也许并非如此，如果人们像第九章中的邮局员工一样，选择刷信用卡支付整形手术费用的话。欠下巨额信用卡债务依然非常容易。就像斯格劳克在纪录片《信贷时代》中所讲述的那样，美国国会没有表现出任何要改革信贷业务的迹象。银行将继续发放信用卡，因为他们知道即使有人欠债不还，高额的利息也还是会让他们获得利益。美国政府也在继续给公民们树立"榜样"，国债每天都在增加。信贷问题是不会消失的，而新一代美国人比以往任何一代都更能接受使用信用卡。许多人甚至高中时就开始使用信用卡，这当然是他们那同样对使用信用卡习以为常的父母所提供的。不久前，20多岁年轻人的父母对于信用卡的态度还比较矛盾。比如，简的父母直到1990年才申请信用卡。与之相比，正在成长的80后则是被那些靠刷信用卡赊账买尿布的父母抚养长大的。与自己的父母一样，他们也将继续使用信用卡，让自己看上去比实际上过得好。这一点即使在经济困难时期也是如此；就像我们在第十章中指出的那样，生活在贫民区的人实际上要比生活在富人区的人更可能把钱花在炫耀性消费上。如果国家经济整体衰退，那么美国人甚至可能更有兴趣通过消费来证明自己的社会地位。如果人们完全理性，就会停止购买锦衣珠宝，开始为将来储蓄。可是，除非信用卡完全消失，否则人们依旧可能在当下展现高社会地位，然后再付款。

对自我推销的痴迷

其他方面所带来的影响也在推动自恋趋势持续上升。如今，人们将自我推销和个人特性看作进入好学校就读、找到合适工作的必要条件。实际上，许多人很难做到这种公然的自我推销，常见的做法是请同事看你的简历，并提出意见，使其具有更多的自我推销色彩，看起来"更有力"。还有专门的书籍，比如《自夸之道：如何巧妙地展现自我》(*Brag!: The Art of Tooting Your Own Horn without Blowing It*)，来告诉你怎样恰到好处地推销自己。如果失业率上升，更多人开始竞争工作岗位，这种自我推销也许会更容易被人接受。

但是颇具讽刺意味的是，所有这些自我推销在社会层面上却不太有用。能够进入精英大学、得到令人羡慕的工作，或者获得终身教授职位的人数一点儿也没有变。所有的自我推销在整体成功率方面没有起到任何作用。唯一的差别只是所有人都在推销自己，这导致社会对每个人的标准都提高了。然而，只要自我推销被看作一种优势，人们就会继续这样做，同时继续鼓励他们的孩子去推销自己。谁又能责备他们呢？

自恋的年轻人尤其没有理由做出改变，因为自恋所带来的负面影响要到以后才会出现。太快杀死宿主的疾病通常不会传播得很远。比如，埃博拉病毒（Ebola）和其他出血热便极少会传染很多人：因为一旦你的眼睛开始流血，人们就会离你远远的。可是，就像自恋一样，许多疾病只有在病毒扩散之后才会给宿主带来伤害。比如，艾滋病之所以传播得如此广泛，就是因为它杀死宿主的过程极为缓慢，而且几乎没有任何外部征兆，这使得携带者可以有充足的时间将病毒传染给他人。

自恋流行病的传播渠道看起来更像是艾滋病毒，而不是埃博拉病毒。自恋对个体"宿主"造成的伤害往往在很长一段时间内都不会显现出来。通常来讲，自恋者在外表上看上去很健康、很吸引人，至少在年轻人和陌生人身上是这样的。然而，对年长者而言，自恋却是一种具有破坏性的特质。你不仅失去了迷人的外表，你的行为也会让家人和朋友都离你而去。已经年满65岁，却仍在镜子前精心打扮，并开着豪华轿车的老人多半是可悲的。老年人的自恋并不是一种离开人世的好方式。但是，如果你很年轻、迷人又野心勃勃，自恋则会起到较好的帮助作用（尽管它不一定会给你的朋友和家人带来好处）。

以一位橄榄球教练的故事为例。一位年轻球员达阵得分后在达阵区手舞足蹈时，教练看着他说："你应该表现得习以为常才对。"这是一个让人看上去更加成熟的绝佳建议——或者至少在过去而言是这样的。然而，在当今的文化中，愚蠢的达阵区舞蹈却能为你赢得商品代言。在2008年奥运会百米决赛中，牙买加短跑选手尤塞恩·博尔特（Usain Bolt）在距离终点线还有20米时就开始捶着胸脯庆祝胜利。对此，国际奥委会主席雅克·罗格（Jacques Rogge）抱怨他缺乏体育精神。随即，美国和英国各大媒体开始嘲讽罗格，其中伦敦《泰晤士报》（*The Times*）甚至称他是个"与时代脱节"，依然紧抓着"严苛的道德准则"的人。一位美国报纸读者评论道："雅克·罗格应该停止批评尤塞恩·博尔特。博尔特只是在庆祝胜利，告诉观众自己非常自信。他只不过是为自己所取得的成就感到骄傲罢了。"这位读者显然已经忘记了骄傲应该展现在成功之后，而不是在过程中。《洛杉矶时报》的一位专栏作家则将博尔特的提前炫耀称为"取悦观众的夸张表演"，并称罗格为"过时的老头"和"老顽固"。同样是这篇文章还推断道，这就是奥运会逐渐失去年轻观众的原因。自恋病毒已经实现了自己的目标：自恋如今被看作正常的，甚至是较好的行为。如果你不自恋，那就说明你落伍了。以前，在数百万名观众的见证下赢得一枚奥运金牌就足以说明一切——如今，你还需要为此加上一个感叹号。

只要自恋没有成长得太过迅速，导致宿主在有机会将其传染给别人之前就受到伤害，自恋之风就将继续繁荣下去。倘若自恋增长的态势持续加速，其所带来的后果将会更加糟糕。

未来将会怎样

我们在收集对于未来的预测时，猜测未来美国可能会出现一个叫作"国家自尊日"的节日。为了确保我们不是在预测一件已经发生了的事情，我们特地在 Google 上检索了一下。果然，已经有人打败了我们——不仅仅是在美国，就连一向以自力更生的个体而著称的新西兰也未能幸免。新西兰自尊日是一位叫作贾尼斯·戴维斯（Janice Davis）的妇女引以为豪的创造。最近，贾尼斯决定将其更名为国际自尊日。为什么不呢？就像斯图尔特·斯莫利（Stuart Smalley）[01] 可能会说的那样，那一天会很棒，很聪明，该死，人们肯定会非常喜欢的。贾尼斯在自己的网页上宣称，国际自尊日如今"距离超越《奥普拉脱口秀》仅有一步之遥（原文如此）……距离成为一种世界范围内的现象甚至已经不到一步"。像往常一样，美国人在相信自己是最棒的方面排在第一位：新西兰有自尊日，而美国有一整个月被称作"促进自尊月"（二月……糟糕的是它不是"提高温度月"）。

此外，我们也怀疑自恋流行病会催生出一个全国性的"自我节"，考虑到我们有父亲节、母亲节，甚至还有秘书节，这倒也说得过去。很显然，这实际上还尚未发生，尽管我们在网上发现有几个人在这样建议。

抛开这些愚蠢的做法，最大的问题是，如果自恋流行病持续不衰地发展下去或者继续加速，世界将会变成何种样子？考虑到我们的文化在过去30 ~ 40年间所发生的急剧变化，我们可以假定未来30 ~ 40年间的变化将会同样剧烈，而且在我们看来，将会非常极端。想象一下在短短的时间内可以发生多少事情。电子邮件才仅仅被广泛使用了大约15年，就已经占据了我们当今生活中的一大部分。许多年轻人认为电子邮件过时了，而偏爱发短信、网上聊天，和在社交网站上发布状态。20岁左右的年轻人和青少年将生活中的大把时间都花在了 Facebook 和 MySpace 等2004年之后才出现的社交网站上。不久前，孩子们还可以自由地在汽车后座上滚来滚去（甚至是躺在汽车后窗下面的置物板上），而现在

---

01 美国综艺节目《周六夜现场》（*Saturday Night Live*）中的人物，喜欢反复地说"我很棒，我很聪明，该死，大家都喜欢我"。

的父母如果没有让8岁大的孩子坐在车内的安全座椅上，就会引来人们的讨伐。这足以说明，文化可以迅速变化。但是，就像我们自己老化的过程一样，只有当回过头来翻看我们的结婚照，或者看到高中毕业纪念册上自己的发型时，我们才能真正意识到岁月带来的变化。（简在1989年毕业纪念册中的发型尤其好看，她把烫过的头发用发胶固定成了皇冠状。是的，那时候这样的发型非常"时髦"。）

如果自恋流行病持续发展下去，社会上必将出现更多的特权感、物质主义、爱慕虚荣、反社会行为和人际关系问题。然而，只要这一趋势发展得不是太快，我们也许就不会注意到它所带来的变化。父母也许会经常建议孩子们通过整形手术来"提升自信心"，就像我们现在鼓励孩子们戴牙套、穿合适的衣服一样。每个年轻人都将拥有数千名好友，但是他们也会因此花更多的时间来处理那些肤浅的人际关系，而相应减少经营更深层人际关系的时间。住房抵押贷款的还款期限将会变得更长，以至于购房者虽然永远都有还不完的债，却可以得到他们觉得自己应得的那种精致的生活方式。我们也许最终将变成一个巨大的"租赁社会"，人们不再需要先攒钱就可以立刻拥有豪奢的生活方式，然后一生都将背上还债的包袱。在某种程度上讲，这种方式让我们回到了过去，因为我们会造就出大量的契约奴仆。未来人的性格将会更加外向，在社交场合也更加自信——即使是那些最害羞的人也将在互联网上出现很多次——其中许多人将不断寻找下一次短暂成名或者兴奋的机会。信息技术的应用将会更加广泛，而这些技术会通过手机把人们的一举一动都广播到个人网站或博客上。未来，虚拟身份也许会变得像真实身份一样重要。

　　自恋流行病已经造成了严重的后果。首先，人们将大量的时间、注意力和资源由现实转移到了幻想上。与追求梦想相比，现在的人们更喜欢纯粹地做梦。我们的财富都是假的，都是宽松信贷的产物。其次，自恋已经腐蚀了人与人之间的关系。人们的注意力开始从较深的人际关系转移到肤浅的交际上，社会信任遭到破坏，特权感和利己主义之风开始滋长。

　　越来越多的人在追逐短暂、虚幻的名声，而不想为社会做出实实在在的贡献。即使是拥有真才实学的人，如今也在追求表面的名声，而不再看重本质。比如，自20世纪70年代中期以来，整形外科手术医生的人数增长了两倍，而内科医生的人数则仅仅增加了一倍。2002年选择皮肤科的医学院学生数量达到了1996年的十倍之多，因为皮肤科医生不仅可以靠肉毒杆菌赚到钱，而且还不用接听半夜打来的急诊电话。与此同时，那些不那么"性感"的专业则逐渐变得不受欢迎。比如，在2008年，仅有2%的医学院学生计划攻读普通全科。照这种趋势下去，基层医疗领域很可能会出现严重的医生短缺问题。

　　亲密关系的腐蚀和虚幻取代现实，这两个过程为世界描绘出了一幅凄凉的景象。它看上去就像是一个倒置过来的鸟巢：巢穴里空空如也，仅剩下一个正在腐烂的框架。

　　目前即将踏上工作岗位的新一代，他们的生命历程观察起来非常有趣。父母和老师一直都在给予他们夸大的反馈，他们在电视上看到的大多数节目也讲述的是富人们的快乐。小时候，他们仅仅是因为参加比赛便能得到奖杯，但作为成年人，他们中的许多人也许连找份工作都非常困难。过去几十年间的文化发展并没有让这一代人为将来所要面临的挑战做好准备。对此，许多人将会直面困难，开始更加努力地工作。剩下的人则会对自己的命运感到愤怒和沮丧，因为他们接受的教育是安逸和舒适都是自己理所应得的，但现实是如此不同。尽管人们在经济不景气时会将更多的注意力放在逛二手店和精打细算上，但对于物质和财富的欲望却不会随之消失。之前就出现过这样的情况：《我们发财了》（*We're in the Money*）这首歌就是在经济大萧条最严重时被创作出来的。

本质上讲，文化和经济必须要关注一点儿真实的东西。但现在，大多"真实"的东西正在逐渐向海外转移。俄罗斯和迪拜的主权财富基金正在用美国人向他们购买 SUV 进口汽油的钱，来购买美国的资产。美国国家科学基金会（National Science Foundation）开展的一项大型研究发现，美国大学的科学和工程研究成果在出现衰退，而同时亚洲和欧洲这方面的研究成果正日益增长。随着"宝莱坞"和其他外国本土电影市场的崛起，甚至连虚构作品创作——美国非常擅长的东西，比如拍电影和音乐制作——也在转移至海外。由于美国公司依旧沉浸在生产 SUV 的狂热中，越来越多的汽车开始在国外制造。就在不久前，全世界都还非常嫉妒美国的经济发展水平，但随后美国就进入了个人宽松信贷和巨额政府财政赤字盛行的时代。就像贾斯汀·考克斯（Justin Cox）在《时代周刊》中所说的那样，我们已经从海外借了太多的钱，以至于美国如今的头号出口商品竟然是债务。

只要人们继续热切期望得到虚假的反馈、沉浸于虚幻的亲密关系、更喜欢表面上的光鲜而非本质——也就是说，只要在人生这场游戏中虚幻可以压过现实——那么自恋之风便将继续繁荣下去。而只要自恋不断增长，我们就有可能看到一种越来越建立在夸大的自我认知、肤浅的人际关系、毫无羞耻的自我推销，以及过度寻求关注等虚假基础之上的文化。

但是，难道就没有强力的反弹吗？崇尚自由的70后造就出了保守的80后，就像迈克尔·J.福克斯（Michael J. Fox）[01]在电视剧《家族的诞生》中扮演的角色所完美诠释的那样，家中的儿子很保守，而父母却非常崇尚自由。但是，文化转变通常是线性的，不会出现反弹。尽管80年代的政治领域曾出现过反弹迹象，但那10年实际上更多的是在继续70年代的趋势，而不是逆转（比如，女性工作、民权，以及美国人口向南部阳光地带的迁移）。与之相似的是，我们目前尚未看到任何对于自恋流行病的真正反击。大多数人甚至还未意识到自恋的存在。他们看到的只是零零碎碎的现象——这里出现了位明星，那里发生了一起大规模杀人事件——而不是自恋的全貌。然而，自恋流行病也有可能因为传播得太远，而被大众坚决拒绝。少数几个小型的反潮流运动也暗示了这样的反击，比如"简约运动""房子不用大"，以及倡导做"YAWNs"（young and wealthy but normal，年轻、富有但普通的人）。经济困难也许会击退自恋流行病的某些症状，比如整形手术和过分的物质主义。但是，如果我们必须下赌注的话，我们将把赌注压在自恋流行病会继续蔓延，而不是反潮流上。因为，引发这场流行病的大多数根源依然根深蒂固地存在着。

然而，还有另外一种可能——一种甚至更加让人害怕的可能：自恋流行病可能会在一场重大的经济和文化巨变中得到扭转。而且，有可能会是自恋流行病自身引发这种社会崩溃。2008年的金

---

01 演员、作家、制作人、社会活动家。

融危机也许只是自恋式过度自信击垮长期制度的第一步。到目前为止，它只是以政府救助的方式催生出了一个新的特权感时代，但是如果这些措施不能发挥作用，致使整个经济受到感染的话，结局可能会变得非常难看。

但也许这样的崩溃将在实际上扭转形势。比如，"大萧条"便造就了崇尚努力工作、重视集体利益的一代公民，后来二战时，他们在抗击暴政的斗争中进一步建立起了性格。美国历史上有些最伟大的时刻恰恰就出现在面临最严峻挑战之时。那些艰难时刻让美国远离了喧嚣的20世纪20年代——那也是一个自恋的时代，但远无法与今天的自恋水平相提并论。另外一次经济崩溃可能会造成类似的效果。或者，可能出现一场流行病（就像1918年的流感一样），或是环境灾难。近期，种种迹象都在暗示着以上这三种可能性。我们不知道这样的崩溃是否会发生，当然我们也不愿意看到这种情况，但是这些动荡局面也许真的可以抑制自恋流行病的蔓延。

那么，如果自恋流行病正在加速蔓延至全世界，我们就真的一点儿希望也没有了吗？难道我们必须通过社会崩溃的方式才能改变现状吗？对此，我们可以高兴地说，答案是否定的。包括个人和社会在内，人们可以通过做很多事情来抑制自恋流行病的蔓延，而且大多数事情甚至不用花一分钱。

第十七章

治疗自恋流行病

在电影中，自恋的角色常常会奇迹般地得到治愈。以自我为中心的人或被催眠（《庸人哈尔》，*Shallow Hal*），或被电击（《男人百分百》，*What Women Want*），或者看到自己的未来（《圣诞颂歌》，*A Christmas Carol*），或者陷入时间的循环（《偷天情缘》，*Groundhog Day*），或者受到狙击手的威胁（《狙击电话亭》，*Phone Booth*），或者被可爱的小孩子迷住（《甜心先生》，*Jerry Maguire*；《圣诞怪杰》，*The Grinch Who Stole Christmas*）。不过其中最为直接的当属《意外的人生》（*Regarding Henry*）：片中自恋的角色头部中弹后，突然变成了一个很好的人。以上这些在电影中都是很有效的情节设计，但在真实世界中却起不到任何作用——我们也不建议你用枪击头部的方式来治疗心爱的自恋者。

应对流行病的方法有好有坏。当SARS(Severe Acute Respiratory Syndromes，严重急性呼吸综合征)最早在中国出现时，大众迟缓的反应使其迅速蔓延到了好几个省份。然后，当2003年SARS开始在全球范围内蔓延时，国际反应较为迅速，很快分离出致病病毒，中国政府也全面动员对受害者进行隔离处理，并鼓励人们佩戴口罩以预防进一步传染。结果，这种疾病基本上已经完全丧失威胁力。这与艾滋病的发展过程非常不同——艾滋病在传播了很多年后，人们才开始采取一些预防措施。同性恋群体一直在努力让旧金山的公共浴室继续营业。异性恋群体因为它是一种"同性恋才会患上的病"而忽视了这一问题，根本没有注意到这种流行病，直到影星洛克·哈德森（Rock Hudson）在1985年死于艾滋病。其他国家也否认艾滋病的存在，或者对引起这一疾病的因素争论不休。截止到2007年末，全世界已经有超过250万人死于艾滋病。

这些疾病模型为对抗自恋流行病提供了一些有用的指导。首先，人们需要知道如何辨别自恋流行病及其症状。此外，人们也需要明白，无论是对社会还是对个人而言，自恋终究不是一种良好的人格特质。它也许会让你自我感觉良好，也许会带来成功的感觉（有时候甚至也许能带来一些短期的成功），但这些都不值得让我们付出长远的代价。自信没什么不对，但过多的自信就会演变成自负。

人们对于自恋流行病的意识也许在不断增强（尽管速度缓慢），我们也希望这本书可以对这一过程起到帮助作用，但是了解自恋的最大障碍，实际上是自恋症状的广泛性。爱慕虚荣、自我推销、物质主义和恶劣的社会行为彼此间都联系在一起。整形手术、信用卡债务、被录下来的暴力视频、极端物质主义和成名欲望的增长，都是相互交织在一起的趋势。辨别自恋流行病的关键，就在于了解隐藏在这些趋势背后的自恋。

一旦辨识出自恋流行病的症状，就要立刻采取行动避免，或者阻止其蔓延。对于许多疾病而言，第一道防线都是隔离。我们还没有疯狂到建议成立自恋者集中营（每面墙壁都会安上镜子吗？），但隔离会自然发生。随着自恋者的自我中心态度变得尽人皆知，他们最终会被家人、朋友和同事所疏远。然而，自恋依然在繁荣发展，因为这些被疏远的自恋者会继续找到新的生活，从中捣乱。如果自恋者较难开始另一段人际关系或者找到新工作，就有可能会出现自然隔离。我们每个人都可以在这一过程中发挥作用。不要跟那些整天炫耀自己名贵手表的男人约会（即使他真的很迷人），不要雇佣那些表面上很自信、很有修养，只想知道公司可以为她做什么，却对自己可以为公司做什么一点儿也不感兴趣的求职者。

　　另外一种隔离方式是避免与自恋传染源接触。这也许意味着你要让自己免受明星八卦和高地位自恋者的影响。在互联网上，这也许代表你应该利用网络来加深和维护生活中的重要人际关系，而不是建立很多肤浅的"友谊"。此外，这也表示你要参与到那些支持社会价值观和慈善行为，或是在不受奉承的情况下能准确评估你的个人能力的活动中去。

　　然而，隔离并不是一种对治自恋流行病的完全有效的方式。就像艾滋病一样，一些最为明显的自恋症状常常要在后期才能被发现，因此隔离并不是一种较好的选择。其次，我们几乎无法避开鼓吹自恋价值观的社会力量，比如媒体或者消费者经济，除非你搬到像阿米什人（Amish）[01]那样与世隔绝的社区中。但即使那么做，你也不一定就是安全的。比如，有一些阿米什人就出演了一档名为《城市中的阿米什人》（*Amish in the City*）的真人秀节目。这是真的，我们并不是在开玩笑。

---

01 美国和加拿大安大略省的基督新教再洗礼派门诺会信徒，以拒绝汽车及电力等现代设施、崇尚简朴生活而闻名。

为自己和孩子做出改变

随着文化层面的自恋蔓延之势不断加速，许多仅仅是达到平均自恋水平的人也被卷入了爱慕虚荣、物质主义和特权感的旋涡之中。即使你没有那么虚荣，可是看到别人都在注射肉毒杆菌时，你也会受到诱惑。当奢华的婚礼变得很时髦时，举办一场简单的婚礼会让你觉得自己很寒酸、很微不足道。当别人的Facebook主页上的照片都很艳丽时，你那些普通的照片看上去就很可悲。这时，你需要退后一步，想想你陷入了什么样的处境。如果你有一位出身贫寒的亲戚，想想他会怎么看待你正在考虑的那些放纵。此外，想想私人理财专家口中所谓的"拿铁因子"（latte factor）[01]——你怎么才能把钱攒下来。在电视剧《欲望都市》（Sex and the City）中，卡丽（Carrie）抱怨她租住的房子变成了独立产权公寓，自己根本买不起。听到这些，米兰达（Miranda）问她在这儿生活的这些年里总共花了多少钱来买鞋子。卡丽算出数字之后，赫然发现自己就是这样把首付款挥霍光的。

安抚自我意识

2006年年底，一群心理学研究者齐聚在亚利桑那州弗拉格斯塔夫市，参加主题为"安抚躁动的自我意识"的研讨会——换句话说，就是研究抑制个体自恋的策略。基斯在这场大会上发表了演说，他记得与会者们围坐在壁炉前进行讨论，而屋子外面则飘

---

01 理财专家大卫·巴赫（David Bach）提出的概念，指人们日常生活中可有可无的习惯性支出（比如买咖啡），这些被浪费的钱财长期积累下来十分可观。

着小雪——这绝对比他坐在石棉地砖的实验室里，面对电脑的普通生活高级多了。研究人员们当时在讨论中用到了一些现在看来很奇怪的词，包括谦逊、自我同情和正念。

在很多方面，谦逊与自恋都是对立的。有些人误以为谦逊是一种很糟糕的行为，将其等同于羞愧或者自我憎恨。但实际上，谦逊与耻辱是不一样的。真正的谦逊是一种力量：一种在没有防御心的前提下，准确地看待和评估自我的能力（请注意我们在这里说的是"准确地"，而不是"消极地"）。我们的同事兼朋友朱莉·伊斯林专门研究谦逊，她发现谦虚的人常常会有朋友和家人相伴左右，支持着他们，让他们能够准确地看待自己。这种支持有时候来源于宗教，因为很多宗教也强调谦虚的重要性。总体来说，谦虚的人与他人有更多的联系。当你不再专注于自我膨胀时，就能更容易与他人以及更广阔的世界建立联系。许多人认为谦逊是甘地或特蕾莎修女这样的伟人才有的美德，但实际上，每个人都可以通过诚实地评估自我、记住曾经帮助以及支持过自己的人、真正地关心他人的生活，来做到谦逊。

另外一种治疗自恋的方法出自一个令人意外的来源：自我同情。人类发展领域副教授克里斯汀·聂夫（Kristin Neff）率先对此概念进行了研究。她在自己的书中表示，同情自己之所以会对治疗自恋起到作用，是因为"人们并不是总能成为自己想成为的人，或者得到自己想要的东西。当我们否认这一现实或者开始与现实斗争时，便会导致痛苦以压力、沮丧以及自我批评等形式增加。当这一现实被同情与善意的心态接受时，我们就会体会到更多的平静感"。同情自己指的不是崇拜或者尊敬自己，也不是为自己的卑劣行为找借口——它代表善待自己，同时做到正确地面对现实。"同情自己，你就不必再为了自我感觉良好而不得不比别人强。"聂夫在自己的网站 www.self-compassion.org（自我同情）上写道。同情自己的人更少表现出愤怒，更少对自己产生无法控制的想法，而且自我意识也会减轻；同时，他们会表现出更多的积极情感，更加快乐，面对批评时也会做出更具有建设性的反应。此外，自我同情也会带来好奇心、智慧、完成学业的动力，和对他人同情心的增加。

聂夫相信，同情自己是可以后天习得的，主要方法是冥想。她在自己的网站上列出了一系列更加直接的练习，将目标直接放在善待自己上。比如，她建议利用我们共有的人性，意识到"所有人类都很脆弱、有缺陷、会犯错，也会经历一些非常困难而痛苦的事情"。此外，她还建议我们暂时放下自己的状况，意识到自己所经历的痛苦情绪只会持续短暂的一段时间。

正念是传统佛教修行的产物，或许也会帮助我们减少自恋、安抚自我意识。正念指的是将意识放在当下（当下的思想、感觉和身体体验），并将消极的判断排除在外。这听上去很简单，但实际上并非如此。比如，吃饭时，你也许在想自己第二天必须要做的工作；当有人从你身边走过却没打招呼时，你也许会迷失在对自己外表的担心中，或者幻想着该如何报复。你的思想不仅在跳跃，而且也伴随着不断堆积起来的自我中心判断。为什么好运没有降临到我身上？我比那谁谁更聪明。他怎么敢那样跟我说话——我想教训他一下。

练习正念会让我们避免陷入生活中的每一条经验。这不仅会让你认识更加真实的世界，也会对人际关系带来很多好处，可以减少冲突，避免冲突失控。当别人说了一些你可能会理解为批评或挑衅的话时，你可以学着更加冷静地应对。减少与配偶、同事或孩子的争执，这足以成为练习正念的理由。

如果你信奉宗教，运用信仰中那些宽容、正念的部分也是安抚自我意识的良好方法。几乎世界上所有的宗教都在教导爱、同情与宽恕的理念。"己所不欲，勿施于人"的经典准则在许多宗教中都出现过。此外，无神论和世俗人文主义也鼓励与他人维持和谐、道德的关系。

这些策略中有很多都需要不断练习。个人的改变需要付出努力。在我们的文化中，大家都可以接受练习打高尔夫球这样的运动——虽然我们知道自己永远不会成为泰格·伍兹（Tiger Woods）[01]，但我们仍在努力提高自己的水平。此外，我们也接受学业和工作需要不断练习才能提高的观念。然而，人们对于改变自己也需要不断练习的观念却很排斥。自我欣赏的文化告诉我们要无条件地爱原本的自己。这很不幸，因为大多数的个人改变都需要练习和时间，而且我们不见得每次都能实现自己的目标。就像《平静祷文》（Serenity Prayer）中所说的那样："上帝，请赐予我平静，去接受我无法改变的；请赐予我勇气，去改变我能改变的；请赐予我智慧，分辨这两者的区别。"我们可以改变自己的某些方面，并且知道那种改变是明智之举。

练习个人改变的关键是设定一个目标（"我想把别人放在第一位"或者"我想体会那种不总是想着自己的世界"），并建立一套行动步骤（"我将每周抽出两个小时到慈善组织做义工""我将从事一项困难到让我无法想着自己的运动""别人说话时，我将

---

01 美国著名高尔夫球手。

试着不去插嘴"或者"除了购买生活必需品之外，不再去购物"）。如果可能的话，可以谋取实现这一目标所需要的一些社会支持。当你的孩子或者配偶知道你的目标，但是你却没能实现它时，那将是一件比较尴尬的事——但积极的一面是，朋友和家人可以鼓励你、支持你。坚持下去，将自己的努力记录下来。虽然这种方法无法很快见效，但它可能非常有效。

畅销书《改变自己，改变世界》(*Me to We*) 针对让世界变得更美好，以及在这一过程中改变自己的人生哲学，提供了很多非常好的建议。其中有些建议涉及改变思维方式。"你所担心的事情可以较好地反映出你将哪些事情摆在优先位置，"作者克雷格·柯伯格 (Craig Kielburger，他年仅 12 岁时便创立了一个旨在世界范围内帮助童工的组织）和马克·柯伯格 (Marc Kielburger) 这样写道，"你将焦点放在家庭、时尚、社群，还是全球社会？"将关注焦点放在感激自己拥有的东西上吧，而不是考虑没有的东西（作为奖励，心怀感激之情会增加幸福感）。其他的策略是简单地提供帮助和打造社群。他们建议，我们可以帮助新手父母照顾孩子，或者组织亲友的聚会活动。如同两位作者所指出的那样，帮助别人也会给自己带来好处——你不仅会变得不那么自恋，还可以变得更幸福。许多研究都发现，那些注重社会地位和物质主义的人更可能感到抑郁，而注重亲密人际关系的人则更幸福。

另外一项将自恋降到最低程度的练习，是关注世界上更广阔的社会联系。没有他人的大量支持，谁都无法存在。

最后，如果你无法停止满足自我，还可以将自己的自恋与帮助社会的行为联系在一起。如果有益于他人的自我推销（比如，捐足够多的钱让医院大楼以你的名字来命名），变得比其他形式的自恋更受人崇拜（如购买名贵的衣服、珠宝和汽车让自己看上去更加富有），那将会是一件很棒的事。成为一个曝光率高的改革者，为自己的社区带来一些积极改变；成立以自己的名字命名的基金会（或者只是给社区公园捐几把椅子，在椅子上的黄铜饰板上刻上自己的名字）；成为宗教组织志愿服务计划中的领导者。这些事情都可以让你获得他人的关注和崇拜——同时也会对社会起到帮助作用。

如何与他人建立联系——以及如何避免联系

一种减少自恋引发的消极行为的方式，是承认自己与他人之间的联系及共性。萨拉·康拉特、布拉德·布什曼和基斯对此做过两项实验，参与者在受到某个人的侮辱之后，会得到一次用让人感到痛苦的噪音来报复的机会。就像其他几项研究所显示的那样，自恋者在这种情况下通常会表现出较强的攻击性。然而，基斯他们的新实验加入了一点儿改变：有一半的参与者被告知，那个人与他们有某些相同点——或者是生日相同，或者是都有着同一种非常罕见的指纹。当自恋者与他们的对手有着某些共性时，他们就不再比不自恋的人更具有攻击性了。当我们认为自己与他人是相互联系在一起的时候，自我中心意识就会消散。

这是一条好消息：如果我们告诉孩子他们与别人有很多相似之处，就有可能治疗自恋性的攻击行为。然而，许多学校、家长和电视节目却在一味向孩子们强调每个人都是独一无二、与众不同的。令人难以置信的是，有一项学校课程向孩子们传达的是与治疗自恋完全相反的信息。这项名为"我是拇指人"（I'm

Thumbody）[01] 的课程，是加拿大安大略省公立小学三年级的标准课程（这正是另外一个表明自恋流行病已经蔓延到美国以外地区的例子）。这一加拿大心理健康协会（Canadian Mental Health Association）赞助的课程宣告："我就是我！整个世界再也找不出第二个像我一样的人。我有着自己所独有的拇指指纹。我是很特别的人。"告诉人们他们与别人有多么相似，可以降低人们的攻击性，但是这一课程却在向孩子们灌输他们彼此之间有多么不同。它甚至还告诉孩子，他们有着独特的指纹，这恰恰与减少自恋的信息相反（即你的指纹类型与某个人很相似）。尽管这一课程声称其目标是"增强自我发展以及建立成功人际关系的能力"，但它潜在倡导的却是可能通过自恋和攻击而破坏人际关系的态度。

世界上远非仅有这一项强调我们与他人有多么不同的课程（或者媒体信息）。一份教幼儿看护者帮助孩子建立自尊心的指南强调，要告诉孩子："你是一个非常特别的人。世界上只有一个你。"一个宣称"展现你的潜力"的网站这样问道："你想知道是什么让你与众不同吗？你在寻找'是什么让我如此特别、如此独特'的答案吗？了解我们每个人有多么独特，是解答我们是谁，以及人类为何存在问题的必要部分。"有些幼儿园还会让孩子们看着镜子中的自己，观察自己与同学有哪些不同。

这些行为不仅与致力于降低攻击性的研究相悖，也公然藐视千百年来的历史。在世界历史上，几乎每场战争和暴行都是由无法正确对待人与人之间的不同而引发的。部族、派系总是说他人

---

01 此处"Thumbody"与"somebody"发音近似，代指重要人物。

是不同的、错误的、缺乏人性的。希特勒把他认为与众不同的犹太人孤立出来，然后当成人类的共同敌人而杀死。中非的卢旺达惨案，伊斯兰教什叶派与逊尼派的历史恩怨，塞尔维亚与克罗地亚的世纪纷争，无不如此。白人奴役黑人，男人禁止女人工作与投票。强大的一方总是在强调他人与自己非常不同。

教导独特性不仅有可能增加攻击性，而且强调了一些相对细微的差别。是的，每个人都是独一无二的，但是在感情和挑战上，我们的相似处多于不同处。认识到敌人身上的共同人性，往往是阻止战争或其他冲突的第一步。

我们应该支持那些旨在培养解决冲突和交友能力的课程，而不是允许学校、家长和电视节目向孩子们传递他们有多不同、有多独特的思想。应该教孩子们如何礼貌、文明地与他人相处，以及如何解决与朋友之间的冲突。宾夕法尼亚州兰开斯特市的华盛顿小学是一所位于市中心的学校，学生之间经常会爆发冲突。在学校开始教孩子们如何通过调解来解决冲突之后，打架事件便开始大幅减少。该校的学生不是高唱着他们有多特别的歌曲，而是敲着鼓唱道："作为一名倡导和平的鼓手，我将与他人和平共处。"

其他项目也将焦点放在了交友技能上，比如杰瑞德·科尔汉（Jared Curhan）的《年轻的谈判代表》（*Young Negotiators*）一书就在教导13岁以下的孩子如何控制混乱，以和平手段解决冲突。科林·格雷戈里（Corinne Gregory）以一项为孩子们开设的名为"有礼的孩子"（PoliteChild）的礼貌课程而步入教育界，现在她有一项名为"社交智慧"（SocialSmarts）的课程。这项课程已被一些公立学校采纳，教授对所有人都有利的社交技能。格雷戈里表示，这一课程旨在"让孩子们意识到并不是'什么都以你为重点',如果他们想要交到朋友、想要成功、想要生活幸福的话,就必须考虑他人的需求、愿望和情感。颇具讽刺意义的是,通过为别人着想、给予别人礼貌与尊重,他们能更容易地得到更多自己想要的东西,自己不想要的则少了很多,因此这个人际关系方程式中的所有利益相关者都会从中受益"。格雷戈里还指出,采用这一课程的学校发现纪律问题和恃强凌弱行为减少了,老师和学生们的士气有所增加。甚至学习测试得分也出现了增长,其中学生们的阅读能力更是提高了20%。

当所有人都可以和睦相处时,对个体以及群体都是有好处的。从本质上讲,这些课程教导的都是同理心:能够站在别人的角度看待问题,当发生了一些很糟糕的事情时,能对他人的痛苦和遭遇表示同情。这才是我们应该教给孩子的最重要的一课,而不是告诉他们自己有多特别。

一项名为"同理心根源"的学校课程特别看重这些技能。这项专为小学生而设计的课程会邀请一位老师、一位家长和一个婴儿加入某个班级。通过与婴儿进行交流,孩子们开始了解婴儿的情感和需求,意识到其情感和需求与自己的非常相似。采用了这一课程的学校发现,打架和纪律问题减少了,而且学生们更乐于助人,社交技能也出现了改善。

然而,有些教授社交技能和冲突解决办法的学校,同时也在教导"我很特别"的思想。这是一种糟糕的想法——两者可能会相互抵消彼此所带来的影响。我们需要记住的重要一点是,通常来讲,一个孩子之所以会变成欺凌者并不是因为其自尊心较低,更多的时候是因为自恋:自恋的孩子在受到侮辱时会动手打人,而自尊心较低的孩子是不会这样做的（他们很可能什么都不做）。教导孩子他们有多特别只能让事情变得更加糟糕，而不是往更好的方向发展。

改变核心价值观

从根本上讲，自恋流行病的两条核心文化价值观是：自我欣赏非常重要，自我表达是建立个人存在感的必要条件。为了减缓自恋流行病的传播速度，这些价值观念必须得到修正。

一个选择是抵制文化唯我论——你不必通过崇拜自己、表达自己来彰显存在感。然而，对这些已经根深蒂固的价值观展开直接攻击，很可能会遇到强大阻力。当我们说所有人都不特别时，很多人表示难以相信。其中包含的情感如此强烈，以至于否定自我欣赏重要性的讨论常常看起来不切实际。在我们指出简单地告诉孩子们你爱他们是一种更好的做法时，有时人们会有所醒悟，但即使在那时，人们也认为孩子们必须喜欢自己，否则他们将会承担可怕的后果。这些观念已经深深根植于美国文化之中，使我们很难对其提出挑战。这就有点像告诉人们不必穿裤子一样难。

同样地，自我表达的重要性也深埋于我们的文化中。当人们讨论艺术课或创新课，或者去投票时，这些活动常常被限制在"自我表达"的框架之中。这是一种新现象。从历史上看，艺术与自我表达无关，创造性和投票也是如此——但是，倘若我们想将自我表达从讨论中剔除出去，则会面对很大的阻力。爱迪生说创新来源于90%的汗水和10%的灵感，但今天的文化却表示，创新来源于50%的灵感、10%的汗水和40%的自我欣赏。美国人非常喜欢他们可以表达自我的想法，而且我们很难说服人们，让他们相信这真的没有必要。

一种更加合理的方法也许包括重新定向和替代。我们可以努力减少人们对自我欣赏和自我表达的关注，同时将更多的注意力转移到我们共有的文化理想上，比如自由、自力更生和平等。我们在20世纪70年代成长时，孩子们的电视节目混杂着有关美国历史、政治、数学和语法问题的公益广告信息。早教动画片《校舍摇滚》（*Schoolhouse Rock*）中包括美国摇滚、语法摇滚、科学摇滚、乘法摇滚和金钱摇滚。每一个题目都被写进了朗朗上口的歌曲中。如果你现在年龄在30～40岁，或许还能知道这些曲子。值得注意的是，那时可没有关于自尊心、爱自己，或者表达自己的"摇滚"。

现在的公益广告则大不相同。美国历史、语法和科学等元素统统被抛弃，取而代之的是类似于虐待儿童、抑郁、偏见和青少年服用毒品的可怕元素，还有一些更加"积极"的元素，例如表达创新性和拥有较强的自尊心（NBC的公益广告合集就是一个很好的例子）。提到政府和投票时，它们的重要性常常直接与自我捆绑在一起。"妇女选民联盟"（League of Women Voters）的一条督促人们投票的公益广告，使用了"表达自己，让自己的声音被听到"的标语，这与以前强调投票是公民的一项义务的观点非常不同。这则广告的结尾甚至使用了与肉毒杆菌广告同样的标语："一切都在于表达的自由。"简一直以为这只是个巧合，直到她看到一条肉毒杆菌广告中的女主演与投票公益广告中的是同一人时，才恍然大悟。简还阅读了"妇女选民联盟"网站上的简介，上面说，它们的活动"旨在鼓励妇女在生活、政治和美容方面表达自我——尤其是通过为她们所相信的事情投票和照顾好自己的健康与肌肤"。所以，投票吧，但是不要错过你的肉毒杆菌美容预约！

这些公益广告生动地描述了美国人如今关心什么（我们自己），以及不再关心什么（知识与更广阔的世界）。现在的公益广告中几乎没有保留有关美国历史（却有大量的个人问题）、语法、数学或科学（有一些关于创新——但不是科学创新，而是自我表达方面的创新）的内容，有关自律和自我控制方面的信息也很少（却有一些有关自尊的信息）。

这些公益广告为孩子们描绘出了这样一个世界：到处都充满了让人真正感到害怕的东西；要学会容忍、富有创造力、表达自己、欣赏自己。为了治疗自恋流行病，最好改变恐惧和自我表达，将语法、数学、科学、历史和公民教育重新加入进来。我们甚至可以加入自我控制和储蓄等美德。有关复利的《校舍摇滚》怎么样？如果公益广告想要给美国人带来积极影响，它们需要开始将注意力放在自我以外的东西上。

自恋的政治

探讨文化转变不可避免地要涉及世界政治。总体上，因为不想将有关自恋的讨论变成典型的政治辩论，我们在本书中一直尽力避免谈及政治。从表面上看，自由派和保守派都反对自恋。左翼人士认为，如果拥有更多的集体主义价值观和公共项目（比如普遍医疗保障），国家将会变得更加富强，同时他们反对那些通过打压小人物而取得成功的贪婪大公司。右翼人士则认为，自恋在不断摧毁那些让美国变得强大的传统价值观，比如努力工作和自力更生。保守派也对自我欣赏的文化持反对态度，尤其是在它推崇自尊心胜过表现，或者拒绝奖励个人主动性的情况下。

两个派别都非常珍惜美国历史上的文化观念，其中左翼人士重视平等，而右翼人士强调自力更生。左翼人士不喜欢自恋催生出的物质主义和不平等的社会地位，右翼人士则不喜欢自恋呈现出的虚假。两派都想建立更加强大的社群，即使左翼人士注重社群层面的组织（"举全村之力"），而右翼人士则看重家庭层面的组织（"家庭价值观"）。两派都想看到更好的公民参与，尽管它们也许是基于多少有些不同的政府层面，并且是为了不同的目的。

作为本书的作者，我们深入讨论过这一问题，这在一部分上可能是因为我们两个分属于不同的政治阵营。简更加偏向民主阵营，将自恋看作整个国家集体价值观走向崩溃趋势中的一部分。基斯则更加偏向共和阵营，认为自恋是抛弃个人责任感这一令人感到不安的趋势中的一部分。尽管看待问题的角度不同，但我们两个都深深地被自恋流行病所困扰着。

在本质上，自恋流行病并不是由任何一个党派引起的，两个党派也都没有积极鼓励这一趋势。然而，它们都可以为打击自恋付出更多的努力。它们可以从推动公民参与开始。在1960年时，还有三分之二以上的公民会参与投票，但现在这一比例仅有二分之一多一点儿。公民知识水平也出现了下降。一次综合性的数据回顾发现，对于大部分政治知识类别而言，"如今高中毕业生的知识水平仅仅相当于20世纪40年代的高中辍学生，而如今大学毕业生的知识水平仅仅相当于早期高中毕业生"。尽管2008年的美国大选重新燃起了整个国家对于政治的兴趣，但为下一位"美国偶像"投票的人还是比给总统选举投票的人多。更加糟糕的是，越来越多的人可以说出《美国偶像》参赛者的名字，而不是最高法院大法官的名字。普通美国人更加感兴趣的是那些争取成名的歌手，而不是政治和公民学。

我们也需要两个党派推动共有的美国价值观：所有公民之间的基本平等，以及所有人都可以追寻梦想的自由。针对这些信念是如何被抵消的，就像有关战争、税率、枪支管理法或者言论自由等问题的争斗一样，可以在明智公民的政治辩论中进行充分讨论。这些都是会影响所有人的重要问题。将自己坐在水下，用玩具口哨演奏《天堂的阶梯》（*Stairway To Heaven*）的剪辑视频上传到YouTube上，则没那么重要。我们的文化已经掉进了在乎细枝末节的深渊中——只要这种细枝末节可以让你出名，大家就会趋之若鹜。

我们也意识到这种层面的改变可能是在做白日梦。我们希望两个党派中有人关心国家，我们也想看到一些严肃的政治辩论或者参与活动。无论更大程度的公民参与做出了怎样的决定，都很难想象会比现在更加糟糕，更民主、参与意识更强的民众将会给我们带来很多额外的好处。

改变社会实践

虽然改变核心的价值观念很重要，但倘若我们没有同时改变抚养和教育子女的方式、明星与媒体、互联网，以及经济等社会实践，那么即使这些改变可能成真，最终也将会变为徒劳。

抚养和教育

子女抚养是减缓自恋流行病的良好开始。父母们需要抛弃孩子是宇宙中心的观念。有时，父母很难做到这一点，因为他们一直以来被灌输的观念就是，成为特别之人是被爱的必要条件。但实际上事实并非如此。你可以爱一个孩子，但不必去想他是否能成为世界上最棒的孩子。从某种角度来看，这恰恰就是成熟的爱。一旦深陷热恋之中，人们常常会产生一种理想化的感觉，会充满激情，认为他们伟大的另一半不可思议地完美。虽然这种状态让人感觉很好，却不能持续下去，因为它是虚假的。在更加成熟的恋爱关系中，尽管伴侣有自身的缺点，但双方依然深爱着。这种爱情往往更加长久，更能让人感到满足。事实上，比起你的伴侣不了解你实际的样子与缺点，接受你的缺点的爱更能让人感觉到真实。

此外，爱强调人与人之间的联系，而特殊性则强调差异。那些真的认为自己很特别的人很难与"一般人"建立联系；同样地，将"一般人"与"特别人"联系在一起也很困难。假设你是一个努力与"一般人"谈恋爱的名人，即使你并不认为自己很特别，但如果对方认为你很特别或者与众不同，那么恋爱关系也很难形成。相对地，真正了解一个人的优点和缺点的爱，才是建立亲密情感关系的正确道路。而且，这种深层的情感关系常常可以起到预防自恋的作用。真正的朋友不会让友人变成傲慢的混蛋。

要将焦点放在教导孩子同理心与怜悯方面。在他们帮助别人时给予表扬（"你帮了弟弟，这非常好"）。及时对恶劣的行为进行惩罚，但不要体罚孩子，因为那只会破坏你的重点，应该暂停或没收他们的特权。跟孩子谈论一下别人的感受，这样他们才可以明白每个人都能体会到相同的情绪。如果你正在学步的孩子说："宝宝在哭。"你应该回答，宝宝可能是饿了或者累了，就像他有时也会如此一样。教孩子崇拜真正的英雄——那些帮助别人的人，而不是电视上肤浅的榜样。另外，要以身作则，对孩子的感受表现出同理心，同样重要的一点是，要对其他孩子和成年人的感受一视同仁。

此外，父母应该设定一些限制。近来人们似乎忘却了一条简单的养育法则：不应该让孩子总能得到自己想要的东西。父母依然非常擅长在我们知道不好的事情上划下底线，比如吃太多糖果、伤害其他孩子，或者年纪太小时接触太多性爱。但是，我们的自恋文化已经让许多其他事情的底线变得更加模糊。幼儿园小女孩开始看《汉娜·蒙塔娜》这样的电视节目——其中虽然没有性爱和暴力镜头，但是在向孩子们兜售成名、富有以及虚荣等充满诱惑力的自恋梦想。小男孩们玩暴力电子游戏，在其中完全不顾别人的生命——与认为这样可以帮助他们"释放压力"的观点恰恰相反，那些玩暴力游戏的人在现实生活中更具攻击性。青少年，甚至是11、12岁的小孩子，也在闹着要有自己的MySpace主页。虽然父母们坚持只能在上面添加自己的朋友，以防遇到"性捕食者",但是他们也许没有意识到,即使只有"朋友"可以访问,这些网站也可以塑造出全套自恋性格。

自恋分数较高的大学生表示,他们的父母比较纵容孩子。尽管短期会面对妥协的压力,但将溺爱程度降到合理水平则可能会让孩子们的自恋程度降至最低。有时候,孩子想要的和他们需要的完全是两回事,满足他们的需求并不总能让他们学会以后生活所需的自控能力。

我们想做的最后一件事,是不再做"万事通"父母,或者更加糟糕的痴迷于自己行为的父母。我们两个也与这些问题做过斗争,但往往收效不佳。基斯的大女儿有五套公主睡衣,其中几套上甚至印着好几个公主。(他常常安慰自己:至少她没有宣布自己是位公主。)简发现她自己也会问刚刚学步的孩子想要什么,然后又意识到孩子也许并不知道自己想要什么——而且也绝对不会总是知道什么样的东西适合自己。(凯特17个月大时便可以清楚地说出"披萨",21个月大时便可以清楚地说出"曲奇"。)我们两个也都意识到,作为父母,我们所能做的只有这么多,因为还有很多其他强大的力量在塑造着我们的孩子,从同龄人,到教育,再到媒体。我们尽到了自己最大的努力,已经不再期待完美。

放弃教育完美子女的方式,也许实际上是一种对抗自恋的好方法。在这个信息爆炸的社会中,现在的家长们想要帮孩子塑造生活的方方面面,以保证孩子们的安全,并帮助他们取得成功。虽然这样做可以对孩子起到很好的推动作用,但事实上常常会做过头。我们已经忘记了,孩子们偶尔失败一次没什么关系。问问成年人,大多数人会告诉你,他们在自己表现不佳的情况下,反而能学到最多。那些总是能够赢得胜利的孩子会形成一种自己是无敌的、比别人更好的观点。然而，现实世界会让他们感到非常震惊，由于过度相信自己，他们很难从挫折中学习。

教育改革也是对抗自恋流行病的必要条件。在学校里，对于自尊心的过度重视必须改变。不要再让孩子们唱"我很特别"的歌；不要再灌输"人人都是赢家"的思想。基斯的女儿有次拿着打着"A＋"的试卷回到了家。他猜测这是因为学校没有从"F"到"A"的印章。我们并不是说必须告诉孩子，他们并不特别或者是失败者——抛开这个问题吧。如果想让自己的孩子身体健康，你不用让他唱有关自己的肌肉有多发达的歌，而是可以让他尽量多运动。同样的道理也适用于成功。除了学习之外，我们还应该注重培养孩子对学习的热爱、效能感（"如果努力学习，我就可以掌握一个主题相关的很多知识"）、与他人和谐相处的能力，以及高度的自律意识与情感韧性。自尊心较低的人相对容易取得成功，但面对挫折时，缺乏自控、自律，或情感韧性的人则很难成功。

孩子如果为在学业、运动或者个人行为方面表现不好而感到难过，这并没有什么。他们可以从较差的表现中学到东西，还能获得机会与鼓励，继续提高自己。（请注意，这并不代表孩子觉得自己活着没有价值，只是说他对自己的表现感觉不好而已。）这种从失败中学习的能力在人生中有着十分重要的作用，在那些不那么提倡"特殊性"的文化中做到这一点相对容易很多。孩子们的体育课程应该停止给所有参与者都发放奖杯；只有第一名或者前三名才能得到奖杯，这完全没有问题。最近，基斯女儿参加的足球队还就这一问题引发了激烈的辩论。在一场决赛中，孩子们选择躺在球场上（或者，像基斯的女儿一样，在和自己的影子跳舞），而不是努力踢球。由于对手进了球（这并不让人奇怪），一位家长问起今年谁会捧得奖杯。基斯避开孩子们说,整支球队的表现糟糕透了,这些孩子都不配拿奖杯。其中一位家长赞同地与他击掌,但另一位则认为,为了鼓励孩子,需要给他们颁发奖杯。这场自恋流行病的小型爆发最终以妥协方式平息了下来:所有孩子都会得到一张裱好的集体照。这将会帮他们记住这次与朋友们团队协作的经历,庆况足球季的到来。倘若所有人都拿到了奖杯,那将会向他们传递一种即使不用努力也能赢的思想。

真正的生活——比如上大学、升职或者成年后参加体育竞技——都不是以"人人有奖杯"的原则来运行的。与告诉孩子他们是胜利者相比,更好的做法是让他们学会如何有风度、坚韧地面对失败。在学术领域,我们发现这种"学会失败"的课程要比"你很特别"的信息更加实用。我们告诉学生,做学术是一场消耗战。大多数期刊都会拒绝80%,甚至80%以上的投稿,一个教员职位通常会收到一百份以上的申请资料。但是,如果你不断努力,失败之后又继续奋斗,最终还是会为自己赢得不错的事业。然而,如果你渴望不断获得关注和积极反馈,那你也许需要换一种事业。这种想法也适用于其他事业领域。

当然,父母还是应该鼓励孩子。关键在于给予特定的表扬,强调努力工作。与"你很聪明"相比,我们应该说的是"你在数学方面的表现真的很好。我能看出来你真的非常努力"。在孩子感到沮丧,认为自己做不了某件事时,应该让他们将注意力放在具体技能上,学会自己鼓励自己。许多体育教练也在运用这一技巧。比如,游泳教练也许会说:"不断练习你的翻滚转身——这次可以离池壁更近一点儿。我知道你可以做到!"而不是说:"你是一个了不起的游泳运动员,你是最棒的!"把注意力放在某项具体技能上，努力培养自我效能，这与培养自尊心和特殊感并不一样。虽然自我效能与成功的表现有关，但一味表扬通常是没用的，甚至会起到反作用。认为自己很优秀与相信自己可以做到某件事是两回事。与每个人都能得到奖杯相比，更好的做法是给孩子们一些具体的鼓励，这样他们不仅可以不断打磨自己的技能，而且也会在实际上赢得奖杯。如果他们的技能依然没有得到提高——也许是真的在足球方面没有天分——那也是可以接受的。那并不意味着他们必须放弃，只是说他们也许需要付出更多的努力才能踢好球。或者，他们可以选择另外一项运动，去发掘自己真正的才能在哪儿。

媒体

对抗自恋流行病也需要媒体做出改变。我们知道想要做到这一点非常困难——毕竟媒体的工作就是吸引人们的注意，通过广告赚钱。然而，媒体也需要承担部分的责任。布兰妮·斯皮尔斯和帕丽丝·希尔顿并不是国家能够顺利运转的中心。有少数几家不知羞耻的名人新闻媒体无伤大雅。比如，娱乐新闻网站TMZ就从未假装自己是严肃的新闻媒体。这有点像做成小饼干形状的谷物片——没有人会真的上当受骗。但是，如今我们越来越难以在所谓的"新闻频道"上找到真正的新闻，取而代之的是无休止的有关名人审判、死亡、酒驾指控、谋杀，或者愚蠢行为的讨论。

更让人感到困扰的是媒体对于大规模枪击事件的报道。媒体当然必须报道此类事件，但关于科伦拜中学枪击案凶手和弗吉尼亚理工大学枪击案凶手赵承熙的惊人报道量，传递出了这样一则信息：令人震惊的杀人行为是一种吸引关注的好方式。2007年底，一个年轻男子在内布拉斯加州一座购物中心内枪杀了多名购物者，情绪不安的他在事前留下了一封遗书，说自己现在终于出名了。在这起事件发生后的几周内，他确实出名了。为了打破这种循环，媒体报道杀人事件的语气和内容需要做出改变。与把这些大屠杀凶手描绘成复杂的魔鬼代言人相比，新闻报道应该将他们的真实形象描绘出来——通过残忍杀害他人而谋求出名的可悲之人。我们应该为这些凶手感到羞愧，而不是敬畏。

当美国媒体忙着讨论赵承熙惊人的邪恶计划及其短暂一生的每个细节时，他的祖国韩国则感到羞愧。韩国驻美国大使甚至公开为赵承熙的行为致歉。想象一下作为一个韩国青少年，听到这一消息的感受。你会认为这起大规模枪杀事件让整个国家蒙羞，而不是促使你也成为一个亡命之徒或冷酷杀手。那些想要以臭名昭著的方式让自己看上去更"有型"的人会意识到，这样做只会让自己、家人以及整个国家蒙羞。很难想象一位美国青少年会因为担心让家人蒙羞，而选择再三斟酌自己扫射学校的计划。他更可能会想到NBC讨论自己的绝妙计划的场景，尤其是在寄给媒体一套拿着枪的照片资料之后，就像赵承熙一样。

我们这个时代可以压制，或者至少修正的另一个媒体趋势是真人秀节目。想想如今的青少年都在看哪些电视节目吧，从《美国偶像》，到《我甜蜜的16岁花季》，再到《地狱厨房》（*Hell's Kitchen*），大多数都是真人秀电视节目。而且，其中很多节目所依赖的卖点，都是自负的参加者表现出的挑衅行为或自我膨胀。就像德鲁·平斯基的研究所发现的那样，真人秀明星是所有明星中最自恋的。大多数真人秀电视节目所描绘的都是人性肤浅、病态的一面,这在节目中被称为"真实";而且,这种状况会因为节目中"明星"获得的名声和财富,而变得更加糟糕。真人秀节目显然会继续存在,但是让这些节目抛开自恋,向更加成熟的方面改变,也许会对治疗自恋流行病起到帮助作用。放弃那些承诺会让人成名的比赛,转而举办其他一些比赛,奖励能够设计出最环保汽车的团队,或者可以想出最好的志愿服务计划来帮助水灾受害者的团队怎么样? 对于反映真实生活的真人秀节目,我们可以将很多情节放在穷人和中产阶级家庭如何努力支付每个月的花销上——那才是更接近现实生活的真人秀,而且依然能满足真人秀节目窥视真实生活的要求。看那些普通家庭决定他们是否可以负担得起幼儿园或好大学的费用,要比看有钱的孩子抱怨他们得到了一辆价值5万美元而不是10万美元的汽车,更鲜活生动,而且也会让观众意识到有多少家庭像他们一样,在同样的问题中挣扎着。

目前电视上已经出现了一些对抗自恋的解药。脱口秀节目《科尔伯特报告》(*Colbert Report*)以一位幽默而自恋的主持人为特色,他试图从嘉宾那儿抢夺观众的掌声,还会杜撰一些新词来更改现实,以符合自己的意图。动画片《南方公园》(*South Park*)播出过对帕丽丝·希尔顿的恶意模仿,直接要求父母教导孩子去崇拜更好的榜样。(在一集里,有一个女孩买了一款希尔顿代言的玩具,叫作"愚蠢骄纵女玩具摄像套装",其中包括"一副夜视镜、假钞、可以随手丢弃的手机,和16粒摇头丸"。)《歌舞青春2》通过剧中的夏佩,来嘲讽帕丽丝·希尔顿及其同类:抱着一只小狗,计划抢走可爱少女的男朋友。青少年可能还可以看得懂其中的含义,但对于3~11岁的孩子,也就是这一电影的主要观众来说,他们就无法理解其中的真正含义了。如果年幼的孩子也会接收到这样的信息，那还是有必要直接将自恋的消极后果陈述出来。

互联网

无论好坏，YouTube 等网站已经取代了媒体管理员的位置，开始让你"广播自己"。其所带来的好处是我们可以观看乐坛明星范·莫里森（Van Morrison）或斯坦福监狱试验（Stanford Prison Experiment）[01] 的老片子；坏处则是有数以千计的人为了 15 秒的出名，想要用毛毛虫方式过马路、让自己的狗驾驶 SUV，或者更糟糕，殴打班级里的弱者，让别人看到自己和朋友有多强大。Facebook 和 MySpace 等非常受欢迎的社交网站也有同样的问题，将受欢迎程度与自我推销联系在一起。这些网站是不会消失的。因此，我们最大的希望便是让人们意识到自恋流行病的存在，这样，互联网上那些最为明显的吸引他人注意的行为就会被忽视，并降低出现频率。但是，删除这些青少年打人视频对 YouTube 来说并没有什么好处，因为网络电视还在播放它们。更好的方法是忽略这种企图引人注目的行为，但是要先逮捕行凶者，因为借助于他们拍摄的愚蠢视频，你可以轻松地辨认出行凶者。

让年轻人，甚至是理当更能理解的成年人知道网络互动的负面影响，也是非常重要的。你的朋友也许觉得你的周末派对照片看上去很酷，但你将来的雇主却可能并不这样认为。全食有机超市（Whole Foods）的 CEO 以为他在网站留言板上匿名自夸是在帮助公司，直到他被人们发现，这让他看起来像是个十足的傻瓜。

---

01 1971 年在斯坦福大学的模拟监狱内进行的一项心理学实验，目的是研究人类对囚禁的反应，以及囚禁对监管者和被监管者行为的影响。

也许当人们意识到互联网自我推销的代价时，一些自恋行为或者自恋信息发布的数量会有所减少，而有品位、有趣或友善的信息则会增加。

等到开启MySapce和Facebook时代的年轻一代进入20多岁时，他们的个人主页也许会更少发布有关裸露照片和明星的内容，而着重于理想和思考。如果20多岁的年轻人改变社交网站上"酷"的标准，并在能引人深思或促进社会发展的网站上交友、发表意见，那么青少年或许会选择跟随他们。

信贷和经济政策

美国社会积极鼓励超前消费。想让自己看起来比实际上更富有、更酷，或者更成功吗？前12个月你不用付一分钱！这所带来的结果就是，整个国家充满了因购物而身陷巨额债务的人，而他们购买的商品在买下的那一刻就开始贬值了。得益于重视自我推销的文化，这种消费狂热正在加速发展。我们应该设法看穿成功的表象，实事求是地看待一个人——他们的性格、能力，以及对社会的贡献。长远看来，2007—2008年的房地产和抵押贷款市场崩盘也许会带来一些积极影响，使节俭的人和固定利率贷款再次流行起来，但不幸的是，这个教训让我们经历了那么多痛苦和折磨。

最大的问题是，美国政府所制定的政策会奖励欠债消费的人，而惩罚储蓄者。如果你用无本金贷款贷了100万美元购买豪宅，政府会在你的应纳税收入中扣除还贷部分，以剩余收入为标准来征收你的所得税。如果你转而决定每个月存款1000美元，以便后期可以用现金买下豪宅，政府则会向你的存款利息征税。此外，你挣到的钱也需要缴纳所得税。简而言之，美国政府付钱给美国人，让他们承担巨大的金融风险，享受超前消费。

更普遍的是，政府向储蓄而不是消费行为征税。如果你买了一辆新车，你不需要缴纳任何联邦税（只需缴纳地方销售税）。联邦政府在你和买车之间没有设立任何障碍。但如果你选择将3万美元存在银行中，存款利息就要课税，即使那些利息主要是用来弥补通货膨胀所带来的损失。在当前较低的存款利息之下，如果把钱存入标准储蓄账户中，由于通货膨胀和课税影响，实际上每年都是亏损的。难怪人们都不再愿意储蓄。

一个重要的解决措施是停止向储蓄行为征税，不再让人们因欠债而获利，并开始对消费行为征税。支持者称这一税收计划为"公平税"，它提倡以全国销售税来取代所得税。大多数提案都列出了一些免税的消费行为，以确保低收入者不被不公平地征税。解散国税局也许不太可能，但公平税能奖励成功，而不是用较高税金予以惩罚。作为一个享受到高昂房屋贷款税收减免的民主主义者，简起初也试图说服基斯不要支持公平税，但后来她还是赞同这也许是唯一可以立刻激励美国人储蓄而非消费的方法。至少，应该废除对储蓄行为征收所得税的政策。为什么要惩罚储蓄行为呢？这一点儿也不酷。但是从长远来讲，特别是甚至连自恋者也开始希望自己当初没有把大把的钱花在购买宝马车上时，这却能带来好处。

相对而言，国会几乎没有采取任何措施来监管信用卡行业。一个简单的改变就能带来很大的不同：不要给那些没有还款能力的人发放信用卡。现在，低收入者，以及收入很少或没有收入的学生，都可以很容易地获得高信用额度的信用卡。此外，监管机构还应该剥夺那些风险最高的房屋贷款的合法性，比如消极的分期贷款（后来你所欠的房款会更多）和没有任何"证明材料"的贷款（人们不用提供任何收入证明，就可以申请到贷款）。像浮动利率、只付利息这样风险相对较高的房屋贷款也应该有一些规范措施。因为这些贷款类型会让那些在财务上不负责任的人买得起漂亮的大房子，而那些想要靠30年期固定利率贷款买房的负责任的家庭，却买不起这样的房子。除了30年期固定利率贷款之外，人们还需要有其他贷款选择，这并没有什么问题，但是我们不应该让任何人在没有收入证明的情况下，申请到贷款。房屋贷款显然需要采取更多监管措施，因为高风险贷款虽然短期来讲非常吸引人——买家可以得到自己想要的房子，放贷人也可以从中赚到钱——但长期来讲，它却会伤害到所有人。虽然银行自身在2007年就开始收紧贷款标准，但这一方面依然需要更多的监管。总有一些小型的贷款机构为了赚快钱，而愿意冒巨大的风险。

即使国会没有采取任何行动，规模较小的机构仍然可以靠自身的力量带来改变。比如，大学应该减少校园里的信用卡广告。因为大学生很容易被信用卡的额度所诱惑，其中很多人在还不起信用卡账单时，不得不选择辍学。教会和基金会可以推出一些短期贷款，这样那些手头只缺几百美元的人就不必选择高利率的发薪日贷款机构了。学校应该教授一些金融知识，这也许是学生们在高中所能学到的最有用的课程。家长也可以提前在家教孩子们一些经济原则。有一项名为"分享·储蓄·消费"的项目便会教导孩子们养成健康的理财习惯。运用这一项目所提供的工具，家长和孩子们可以展开相关话题的讨论，例如"什么时候买促销品是好主意，什么时候是坏主意""什么是利率""什么时候买了一样别人觉得你应该拥有的东西"以及"一次旅行需要花费多少钱"。此外，这一项目还会通过问一些问题来鼓励分享与慈善意识，比如"与别人分享你的钱让你感觉如何"和"比起用你的名字来命名你最喜欢的慈善组织，命名一家你最喜欢的商店会更容易一些吗"等。

最重要的目标是，抛弃那种自己应该得到想要的一切，并且不必为此等待一分一秒的自恋想法。美国人在依靠无尽的债务建立起的幻想中生活得太过舒适了。但现实最终总是会击碎幻想——当这种情况真的来临时，它所带给我们的惩罚将会是立刻的、终结性的。

如果我们不……

作为一个社会，如果我们学会识别自恋，将支撑、传播自恋的力量降到最小，就有机会减缓自恋流行病的传播速度，并加以治疗。如果我们不愿做出这些改变，最终取得胜利的将会是现实。唯一的问题便是，我们的社会会在多久之后因自恋带来的压力而崩溃。

如今，随着许多大公司和金融机构的破产，以及政府对企业的救助失败，美国的经济基础已经开始崩解。但是其他领域的幻想依然固执地存在着，许多美国人依然醉心于自我欣赏、引人注目，同时想方设法让自己看上去火辣性感。许多人依然在靠信用卡赊账购买各种东西。如果这种趋势持续下去，将会给环境带来巨大破坏，因为越来越多的人觉得自己应该得到所有想要的东西，而且全球变暖情况急剧恶化。在自我中心主义和不文明行为的重压之下，我们的社会结构将分崩离析。随着自恋的美国消费者让自己陷入永久性债务之中，以及特权感较强的员工要求减少工作量、提高薪资，中国人将会抢走美国的经济优势。

我们希望自恋不会引发如此严重的危机。为了孩子着想，我们希望自己是错的。我们希望人们会改变他们自恋的关注点，不造成大规模经济衰退，也希望即便真的发生经济衰退，我们也可以很快复苏。再过几年，我们很乐意写一本名为《自恋主义的消退和美国的重生》（*The Retreat of Narcissism and the Rebirth of America*）的书。

附录：个体如何影响文化，文化又如何影响个体

在第二章中，我们讲到一项研究显示，不同代际之间的自恋水平出现了增长，即在特定文化中的成长经历是如何影响个体以及个体性格的。通常用来研究世界文化不同之处的文化心理学有最好的模型，可以了解文化与个体心理是如何相互影响的。比如，美国和日本对于社交生活、自我和家庭关系的理解就有着很大的不同。文化就像我们呼吸的空气，我们不会意识到它的存在，直到试着去呼吸别的东西（比如水）为止。当我们沉浸在不同文化中时，与"呼吸水"相同的感受也会出现。如果你在蒙古将自己的脚底冲着一堆火，或沿着逆时针方向在中国西藏的宗教场所走动，或在英国地铁里吃东西（这些错误基斯都犯过），那是会受到责骂的。当你试图违反文化时，才会感受到文化所施加的影响力。

当然，我们设法了解自恋流行病的方式，与传统文化心理学略有不同。我们当然对美国和其他国家文化之间的不同很感兴趣——在第十六章中我们讨论了全球范围内的自恋流行病蔓延情况。然而，大多数讨论都不是在比较不同大洲的文化，而是在重点探讨不同时间的文化差异。就像如今的日本孩子经历的文化与美国孩子完全不同一样，成长于20世纪50年代的美国孩子与成长于70年代或21世纪初期的孩子所体验到的文化也有着很大的

不同。

"文化与心理学的相互构成"（Mutual Constitution of Culture and the Psyche，以下简称为相互构成模型）解释了个体和文化是如何相互创造、相互强化的。这一模型最初是由黑兹尔·马库斯和北山忍（Shinobu Kitayama）发展出的，用以了解东西方文化之间的差异。我们将其进一步简化，运用到了解释自恋现象，以及不同时间段自恋现象的变化之上。

这一模型列出了过程的五个层次。首先是"集体现实"——文化的核心观念。文化是建立在观念和价值观基础之上的，包括道德以及个体在社会中所扮演的角色。比如，在西方社会，个体被看作自主的"自由人"。但是在亚洲社会，个体则被看作一个更大体系中相互依赖的部分。此外，集体现实也包括当前的政治、经济和生态。对于理解自恋流行病而言，"核心文化观念"的概念非常重要，因为我们认为（就像马库斯和他的同事在跨文化研究中所探讨的那样）美国的核心文化观念经过演变之后，包含了"自我感觉良好非常重要"的观念。我们将这种核心观念称为"自我欣赏的重要性"。

这一模型接下来的两个部分是"社会心理过程"和"个体现实"。它们包含所有对核心文化观念起到促进或消解作用的文化因素：教育体系、抚养子女的方式、媒体和法律体系。其中的一个例子便是，美国核心文化观念中的独立自主之所以能建立与维持，是因为父母给年幼的孩子很多选择，以培养他们的独立性（"晚餐想吃什么？""你想去公园吗？"）。在世界上其他许多地方，询问孩子想要什么非常少见。

这一模型最后的步骤着重于个体的心理与行动，比如个性或者其他个体差异和特殊行为。在很小的时候就被父母鼓励自己做出选择的美国人，将会在以后的生活中把自己看作独立的个体；他们的行为时时刻刻都在彰显自己的个性（"我想要一杯大杯的半咖啡因卡布奇诺，加豆奶和很多奶泡"）。

这些步骤解释了核心文化观念与个体性格和行为之间的关系。像个人主义价值这样的核心观念，有可能会出现在重视个体责任的法律体系（美国不会因为个体的犯罪而惩罚整个家庭或者社区），或者强调差异和独特性的教育实践之中（与之不同的是，其他许多文化会教育孩子们融入集体）。这些社会实践造成了特定的心理。比如，美国人认为独立性非常重要，于是也喜欢将所有东西都进行定制化处理的想法，从 iPod 播放列表到浴室用具都是这样。

此外，文化和个体之间也存在着一种相互关系：文化观念可以引发个体行为的改变，反过来个体行为也可以导致文化观念发生转变。倘若不是这样的话，文化在几十年间都将保持不变——但就像我们所了解的那样，事实并非如此。文化观念是通过习俗、实践，以及个体之间的日常交流体现出来的。

当文化对个体行为起到塑造作用，个体行为反过来又在改变文化时，便形成了反馈循环。诸如此类的反馈循环在自恋现象中非常常见。当少数几个人建立自我推销网站时，他们得到了自己想要得到的关注，所以现在拥有属于自己的自我推销网站成为了一件再正常不过的事，就连那些不自恋的人也有这样的网站。如今，这些个人网站甚至必须比别人做更多自我推销，才能引人注意。这样发展下去，网站将会变得非常讨人厌。

因此，文化本身确实可以自我改变。然而，由于文化体系中的各个部分具有互相强化的特性，所以文化很难发生急剧的变化。全面急剧的文化转变通常伴随着武力威胁。

因此，永久性文化转变的经典解决方案，不是直接挑战核心文化价值观念，而是吸收它们，让其融入新的愿景。有关这一点，一个经典的案例就是宗教在不同文化间的迁移。当基督教最初传入欧洲时，它吸纳了欧洲居民的民族特征和既有的宗教特点。因此，耶稣变成了一个金发碧眼的白人男子，冬至时的圣诞节要有一棵挂满小灯的圣诞树，春季的复活节则是用一只抱着彩蛋的兔子来庆祝。相同地，当佛教从印度传至欧洲与亚洲其他地方时，佛陀——历史上是一个印度人的形象——变得更像是希腊人或者东亚人。在中国，佛教融入本土文化，成为禅宗。还有一个比较负面的例子：希特勒便是利用日耳曼神话、雅利安人的历史故事、"卐"字等古老符号，以及欧洲长期以来对犹太人的偏见，而崛起掌权的。虽然希特勒以一种非常丑陋、扭曲的方式阐释德国文化，但他在这一过程中确实利用了既有文化中的核心观念。

这正是自恋流行病形成的过程。我们从一种独立但以集体为导向的文化，转变成了一种认为自我欣赏是最重要的、自我中心主义是一个人取得成功的必要条件的文化，这么说并没有讽刺意味。而且，这些变化并不是独裁者、王室命令或者宗教裁判强加给我们的。相反，这些变化都是一点点慢慢积累起来的，因此它们看上去更像是我们的一个自然组成部分。

致　谢

简·M. 腾格

　　致谢将会非常简短，因为这本书的所有工作都是由我自己完成的。没人帮过我，就连我的合著者、代理人，或编辑也没做多少工作，即使他们提出过一些修改意见，也总是不对的。因此，如果你不喜欢这本书，那就怪他们中的某个人吧。倘若书中的内容你都喜欢，那就是我的功劳了。

　　如果我是一位写完一本有关自恋的书之后，还意识不到什么是自恋的自恋者，那么以上就会是我在致谢中想要写的话。不过我当然是在开玩笑——要是想把那些帮助过我的人为了完善这本书所做的工作都一一描述出来，那么我有可能会写满另一本书。真的非常感激他们。

　　按照惯例，在致谢中感谢合著者似乎并不多见，然而我要感谢基斯。许多人问我："这次同另外一位作者合作是种什么样的感觉？"对于这个问题，我的回答总是一成不变的："感觉太棒了。但那是因为我有一位非常棒的合著者。"虽然并未做过科学性的民意调查，但是我敢打赌，大多数人合作写书的过程不会像我一样顺利。之所以这么说，不仅是因为基斯在自恋研究方面成果卓著，而且他还愿意花很多时间去寻找各种数据，从房子大小到教育期刊中的文章都有。对于我在写作方面的完美主义，他总是表现得非常和蔼，甚至连我数次要求将图表上的刻度线位置调整0.1英寸的要求都可以容忍。除了我的丈夫之外，他是唯一一个让我了解到我对细节有多么吹毛求疵的人。每次在电话里跟基斯聊过几句之后，我总能感觉自己的日子过得更好（尤其是在他拿起电话，说出"欢迎来到地狱，我就是基斯"这句话的时候），因此，我希望我们将来还能有机会再一起创作。

如果罗伊·鲍迈斯特1998年没有在一个偶然的机会下聘用基斯和我作为其实验室的博士后，并为我们提供帮助和卓越的建议，这本书将不会存在。不仅如此，罗伊还是首批意识到自我感觉良好并不全然是一种恩惠的人之一。他对于自尊心和自恋的研究也是首批发现积极的自我观念也有阴暗面的研究之一。在我的整个职业生涯中，在克利夫兰实验室读博士后的那几年是感觉最棒的，我很幸运，从那时开始就把我的同事当作了朋友来看待——我希望我们能成为一生的好友。

能够与出版界最优秀的三位女士合作，我感到无比幸运。简而言之，我的经纪人吉尔·尼瑞姆（Jill Kneerim）太棒了。就像合作《我一代》时一样，她将这本书从一个有关自恋及其给社会带来的消极影响的不成熟想法，变成了你现在所读到的一本内容广泛的文化分析书籍。我要感谢吉尔为本书所做的一切，从结构到封面。我们的编辑莱斯利·梅瑞狄斯（Leslie Meredith）的工作也很了不起，她将零散的观点塑造成型，避免了我们不断重复自己所说过的话。在此，我要特别感谢莱斯利提到的《南方公园》中的"愚蠢骄纵女玩具摄像套装"和人们对于尤塞恩·博尔特在奥运会上不成熟的庆祝行为的争论。到现在为止，妮可·卡里安（Nicole Kaliar）已经陪我走过了两本书的创作过程，我再也找不到比她更好的宣传员，或者合作起来感觉更舒服的人了。妮可的组织能力和对待工作的热情都是无与伦比的。此外，我也要感谢杰西卡·埃尔金（Jessica Elkin）、卡拉·克伦（Cara Krenn）和唐娜·罗弗雷多（Donna Loffredo）为本书所付出的孜孜不倦的努力。（卡拉，我尤其需要感谢你提醒我，让我知道世界上竟然有一首歌唱着"我相信世界应该围着我转"。）

我也要向几位在本书提到的研究中付出努力的学生和同事表示感谢。首先是和我一起战斗的伙伴约书亚·福斯特，他是美国南部能用最快速度做出美妙的 Excel 图表或者很棒的图形的人（我的最爱是：穿着印有"这儿我说了算"字样的衬衣的孩子，或者也许是印着"关于我的全部"的女孩钱包）。就像我的项目合作者布拉德·布什曼和萨拉·康拉特一样，我的学生艾莫蒂什·阿贝贝（Emodish Abebe）、莉娅·邦兹和布里特妮·金泰尔（Brittany Gentile）在书中提到的一些项目上也付出了不懈的努力。此外，我也要在此感谢伊莉斯·弗里曼给了我一次在湖木教会亲身体验训诫的机会。

另外，我也要在此感谢那几百位慷慨地付出自己的时间，在 www.jeantwenge.com 网站填写在线调查的人。极具讽刺意味的是，一项有关自恋的网上调查却是在以其中一位作者的名字作为域名的网站上进行的，感谢你们没有计较这一点。我们的调查参与者在他们的故事和意见中，真的敞开了自己的生活和心扉，对此我深表感激。他们那些生动的故事描绘出了许多美国人对于我们的自恋文化所感受到的挫折。我也从我的本科学生那儿，得到了很多意见、问题和故事——感谢你们的热情和诚实。在全国各大公司和大学举办的《我一代》一书的演讲中，我也从听众身上学习到了很多。感谢"我们一起长大"中了不起的伙伴们，尤其是吉娜·古斯曼（Gina Guzman）和希瑟·麦克贝斯（Heather McBeth），感谢你们逗我的女儿开心，整天在鞋掉了之后帮她穿鞋。

许多朋友和同事都在足够礼貌地倾听我对这本书、另外一本书，或者最近研究的抱怨。大卫·阿莫尔（David Armor）、肯·布卢姆（Ken Bloom）、格雷琴·布罗斯彻（Gretchen Brosch）、杰夫·布莱森（Jeff Bryson）、史黛西·M.坎贝尔（Stacy M. Campbell）、劳伦斯·查拉普（Lawrence Charap）、莫林·克劳福德（Maureen Crawford）、詹妮弗·克劳赫斯特（Jennifer Crowhurst）、乔迪·戴维斯（Jody Davis）、蒂埃里·戴弗斯（Thierry Devos）、内森·德沃（Nathan DeWall）、帕蒂·迪克森（Patti Dickson）、特雷西·杜那根（Tracy Dunagan）、朱莉·伊斯林、艾丽·芬克尔（Eli Finkel）、克莱格·福斯特（Craig Foster）、琳达·加洛（Linda Gallo）、理查德·格拉夫（Richard Graf）、杰夫·格林（Jeff Green）、克莉丝汀·哈里斯（Christine Harris）、肯德拉·海兰德（Kendrea Hilend）、布莱恩·霍夫曼、贝妮塔·杰克逊（Benita Jackson）、杰森·詹姆逊（Jason Jameson）、黛博拉·约翰逊（Deborah Johnson）、迈克（Mike）、凯莉（Kelly）、凯特（Katie）和费思·约翰逊（Faith Johnson）、萨拉·凯伦（Sarah Kelen）、达琳（Darlene）和里奇·卡比拉尔（Rich Kobylar）、瓦妮莎·麦克拉尼（Vanessa Malcarne）、大卫·马克思（David Marx）、大卫·G.迈尔斯（David G. Myers）、乔治·马特（Georg Matt）、克莱尔·墨

菲（Claire Murphy）、妮尔·纽曼（Nell Newman）、索尼亚·奥菲尔德（Sonia Orfield）、朱迪·普莱斯（Judy Price）、拉德米拉·普林斯林（Radmila Prislin）、卡拉·辛雷（Cara Schoenley）、亚当·沙阿（Adam Shah）、艾米（Amy）和保罗·托比亚（Paul Tobia）、凯瑟琳·佛斯（Kathleen Vohs）、罗宾·威尔信（Robin Weersing）、萨拉·昂斯沃斯（Sara Unsworth）、梅·叶（May Yeh）和史蒂夫（Steve）、伊娃·杨（Eva Yeung）。（如果你的名字没有出现在上面，那只能说明我太喜欢你了，不想让自己的牢骚烦到你。）

我的家人甚至倾听了我更多、更琐碎的牢骚和抱怨。在此，我想向我的父母史蒂夫（Steve）和乔安·腾格（JoAnn Twenge）说声谢谢，谢谢你们多年来一直给予我支持（也要提前谢谢你们一直以来对我的孩子的照料，因为现在我已经说服你们退休安享天伦之乐了）。此外，我还要在此感谢苏西（Susie）、朱迪·威尔逊（Jud Wilson）、戴夫（Dave）、阿曼达（Amanda）、乔伊（Joe）和查理·劳登（Charlie Louden），感谢你们成为了我最棒的姻亲（也感谢你们耐心地听我唠叨）。因为基斯的家人生活在南加利福尼亚，我在此也要感谢他们——尤其是要感谢埃里克（Erik）和凯瑟琳·迪巴洛（Kathleen DiPaolo）那么多次向我敞开家门，并且总是让我有种很受欢迎的感觉。简·莫宁（Jane Moening）、乔治（George）、汉利（Hanley）和奥利维亚·艾克伦-莫宁（Olivia Ekeren-Moening），我会常常想念你们的。马克(Mark)、凯西(Kathy)、凯特·腾格（Katie Twenge）和亚历山大·伯曼（Alexandra Berman），感谢你们在我的纽约之旅期间带给我无尽的快乐。金姆（Kim）、布莱恩（Brain）、艾比·沙波（Abby Chapeau）、萨拉（Sarah）、丹·肯利巴达（Dan Kilibarda）、比尔（Bill）、琼·莫宁（Joan Moening）、巴德（Bud）、帕特·莫宁（Pat Moening）、安娜（Anna）、达斯蒂·韦策尔（Dusty Wetzel）、玛丽莲（Marilyn）和雷·斯文森（Ray Swenson），感谢你们给我在明尼苏达州旅行期间所带来的欢乐。我想说的是"我要感谢一下我的双胞胎"，但是估计要是这样说了的话，克莱格（Craig）会和我断绝关系的。

因此，我会说"感谢我的天使"，因为我欠我的丈夫克莱格一个最大最大的感谢。在我所有的外出演讲期间，我从来不必为女儿的安全和健康担心——这种内心的宁静是我目前为止所收到的最好的礼物。克莱格，感谢你成为了我一直梦想的那位平等的伴侣，尤其是感谢你在我们第四次约会时，没有因为我让你填写自恋人格量表而选择逃跑。除此之外，你在自恋测试上的低得分，也是我们幸福婚姻的奥秘。

最后但很重要的一点是，我想对我的女儿凯特说声谢谢，谢谢你成为了这个世界上最棒、最特别的孩子。谢谢你在年龄大到足以读懂这本书，并意识到我在写你的时候依然选择跟我讲话。好吧，我的女儿凯特，再一次感谢你的好奇心、你的笑容、你的热情，所有的这些，即使是非常小的剂量，也足以令我感到无比开心。

W. 基斯·坎贝尔

这本书的写作过程是一次非常复杂的经历。有时让我感觉是在和一只熊摔跤；有时会感受到一些新见解所带来的快乐；有时发现这些新见解实际上是正确的，又会很痛苦；有时，见过了如此多的重大联系，我觉得将会有一架黑色的直升机飞来把我带走。

没有简的帮助，我根本不可能体会到这些。当我陷入绝望时，她会表现得很生气，但接下来的大声咆哮却会催生出书中很多最为奇妙的想法。我会像拍摄电视剧《迷失》(*Lost*) 一样，依照同样的结构和清晰的思路来编写某一部分；简则会删除其中夸张的部分，放弃倒叙的手法，使其最终变得非常棒。尽管如此，跟简在一起编写这本书的大部分时间都让我感到非常快乐。我希望未来我们还可以再度合作。

简和我从作为博士后在凯斯西储大学著名社会心理学家罗伊·鲍迈斯特的实验室工作时，就已经在并肩战斗了。因为这以及一些其他原因，我在此也要向罗伊表达自己的不尽感激。在凯斯西储大学读博士后期间，我很幸运可以在被罗伊教授纳入保护圈的办公室里，听着巴西爵士乐，聊着我们"宏大的想法"，来度过很多个夜晚。从很多方面来讲，这本书便是那一训练时期的成果。此外，我也要感谢康斯坦丁·塞迪基德斯 (Constantine Sedikides) ——没有人可以得到比他更好的学术导师和行为榜样了。

大约在20年前，我将自己的人生目标定为"与一群聪明人一起滑雪、一起玩乐"。后来，虽然滑雪这一目标未能实现，但我的确开始与很多聪明人混在一起。我旁边的两间办公室里，一间坐着一位文化心理学家，另一间坐着一位脑神经科学家，这是一件多么酷的事啊！脑神经科学家还经常在自己的办公室里备着一篮子糖。如果一一列出来的话，那我有太多非常棒的同事了，但是跟我讨论过书中一些想法的是史蒂夫·比奇（Steve Beach）、詹尼佛·博森（Jennifer Bosson）、布拉德·布什曼、布雷特·克利蒙兹（Brett Clemenz）、安迪·艾略特（Andy Elliot）、朱莉·伊斯林、艾丽·芬克尔、克莱格·福斯特、亚当·古蒂（Adam Goodie）、杰夫·格林、兰迪·哈蒙德（Randy Hammond）、布莱恩·霍夫曼、鲍比·霍顿（Bobby Horton）、迈克·柯尼斯（Mike Kernis）、卡尔·库纳特（Karl Kuhnert）、莱尼·马丁（Lenny Martin）、詹尼佛·麦克道尔（Jennifer McDowell）和凯瑟琳·佛斯。在这里，我尤其要感谢临床心理学家乔什·米勒（Josh Miller），他在我塑造自恋观点的过程中扮演着举足轻重的角色。感谢维姬·普劳特（Vicky Plaut）将我变成了一位文化心理学家——至少我自己是这样认为的，尽管并没有被文化心理学界正式接纳。

在学术界有这样一句名言："没有什么比拥有一群优秀的研究生更好的事，也没有什么比拥有一群糟糕的研究生更差的事了。"我足够幸运，不仅遇上了，而且遇上的都是一些优秀的研究生学生：乔什·福斯特（Josh Foster，现在南阿拉巴马州立大学任教）、艾米·布鲁奈尔（现在纽瓦克市俄亥俄州立大学任教）、查德·莱基（Chad Lakey，现在东田纳西州立大学任教）、劳拉·布法迪、伊丽莎白·克鲁塞马尔克（Elizabeth Krusemark）和布里特妮·金泰尔，如果没有遇到这些人，那将会是我一辈子的损失。毫不夸张地说，与他们合作是一种荣幸。我也要感谢那些在实验室辛勤工作的本科生研究助理、研究参与人员，以及所有曾经跟我聊过自恋、分享过他们的故事的人。

没有我的经纪人吉尔·尼瑞姆的指导和智慧，这本书将不会存在。她在这本书的创作过程中发挥了巨大的作用，将书中一些核心但较为模糊的想法变成了有趣的内容。跟她在一起工作也是一件令人愉快的事。同样地，我也要感谢我们的编辑莱斯利·梅瑞狄斯。她成功地将一本篇幅如此之长、情节如此纠缠的手稿，塑造成了看上去更通顺的书籍。除此之外，她也为本书的结构和概念提供了一些极好的想法。另外，我也要在此感谢杰西卡·埃尔金、卡拉·克伦和唐娜·罗弗雷多，他们一直在努力让本书不跑题，因此确实值得称赞。最后但很重要的是，我想要感谢我的宣传员妮可·卡里安，感谢她的热情和辛勤的工作，得以让除了我的母亲和祖父母之外的人也读到这本书。

在出版业之外，我想感谢一下我的父母，琳达（Linda）和丹尼·坎贝尔（Denny Campbell），感谢他们对我的全身心支持。凯瑟琳和埃里克·迪巴洛，感谢你们总是费尽心思让家人聚到一起；丽莎（Lisa）和埃里克·赖兴巴赫（Erich Reichenbach），感谢你们在事情触底反弹时带给我笑容；比尔·麦克马汉（Bill McMahan），世界上最好的人，感谢你陪我走过那段长途旅行；感谢所有的雅典市市民，是你们让生活在这儿成为了一件快乐的事情；斯科特（Scott）和詹尼弗·坎贝尔（Jennifer Campbell），感谢你们；卡罗尔（Carol）、凯文（Kevin）、丽萨（Lisa）、道格（Doug）、杰西卡（Jessica）、艾瑞克（Eric）以及许多其他人，感谢你们；McPhaul 的所有工作人员，感谢你们给予我女儿最诚挚的支持。

在我创作这本书期间，我的妻子史黛西（Stacy）成功完成了自己的博士学业，在佐治亚州谋得了一个学术职位（结果便解决了学术界经典的"二体问题"），抚养长大了一个女儿，如今又将另一个女儿带来世上。整个过程中，她都在不懈地支持我的写作和事业。她带给我的力量一直鼓舞着我，而且她对我的疯狂计划表现出来的容忍和松散管理让我一直感觉像一场梦。我真是个幸运的人。

最后，我想将这本书献给我的女儿麦金莉和夏洛特（Charlotte）。拥有一位幽默感里经常带有讽刺意味的父亲肯定不好受。用 20 分钟来回答一些你们甚至根本没打算问的问题，这可能会让你们永远失去将科学研究作为事业的兴趣。我想，将一年多的时间都花在写书上的父亲大概并不是你们心中理想的父亲。但是，当你们再过10年或者15年之后读到这本书时，我想你们会知道我很感谢你们，任何言辞都不足以表达我对你们的爱。

图表资料来源

图1.

Twenge, J. M., Konrath, S., Foster, J. D., Campbell, W. K., & Bushman, B. J. (2008). Egos inflating over time: A cross-temporal meta-analysis of the Narcissistic Personality Inventory. *Journal of Personality, 76,* 875-901.

图2.

Twenge, J. M., & Foster, J. D. (2008). Mapping the scale of the narcissism epidemic: Increases in narcissism 2002-2007 within ethnic groups. *Journal of Research in Personality. 42,* 1619-1622.

图3.

Stinson, F. S., Dawson, D. A., Goldstein, R. B., Chou, S. P., Huang, B., Smith, S. M., Ruan, W. J., Pulay, A. J., Saha, T. D., Pickering, R. P., & Grant, B. F. (2008). Prevalence, correlates, disability, and comorbidity of DSM-IV Narcissistic Personality Disorder: Results from the Wave 2 National Epidemiologic Survey on Alcohol and Related Conditions. *Journal of Clinical Psychiatry, 69,* 1033-1045.

图4.

PsycInfo database of journal articles in psychology and related fields, American Psychological Association.

图 5.

ERIC (Educational Resources Information Center, U.S. Department of Education) database of journal articles in education and related fields.

图 6.

LexisNexis database of newspaper and magazines.

图 7.

LexisNexis database of newspaper and magazines.

图 8.

United States Library of Congress database.

图 9.

Alwin, D. F. (1988). From obedience to autonomy: Changes in traits desired in children, 1924-78. *Public Opinion Quarterly, 52*, 33-52; and General Social Survey data, 1988, 1996, and 2004.

图 10.

United States Federal Reserve: http://www.federalreserve.gov/releases/ G19/hist/cc_hist_r.html (viewed online June 8, 2008).

图 11.

United States Federal Reserve, http://www.federalreserve.gov/releases/ housedebt/default.htm (viewed online June 8, 2008).

图 12.

National Association of Homebuilders, http://www.soflo.org/report/ NAHBhousingfactsMarch2006.pdf (viewed online June 8, 2008).

图 13.

National Association of Homebuilders, http://www.soflo.org/report/ NAHBhousingfactsMarch2006.pdf (viewed online June 8, 2008).

图 14.

American Society for Aesthetic Plastic Surgery, *Cosmetic Surgery National Data Bank Statistics, 1997-2007.*

图 15.

American Society for Aesthetic Plastic Surgery, *Cosmetic Surgery National Data Bank Statistics, 1997-2007.*

图 16.

Twenge, J. M., Abebe, E. M., & Campbell, W. K. (2010). Fitting in or standing out: Trends in American parents' choices for children's names, 1880-2007. *Social Psychological and Personality Science, 1*, 19-25.

图 17.

Bushman, B. J., Baumeister, R. F., Thomaes, S., Ryu, E., Begeer, S., & West, S. G. (2009). Looking again, and harder, for a link between low self-esteem and aggression. *Journal of Personality*, 77, 427-446.

图 18.

Campbell, W. K. (January 2006). "*Narcissism and romantic relationships.*" Paper presented at Relationships Preconference at the annual meeting of the Society for Personality and Social Psychology, Palm Springs, California.

图 19.

Nafstad, H. E., Blakar, R. M., Carlquist, E., Phelps, J. M., & Rand-Hendriksen, K. (2007) Ideology and power: The influence of current neo-liberalism in society. *Journal of Community & Applied Social Psychology, 17*, 313-327.

参考书目

　　我们在网站 www.narcissismepidemic.com 上设置了一个完整的附注单元，其中的可下载 PDF 文档包含了书中所有的资料来源。网站上还包括一个关于附录的 PDF 文档，收录了文化如何影响个体的模型、更多美国文化中自我欣赏的例子，以及更多自我欣赏的历史。以下，我们列出了书中提到的大部分学术期刊文章与相关研究书籍的章节。

Aalsma, M. C., Lapsley, D. K. & Flannery, D. J. (2006). Personal fables, narcissism, and adolescent adjustment. *Psychology in the Schools, 43*, 481-495.

Alwin, D. F. (1988). From obedience to autonomy: Changes in traits desired in children, 1924-78. *Public Opinion Quarterly, 52*, 33-52.

Alwin, D. F. (1996). Changes in qualities valued in children in the United States, 1964-1984. *Social Science Research, 18*, 195-236.

Baer, R. A. (2003). Mindfulness training as a clinical intervention: A conceptual and empirical review. *Clinical Psychology: Science and Practice, 10*, 125-143.

Baumeister, R. F. & Vohs, K. D. (2001). Narcissism as addiction to esteem.

Psychological Inquiry, 12, 206-210.

Baumeister, R. F., Campbell, J., Krueger, J. I. & Vohs, K. (2003). Does high self-esteem cause better performance, interpersonal success, happiness, or healthier lifestyles? *Psychological Science in the Public Interest, 4,* 1-44.

Baumeister, R. F., Smart, L. & Boden, J. M. (1996). Relation of threatened egotism to violence and aggression: The dark side of high self-esteem. *Psychological Review, 103,* 5-33.

Blair, C. A., Hoffman, B. J. & Helland, K. A. (2008). Narcissism in organizations A Multisource Appraisal Reflects Different Perspectives. *Human Performance, 21,* 254-276.

Bleske-Rechek, A., Remiker, M. W. & Baker, J. P. (2008). Narcissistic men and women think they are so hot – But they are not. *Personality and Individual Differences, 45,* 420-424.

Blickle, G., Schlegel, A., Fassbender, P. & Klein, U. (2006). Some personality correlates of business white-collar crime. *Applied Psychology: An International Review, 55,* 220-233.

Boden, J. M., Fergusson, D. M. & Horwood, L. J. (2007). Self-esteem and violence: Testing links between adolescent self-esteem and later hostility and violent behavior. *Social Psychiatry and Psychiatric Epidemiology, 42,* 881-891.

Boden, J. M., Fergusson, D. M. & Horwood, L. J. (2008). Does adolescent self-esteem predict later life outcomes? A test of the causal role of self-esteem. *Development and Psychopathology, 20,* 319-339.

Bosson, J. K., Lakey, C. E., Campbell, W. K., Zeigler-Hill, V., Jordan, C. H., & Kernis, M. H. (2008) Untangling the links between narcissism and self-esteem: A theoretical and empirical review. *Social and Personality Psychology Compass, 2, 1415-1439.*

Brunell, A. B., Gentry, W. A., Campbell, W. K., Hoffman, B. J., Kuhnert, K. W., & Demarree, K. G. (2008). Leader emergence: The case of the narcissistic leader. *Personality and Social Psychology Bulletin, 34, 1663-1676.*

Buffardi, L. E., & Campbell, W. K. (2008). Narcissism and social networking websites. *Personality and Social Psychology Bulletin, 34,* 1303-1314.

Bushman, B. J., & Baumeister, R. F. (1998). Threatened egotism, narcissism, self-esteem, and direct and displaced aggression: Does self-love or self-hate lead to violence? *Journal of Personality and Social Psychology, 75,* 219-229.

Bushman, B. J., Baumeister, R. F., Thomaes, S., Ryu, E., Begeer, S., & West, S. G. (2009). Looking again, and harder, for a link between low self-esteem and aggression. *Journal of Personality, 77,* 427-446.

Bushman, B. J., Bonacci, A. M., Van Dijk, M., & Baumeister, R. F. (2003). Narcissism, sexual refusal, and aggression: Testing a narcissistic reactance model of sexual coercion. *Journal of Personality and Social Psychology, 84,* 1027-1040.

Buss, D. M., & Chiodo, L. M. (1991). Narcissistic acts in everyday life. *Journal of Personality, 59,* 179-215.

Butz, D. A., Plant, E. A., & Doerr. C. E. (2007). Liberty and justice for all? Implications of exposure to the U.S. flag for intergroup relations. *Personality and Social Psychological Bulletin, 33,* 396-408.

Cain N. M., Pincus, A. L., Ansell, E. B. (2008). Narcissism at the crossroads: Phenotypic description of pathological narcissism across clinical theory, social/personality psychology, and psychiatric diagnosis. *Clinical Psychology Review, 28,* 638-656.

Campbell, W. K. (1999). Narcissism and romantic attraction. *Journal of Personality and Social Psychology, 77,* 1254-1270.

Campbell, W. K. & Baumeister, R. F. (2001). Is loving the self-necessary for loving another? An examination of identity and intimacy. In M. Clark & G. Fletcher (Eds.), *Blackwell handbook of social psychology (Vol. 2): Interpersonal Processes.* (pp. 437-456). London: Blackwell.

Campbell, W. K. Bonacci, A. M., Shelton, J., Exline, J. J., & Bushman, B. J. (2004). Psychological entitlement: Interpersonal consequences and validation of a new self-report measure. *Journal of Personality Assessment, 83,* 29-45.

Campbell, W. K., Bosson, J. K., Goheen, T. W., Lakey, C. E., & Kernis, M. H. (2007). Do narcissists dislike themselves "deep down inside"? *Psychological Science, 18,* 227-229.

Campbell, W. K. & Buffardi, L. E. (2008). The lure of the noisy ego: Narcissism as a social trap. In J. Bauer & H. Wayment (Eds.), *Quieting the ego: Psychological benefits of transcending egotism.* Washington, DC: American Psychological Association.

Campbell, W. K., Bush, C. P., Brunell, A. B., & Shelton, J. (2005). Understanding the social costs of narcissism: The case of tragedy of the commons. *Personality and Social Psychology Bulletin, 31,* 1358-1368.

Campbell, W. K., & Campbell, S. M. (2009). On the self-regulatory dynamics created by the peculiar benefits and costs of narcissism: A Contextual Reinforcement Model and examination of leadership. *Self and Identity, 8*, 214-232.

Campbell, W. K., Foster, C. A., & Finkel, E. J. (2002). Does self-love lead to love for others? A story of narcissistic game playing. *Journal of Personality and Social Psychology, 83*, 340-354.

Campbell, W. K. & Foster, J. D. (2007). The narcissistic self: Background, an extended agency model, and ongoing controversies. In C. Sedikides & S. Spencer (Eds.), *Frontiers in social psychology: The self* (pp. 115-138). Philadelphia: Psychology Press.

Campbell, W. K., Goodie, A. S., & Foster, J. D. (2004). Narcissism, confidence, and risk attitude. *Journal of Behavioral Decision Making, 17*, 297-311.

Campbell, W. K., Rudich, E., & Sedikides, C. (2002). Narcissism, self-esteem, and the positivity of self-views: Two portraits of self-love. *Personality and Social Psychology Bulletin, 28*, 358-368.

Campbell, W. K., Sedikides, C., Reeder, G. D., & Elliot, A. J. (2000). Among friends? An examination of friendship and the self-serving bias. *British Journal of Social Psychology, 39*, 229-239.

Carroll, L. (1987). A study of narcissism, affiliation, intimacy, and power motives among students in business administration. *Psychological Reports, 61*, 355-358.

Cassin, S. E., & von Ranson, K. M. (2005). Personality and eating disorders: A decade in review. *Clinical Psychology Review, 25*, 895-916.

Chatterjee, A. & Hambrick, D. C. (2007). It's all about me: Narcissistic chief executive officers and their effects on company strategy and performance. *Administrative Science Quarterly, 52,* 351-386.

Cho, G. E., Sandel, T. L., Miller, P. J., & Wang, S. (2005). What do grandmothers think about self-esteem? American and Taiwanese folk theories revisited. *Social Development, 14,* 701-721.

Crockett, R. J., Pruzinsky, T., & Persing, J. A. (2007). The influence of plastic surgery "reality TV" on cosmetic surgery patient expectations and decision making. *Plastic and Reconstructive Surgery, 120,* 316-324.

Donnellan, M. B., Trzesniewski, K. H., Robins, R. W., Moffitt, T. E., & Caspi, A. (2005). Low self-esteem is related to aggression, antisocial behavior, and delinquency. *Psychological Science, 16,* 328-335.

Dorsey, E. R., Jarjoura, D., & Rutecki, G. W. (2003). Influence of controllable lifestyle on recent trends in specialty choice by US medical students. *Journal of the American Medical Association, 290,* 1173-1178.

Downey, G., & Feldman, S. I. (1996). Implications of rejection sensitivity for intimate relationships. *Journal of Personality and Social Psychology, 70,* 1327-1343.

Emmons, R. A. (1984). Factor analysis and construct validity of the narcissistic personality inventory. *Journal of Personality Assessment, 48,* 291-300.

Emmons, R. A., & McCullough, M. E. (2003). Counting blessings versus burdens: An experimental investigation of gratitude and subjective well-being in daily life. *Journal of Personality and Social Psychology, 84,* 377-389.

Exline, J. J., Baumeister, R. F., Bushman, B. J., Campbell, W. K., & Finkel

E. J. (2004). Too proud to let go: Narcissistic entitlement as a barrier to forgiveness. *Journal of Personality and Social Psychology, 87,* 894-912.

Forsyth, D. R., Kerr, N. A., Burnette, J. L., & Baumeister, R. F. (2007). Attempting to improve the academic performance of struggling college students by bolstering their self-esteem: An intervention that backfired. *Journal of Social and Clinical Psychology, 26,* 447-459.

Foster, J. D. & Campbell, W. K. (2007). Are there such things as "narcissists" in social psychology? A taxometric analysis of the Narcissistic Personality Inventory. *Personality and Individual Differences, 43,* 1321-1332.

Foster, J. D., Campbell, W. K., & Twenge, J. M. (2003). Individual differences in narcissism: Inflated self-views across the lifespan and around the world. *Journal of Research in Personality, 37,* 469-486.

Foster, J. D., Shrira, I., & Campbell, W. K. (2006). Theoretical models of narcissism, sexuality, and relationship commitment. *Journal of Social and Personal Relationships, 23,* 367-386.

Foster, J. D., & Trimm IV, R. F. (2008). On being eager and uninhibited: Narcissism and approach-avoidance motivation. *Personality and Social Psychology Bulletin, 34,* 1004-1017.

Gabriel, M. T., Critelli, J. W., & Ee, J. S. (1994). Narcissistic illusions in self-evaluations of intelligence and attractiveness. *Journal of Personality, 62,* 143-155.

Heatherton, T. F., & Vohs, K. D. (2000). Interpersonal evaluations following threats to self: Role of self-esteem. *Journal of Personality and Social Psychology, 78,* 725-736.

Heine, S. J., Lehman, D. R., Markus, H. R., & Kitayama, S. (1999) Is there a universal need for positive self-regard? *Psychological Review, 106,* 766-794.

Horton, R. S., Bleau, G., & Drwecki, B. (2006). Parenting narcissus: What are the links between parenting and narcissism? *Journal of Personality, 74,* 345-376.

Johnson, J. G., Cohen, P., Brown, J., Smailes, E., & Bernstein, D. (1999). Childhood maltreatment increases risk for personality disorders during young adulthood: Findings of a community-based longitudinal study. *Archives of General Psychiatry, 56,* 600-606.

Joiner, T. E. & Metalsky, G. I. (1995). A prospective test of an integrative interpersonal theory of depression: A naturalistic study of college roommates *Journal of Personality and Social Psychology, 69,* 778–788.

Judge, T. A., LePine, J. A., & Rich, B. L. (2006). Loving yourself abundantly: Relationship of the narcissistic personality to self—and other perceptions of workplace deviance, leadership, and task and contextual performance. *Journal of Applied Psychology, 91,* 762–776.

Kaplan, L. S. (1995). Self-esteem is not our national wonder drug. *School Counselor, 42,* 341-345.

Kasser, T., & Ryan, R. M. (1996). Further examining the American dream: Differential correlates of intrinsic and extrinsic goals. *Personality and Social Psychology Bulletin, 22,* 280-287.

Kim, H., & Markus, H. R. (1999). Deviance or uniqueness, harmony or conformity? A cultural analysis. *Journal of Personality and Social Psychology, 77,* 785-800.

Kitayama, S., Markus, H. R., Matsumoto, H., & Norasakkunkit, V. (1997).

Individual and collective processes in the construction of the self: Self-enhancement in the United States and self-criticism in Japan. *Journal of Personality and Social Psychology, 72,* 1245-1267.

Knee, C.R., & Zuckerman, M. (1996). Causality orientations and the disappearance of the self-serving bias. *Journal of Research in Personality, 30,* 76-87.

Knee, C. R., & Zuckerman, M. (1998). A nondefensive personality: Autonomy and control as moderators of defensive coping and self-handicapping. *Journal of Research in Personality, 32,* 115-130.

Konrath, S., Bushman, B. J., & Campbell, W. K. (2006). Attenuating the link between threatened egotism and aggression. *Psychological Science, 17,* 995-1001.

Kwan, V. S. Y., Kuang, L. L., & Zhao, B. (2008). In search for optimal ego: When self-enhancement bias helps and hurts adjustment. In H. Wayment & J. Bauer (Eds.). *Transcending Self-Interest: Psychological explorations of the quiet ego.* Washington D.C.: American Psychological Association.

Lakey, C. E., Rose, P., Campbell, W. K., & Goodie, A. S. (2008). Probing the link between narcissism and gambling: The mediating role of judgment and decision-making biases. *Journal of Behavioral Decision Making, 21,* 113-137.

Markus, H. R., & Kitayama, S. (1994). A collective fear of the collective: Implications for selves and theories of selves. *Personality and Social Psychology Bulletin, 20,* 568-579.

Mattia, J. I., & Zimmerman, M. (2001). Epidemiology. In W. J. Livesley (Ed.), *Handbook of personality disorders: Theory, research, and treatment,* (pp. 107-123). New York: Guilford.

Menon, M., Tobin, D. D., Corby, B. C., Menon, M., Hodges, E. V. E., & Perry, D. G. (2007). The developmental costs of high self-esteem for antisocial children. *Child Development, 78,* 1627-1639.

Miller, J. D. & Campbell, W. K. (2008). Comparing clinical and social-personality conceptualizations of narcissism. *Journal of Personality, 76,* 449-476.

Miller, J. D., Campbell, W. K., & Pilkonis, P. A. (2007). Narcissistic Personality Disorder: Relations with distress and functional impairment. *Comprehensive Psychiatry, 48,* 170-177.

Miller, J. D., Campbell, W. K., Young, D. L., Lakey, C. E., Reidy, D. E., Zeichner, A., & Goodie, A. S. (2009). Examining the relations among narcissism, impulsivity, and self-defeating behaviors. *Journal of Personality, 77,* 761-794.

Morf, C. C., & Rhodewalt, F. (2001). Unraveling the paradoxes of narcissism: A dynamic self-regulatory processing model. *Psychological Inquiry, 12,* 177-196.

Murray, S. L. (2005). Regulating the risks of closeness: A relationship-specific sense of felt security. *Current Directions in Psychological Science, 14,* 74-78.

Murray, S. L., Holmes, J. G., & Griffin, D. W. (1996). The benefit of positive illusions: Idealization and the construction of satisfaction in close relationships. *Journal of Personality and Social Psychology, 70,* 79-98.

Murray, S. L., Rose, P., Bellavia, G., Holmes, J. G., & Kusche, A. (2002).

When rejection stings: How self-esteem constrains relationship-enhancement processes. *Journal of Personality and Social Psychology, 83,* 556-573.

Nasser, M. (1988). Eating disorders: The cultural dimension. *Social Psychiatry and Psychiatric Epidemiology, 23,*184-187.

Nathanson, C., Paulhus, D. L., & Williams, K. M. (2006). Predictors of a behavioral measure of scholastic cheating: Personality and competence but not demographics. *Contemporary Educational Psychology, 31,* 97-122.

Neff, K. D., Hsieh, Y., & Dejitthirat, K. (2005). Self-compassion, achievement goals, and coping with academic failure. *Self and Identity, 4,* 263-287.

Neff, K. D., & Rude, S. S., & Kirkpatrick, K. (2007). An examination of self-compassion in relation to positive psychological functioning and personality traits. *Journal of Research in Personality, 41,* 908-916.

Newsom, C. R., Archer, R. P., Trumbetta, S., & Gottesman, I. I. (2003). Changes in adolescent response patterns on the MMPI/MMPI-A across four decades. *Journal of Personality Assessment, 81,* 74-84.

Ogden, C. L., Fryar, C. D., Carroll, M. D., & Flegal, K. M. (2004). Mean Body Weight, Height, and Body Mass Index, United States 1960-2002. *Advance Data from Vital and Health Statistics, 347,* October 27. 2004.

Otway, L. J., & Vignoles, V. L. (2006). Narcissism and childhood recollections: A quantitative test of psychoanalytic predictions. *Personality and Social Psychology Bulletin, 32,* 104-116.

Overbeck, J. R., Correll, J., & Park, B. (2005) Internal status sorting in grcups: The problem of too many stars. *Research on Managing Groups and Teams, 7,* 171-202.

Paulhus, D. L. (1998). Interpersonal and intrapsychic adaptiveness of trait self-enhancement: A mixed blessing? *Journal of Personality and Social Psychology, 74,* 1197-1208.

Paulhus, D. L., & Harms, P. D. (2004). Measuring cognitive ability with the overclaiming technique. *Intelligence, 32,* 297-314.

Paulhus, D. L., Harms, P. D., Bruce, M. N., & Lysy, D. C. (2003). The over-claiming technique: Measuring self-enhancement independent of ability. *Journal of Personality and Social Psychology, 84,* 890-904.

Polak, E., & McCullough, M. E. (2006). Is gratitude an alternative to materialism? *Journal of Happiness Studies, 7,* 343-360.

Raskin, R. N. (1980). Narcissism and creativity: Are they related? *Psychological Reports, 46,* 55-60.

Raskin, R. N., & Hall, C. S. (1979). A narcissistic personality inventory. *Psychological Reports, 45,* 590.

Raskin, R. N., & Hall, C. S. (1981). The narcissistic personality inventory: Alternate form reliability and further evidence of construct validity. *Journal of Personality Assessment, 45,* 159-162.

Raskin, R. N., & Terry, H. (1988). A principle-components analysis of the Narcissistic Personality Inventory and further evidence of its construct validity. *Journal of Personality and Social Psychology, 54,* 890-902.

Reynolds, J., Stewart, M., MacDonald, R., & Sischo, L. (2006). Have adolescents become too ambitious? High school seniors' educational and occupational plans, 1976 to 2000. *Social Problems, 53,* 186-206.

Rhodewalt, F., & Morf, C. C. (1996). On self-aggrandizement and anger: A temporal analysis of narcissism and affective reactions. *Journal of Personality and Social Psychology, 74,* 672-685.

Roberts, B. W., & Helson, R. (1997). Changes in culture, changes in personality: The influence of individualism in a longitudinal study of women. *Journal of Personality and Social Psychology, 72,* 641-651.

Robins, R. W., & Beer, J. S. (2001). Positive illusions about the self: Short-term benefits and long-term costs. *Journal of Personality and Social Psychology, 80,* 340-352.

Robins, R. W., & John, O. P. (1997). Effects of visual perspective and narcissism on self-perception: Is seeing believing? *Psychological Science, 8,* 37-42.

Rose, P. (2007). Mediators of the association between narcissism and compulsive buying: The roles of materialism and impulse control. *Psychology of Addictive Behaviors, 21,* 576-581.

Rusbult, C. E., Verette, J., Whitney, G. A., Slovik, L. F., & Lipkus, I. (1991). Accommodation processes in close relationships: Theory and preliminary empirical evidence. *Journal of Personality and Social Psychology, 60,* 53-78.

Russ, E., Shedler, J., Bradley, R., & Westen, D. (2008). Refining the construct of narcissistic personality disorder: Diagnostic criteria and subtypes. *American Journal of Psychiatry, 165,* 1473-1482.

Sedikides, C., Campbell, W. K., Reeder, G. D., & Elliot, A. J. (1998). The self-serving bias in relational context. *Journal of Personality and Social Psychology, 74,* 378-386.

Sprecher, S., & Regan, P. C. (1998). Passionate and companionate love in courting and young married couples. *Sociological Inquiry, 68*,163-185.

Steiger, H., Jabalpurwala, S., Champagne, J., & Stotland, S. (1998). A controlled study of trait narcissism in anorexia and bulimia nervosa. *International Journal of Eating Disorders, 22*, 173-178.

Stinson, F. S., Dawson, D. A., Goldstein, R. B., Chou, S. P., Huang, B., Smith, S. M., Ruan, W. J., Pulay, A. J., Saha, T. D., Pickering, R. P., & Grant, B. F. (2008). Prevalence, correlates, disability, and comorbidity of DSM-IV Narcissistic Personality Disorder: Results from the Wave 2 National Epidemiologic Survey on Alcohol and Related Conditions. *Journal of Clinical Psychiatry, 69*, 1033-1045.

Trzesniewski, K. H., Donnellan, M. B., & Robins, R. W. (2008) Do today's young people really think they are so extraordinary? An examination of secular trends in narcissism and self-enhancement. *Psychological Science, 19*, 181-188.

Twenge, J. M. (1997). Changes in masculine and feminine traits over time: A meta-analysis. *Sex Roles, 36*, 305-325.

Twenge, J. M. (2001). Birth cohort changes in extraversion: A cross-temporal meta-analysis, 1966-1993. *Personality and Individual Differences, 30*, 735-748.

Twenge, J. M. (2001). Changes in women's assertiveness in response to status and roles: A cross-temporal meta-analysis, 1931-1993. *Journal of Personality and Social Psychology, 81*, 133-145.

Twenge, J. M., & Campbell, W. K. (2010). Birth cohort differences in the Monitoring the Future dataset and elsewhere: Further evidence for Generation Me—Commentary on Trzesniewski & Donnellan. *Perspectives on Psychological Science, 5,* 81-88.

Twenge, J. M., & Campbell, W. K. (2001). Age and birth cohort differences in self-esteem: A cross-temporal meta-analysis. *Personality and Social Psychology Review, 5,* 321-344.

Twenge, J. M., & Campbell, W. K. (2003). "Isn't it fun to get the respect that we're going to deserve?" Narcissism, social rejection, and aggression. *Personality and Social Psychology Bulletin, 29,* 261-272.

Twenge, J. M. & Campbell, W. K. (2008). Increases in positive self-views among high school students: Birth cohort changes in anticipated performance, self-satisfaction, self-liking, and self-competence. *Psychological Science, 19,* 1082-1086.

Twenge, J. M., & Foster, J. D. (2008). Mapping the scale of the narcissism epidemic: Increases in narcissism 2002-2007 within ethnic groups. *Journal of Research in Personality, 42,* 1619-1622.

Twenge, J. M. & Foster, J. D. (2010). Birth cohort increases in narcissistic personality traits among american college students, 1982–2009. *Social Psychological and Personality Science, 1,* 99-106.

Twenge, J. M., Konrath, S., Foster, J. D., Campbell, W. K., & Bushman, B. J. (2008). Egos inflating over time: A cross-temporal meta-analysis of the Narcissistic Personality Inventory. *Journal of Personality, 76,* 875-901.

Vangelisti, A., Knapp, M. L., & Daly, J. A. (1990). Conversational narcissism. *Communication Monographs, 57,* 251-274.

Vazire, S., & Funder, D. C. (2006). Impulsivity and the self-defeating behavior of narcissists. *Personality and Social Psychology Review, 10,* 154-

165.

Vazire, S., Naumann, L. P., Rentfrow, P. J., & Gosling, S. D. (2008). Portrait of a narcissist: Manifestations of narcissism in physical appearance. *Journal of Research in Personality, 42,* 1439-1447.

Vohs, K. D., & Heatherton, T. F. (2001). Self-esteem and threats to self: Implications for self-construals and interpersonal perceptions. *Journal of Personality and Social Psychology, 81,* 1103-1118.

Wallace, H. M., & Baumeister, R. F. (2002). The performance of narcissists rises and falls with perceived opportunity for glory. *Journal of Personality and Social Psychology, 82,* 819-834.

Watson, P. J., Hood, R. W., Jr., & Morris, R. J. (1984). Religious orientation, humanistic values, and narcissism. *Review of Religious Research, 25,* 257-264.

图书在版编目（CIP）数据

自恋时代/（美）简·M.腾格,（美）W.基斯·坎贝
尔著；付金涛译. -- 南昌：江西人民出版社，2017.8
　　ISBN 978-7-210-09518-7

　　Ⅰ.①自… Ⅱ.①简… ②W… ③付… Ⅲ.①病态心
理学—研究 Ⅳ.①B846

中国版本图书馆CIP数据核字（2017）第143620号

THE NARCISSISM EPIDEMIC: Living in the Age of Entitlement
by Jean M. Twenge, Ph.D. and W. Keith Campbell, Ph.D.
Copyright © 2009 by Jean M. Twenge and W. Keith Campbell
Simplified Chinese translation copyright © 2017
by Ginkgo (Beijing) Book Co., Ltd.
Published by arrangement with Atria Books, a Division of Simon & Schuster, Inc.
through Bardon-Chinese Media Agency
ALL RIGHTS RESERVED

本书中文简体版由银杏树下（北京）图书有限责任公司出版发行。
版权登记号：14-2017-0349

自恋时代

作者：［美］简·M.腾格　W.基斯·坎贝　译者：付金涛
责任编辑：冯雪松　钱浩
出版发行：江西人民出版社　印刷：北京盛通印刷股份有限公司
889毫米×1194毫米　1/32　14.25印张　字数322千字
2017年10月第1版　2017年10月第1次印刷
ISBN 978-7-210-09518-7
定价：68.00元
赣版权登字 -01-2017-499